莫秀梅,教授,博士生导师

东华大学生物材料与组织工程教授,东华大学生物材料与组织工程研究组组长。兼任中国生物材料学会理事、中国生物材料学会心血管材料分会委员、中国生物材料学会海洋生物材料分会理事、中国生物医学工程学会生物材料分会理事、中国复合材料学会超细纤维复合材料分会副主任委员、中国复合材料学生物医用复合材料分会委员、上海市生物医学工程学会理事、Springer 的国际刊物 *Frontiers of Materials Science* 的编委。主要研究方向:静电纺纳米纤维在生物医学中的应用,包括小血管、皮肤、神经、肌腱、骨和软骨等组织的再生,药物及活性物质的缓释;新型生物材料的研究开发,包括医用水凝胶,可降解聚合物的合成及应用研究。*ISI Web of Science* 显示她在静电纺丝领域的研究论文发表世界排名第七。主持完成国家科技部 863 项目、国家自然科学基金项目、上海市科委重大基础研究子课题等 20 余项。发表论文 300 余篇,申请专利 87 项,已授权 29 项,主编及参编专著 8 部。荣获 2008 年上海市技术发明一等奖、2009 国家科技进步二等奖、2015 上海市自然科学三等奖。

苏艳,副研究员

新加坡科技局基因组研究所副研究员。东华大学材料学院与新加坡国立大学机械工程系联合培养,师从莫秀梅教授和 Seeram Ramakrishna 教授,2011 年获工学博士学位。2013 年任职于新加坡基因组研究所。主要研究方向:qPCR体外诊断试剂盒的开发;dPCR 体外诊断试剂盒的开发;micro RNA 检测方法的创新发明;游离 DNA 和 RNA 的检测;下一代高通量基因测序的诊断平台 Gene Panel 和 Nanostring 的诊断平台 Gene Panel 的设计。发表 SCI 论文 40 余篇,论文被引用 1000 余次,申请发明专利 5 项。

李晓强,副教授,硕士生导师

　　江南大学纺织服装学院,纺织工程副教授。2009年毕业于东华大学材料科学与工程学院,师从莫秀梅教授,获理学博士学位;2017年毕业于东京农工大学,师从荻野贤司教授,获工学博士学位。自2012年于江南大学任教。主要研究方向:静电纺纳米纤维在再生医学中的应用、药物及活性物质的负载及释放,光电效应功能纤维的开发及智能纤维在防寒服中的应用。主持国家自然科学基金项目、江苏省自然科学基金项目,以及参与完成国家科技部863项目、十三五重点研发计划及上海市科委重大基础研究等多项。发表SCI论文50余篇,申请专利12项,已授权2项。

钱永芳,副教授,硕士生导师

　　大连工业大学纺织与材料工程学院,纺织工程副教授。2010年毕业于东华大学纺织学院,师从柯勤飞、莫秀梅教授,获工学博士学位。自2011年起任职于大连工业大学。主要研究方向:静电纺纳米纤维在再生医学中的应用、功能性纳米纤维材料的开发与应用。先后主持及参与辽宁省自然科学基金、辽宁省教育厅等多项科研课题。发表论文30余篇,申请专利7项,已授权7项。

陈宗刚,副教授,硕士生导师

　　山东大学国家糖工程技术研究中心,生物化学与分子生物学副教授。2008年毕业于东华大学化学化工与生物工程学院,师从莫秀梅教授和卿凤翎教授,获工学博士学位。2008—2010年在清华大学从事博士后研究,师从崔福斋教授。自2010年起在山东大学任教。主要研究方向:静电纺丝纳米纤维在组织工程和再生医学中的应用;糖在组织工程、再生医学和药物载体中的应用。参与和主持国家自然科学基金、山东省自然科学基金、山东省科技发展计划、国家科技部 863 和 973 计划等多项科研课题。以第一作者和通信作者身份发表 SCI 论文 20 余篇,申请专利 5 项,已授权 1 项。2009 年获上海市技术发明奖一等奖。

尹岸林,副研究员

四川大学国家生物医学材料工程技术研究中心副研究员。2014 年毕业于东华大学化学化工与生物工程学院,师从莫秀梅教授,获工学博士学位。2014 —2016 年,在四川大学国家生物医学材料工程研究中心进入博士后阶段工作,合作导师张兴栋院士。自 2017 年起任教于四川大学国家生物医学材料工程研究中心,主要从事人造小血管及血管支架的研究制备与改性工作。主持国家、四川省等自然科学基金项目 4 项,参与"十三五"重点研发计划等项目多项,发表论文 20 余篇。

张葵花,副教授,博士

嘉兴学院材料与纺织工程学院副教授。2010 年毕业于东华大学材料科学与工程学院,师从莫秀梅教授,获理学博士学位。主要研究方向为生物医用高分子材料和高吸水树脂材料。发表 SCI/EI 收录论文 30 余篇,申请专利 8 项,已授权 4 项。主持和参与国家自然科学基金、浙江省自然基金、浙江省创新团队项目及市厅级课题 8 项,完成企业委托课题 3 项,获浙江省嘉兴市自然科学一等奖。

刘威,讲师

广东药科大学。2014 年毕业于东华大学,导师莫秀梅教授,获材料学博士学位。于 2010—2011 年赴新加坡国立大学交流学习。博士期间从事纳米纤维应用于骨组织工程研究,现主要从事生物医用材料、3D 打印、软骨及骨组织工程研究。主持广东省自然科学基金等项目 4 项,参与新加坡 NMRC 骨组织工程项目和国家自然科学基金等项目 6 项。发表 SCI 论文 10 余篇。申请发明专利 10 余项,第一发明人 5 项,授权 2 项。参编专著 2 部。所研制的新型 3D 打印复合材料支架参展第十八届高交会。

陈维明,博士后

上海交通大学医学院附属第九人民医院组织工程中心博士后。2017 年毕业于东华大学化学化工与生物工程学院,获理学博士学位,师从莫秀梅教授。2017 年在上海交通大学医学院附属第九人民医院,进入博士后阶段工作,合作导师为周广东教授。主要从事静电纺纳米纤维的三维化设计及应用于软骨组织再生。目前已发表 SCI 论文 20 余篇,论文引用 350 余次,H－index 为 11。其中,以第一作者发表 SCI 论文 6 篇,累计影响因子 24。授权国家发明专利 1 项。主持中国博士后面上基金 1 项,参与国家重点研发计划、国家自然基金等 7 项。

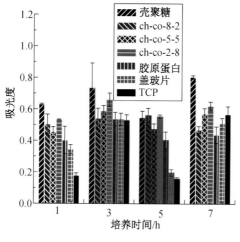

图 4-31

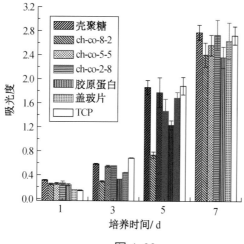

图 4-32

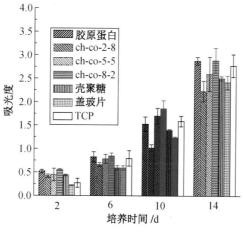

图 4-34

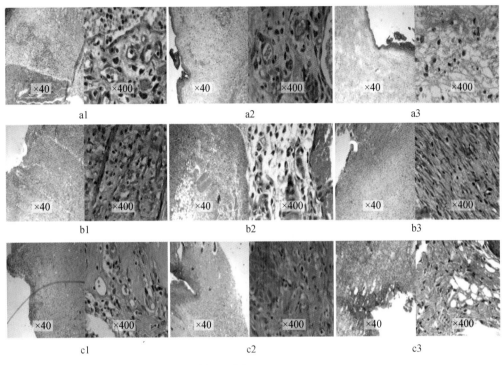

图 4-39

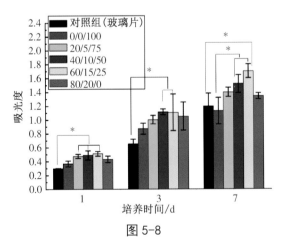

图 5-8

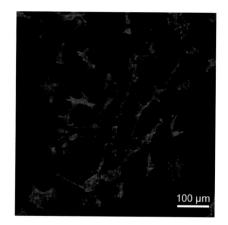

a

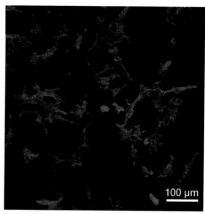

b

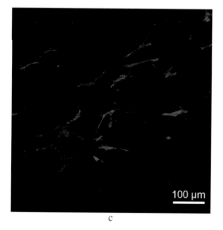

c

图 5-10

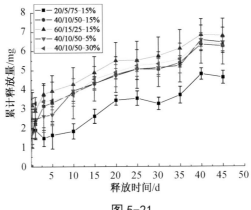

图 5-21

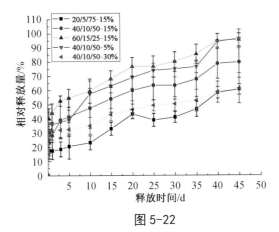

图 5-22

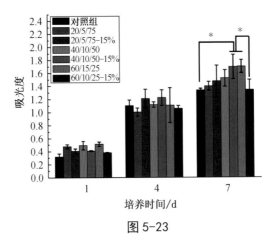

图 5-23

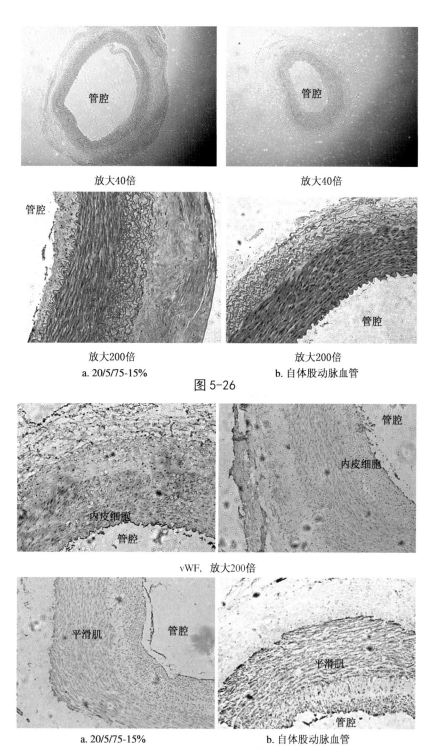

放大40倍 　　　　　　　　　　　　放大40倍

管腔 　　　　　　　　　　　　　　管腔

放大200倍 　　　　　　　　　　　放大200倍
a. 20/5/75-15% 　　　　　　　　　　b. 自体股动脉血管

图 5-26

vWF，放大200倍

a. 20/5/75-15% 　　　　　　　　　　b. 自体股动脉血管

SMC-α-actin，放大200倍

图 5-27

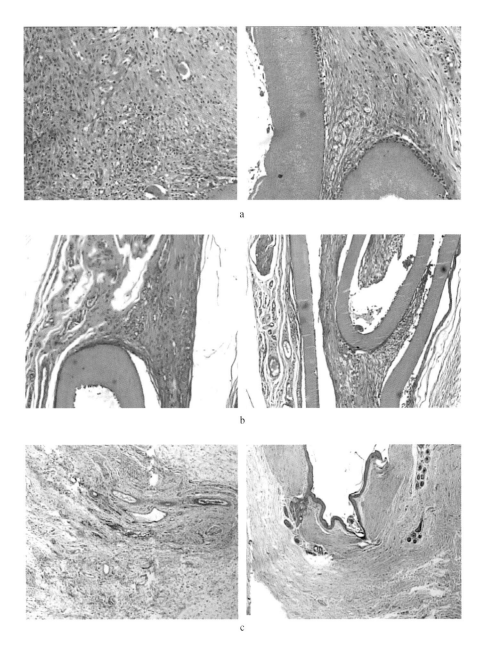

a

b

c

图 6-10

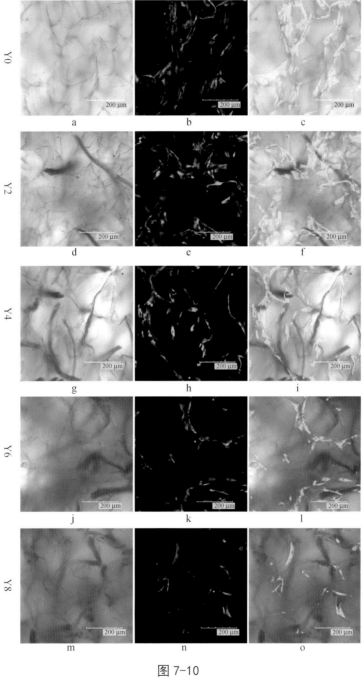

图 7-10

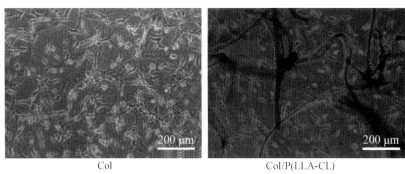

Col   Col/P(LLA-CL)

a. 培养14 d

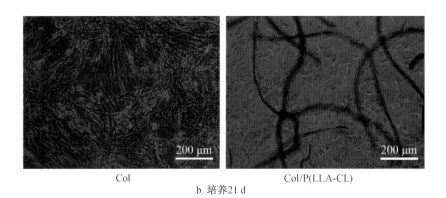

Col   Col/P(LLA-CL)

b. 培养21 d

图 7-15

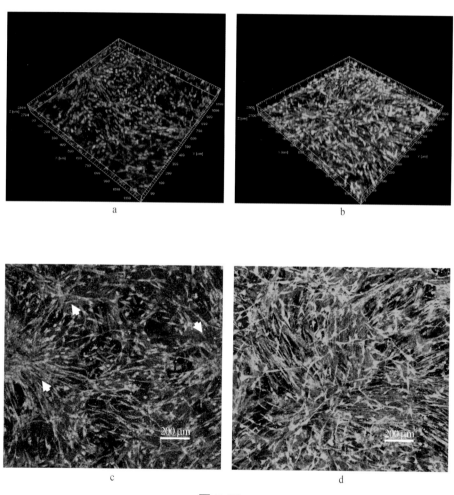

图 7-18

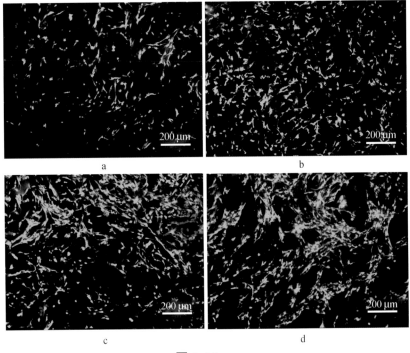

图 8-16

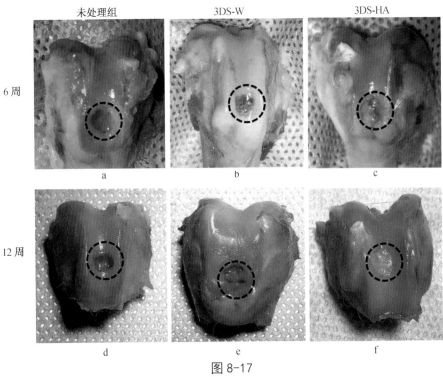

图 8-17

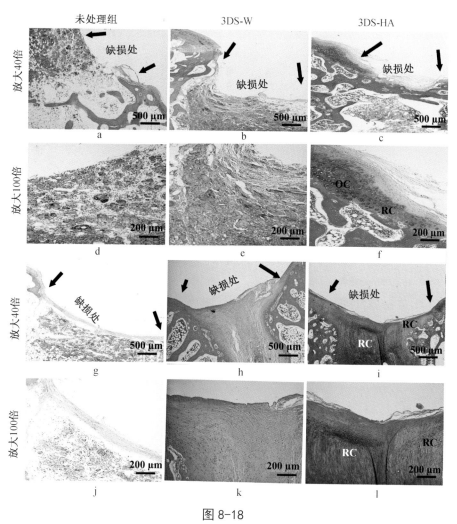

图 8-18

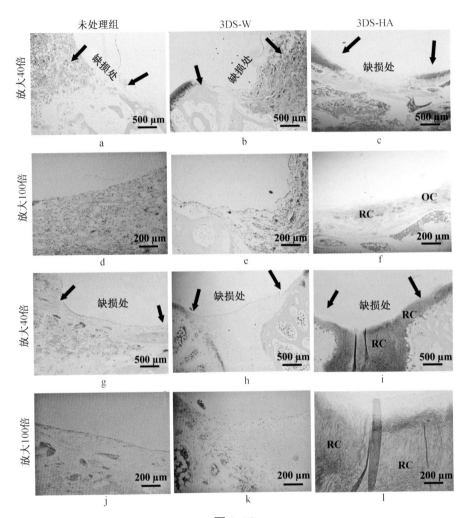

图 8-19

静电纺纳米纤维
与组织再生

Electrospun Nanofiber
for Tissue Regeneration

莫秀梅 主编

東華大學出版社
·上海·

图书在版编目(CIP)数据

静电纺纳米纤维与组织再生/莫秀梅主编. —上海：
东华大学出版社,2019.6
ISBN 978-7-5669-1597-9

Ⅰ.①静… Ⅱ.①莫… Ⅲ.①静电—纺丝—纳米材料
—化学纤维 Ⅳ.①TQ340.64②TQ342

中国版本图书馆 CIP 数据核字(2019)第 106348 号

责任编辑：张　静
封面设计：魏依东

出　　　版：东华大学出版社出版(上海市延安西路 1882 号,200051)
本 社 网 址：http//dhupress.dhu.edu.cn
天猫旗舰店：http//dhdx.tmall.com
营 销 中 心：021-62193056　62373056　62379558
印　　　刷：句容市排印厂
开　　　本：787 mm×1092 mm　1/16
印　　　张：13.5
字　　　数：337 千
版　　　次：2019 年 6 月第 1 版
印　　　次：2019 年 6 月第 1 次印刷
书　　　号：ISBN 978-7-5669-1597-9
定　　　价：69.00 元

前　言

　　静电纺纳米纤维发明于 20 世纪 30 年代，然而有关静电纺纳米纤维的研究与应用却始于 21 世纪初，并且从 2000 年开始，有关静电纺纳米纤维的文章数量每年呈直线上升。静电纺纳米纤维被研究应用于组织工程、药物缓释、能源、电池、传感器、过滤膜、复合材料等多个领域。静电纺纳米纤维产品也相继出现，主要有医用硬脑膜、电池隔膜、空气过滤器、水过滤器等。静电纺纳米纤维的研究与应用受到美国、德国、日本等科技发达国家的高度重视，中国也已经成为静电纺纳米纤维研究和应用大国。

　　静电纺纳米纤维可以仿生组织细胞外基质的纳米丝状结构，因此被广泛研究用于制备仿生组织工程支架，在皮肤再生、血管再生、神经再生、肌腱再生、骨和软骨再生方面有深入的研究。编者长期以来一直从事静电纺纳米纤维用于组织工程和药物缓释的研究。本书内容主要是编者所在研究室十余年研究成果的总结，各章节分别由研究室毕业的多名博士生编写。全书共八章：第一章"静电纺纳米纤维概论"由莫秀梅教授撰稿；第二章"同轴静电纺及乳液静电纺载药和活性因子纳米纤维"由苏艳副研究员和李晓强副教授撰稿；第三章"明胶/壳聚糖复合纳米纤维"由钱永芳副教授撰稿；第四章"胶原蛋白/壳聚糖复合纳米纤维及其在皮肤组织再生中的应用"由陈宗刚副教授撰稿；第五章"胶原蛋白/壳聚糖/P(LLA-CL)复合纳米纤维及其在小血管组织再生中的应用"由尹岸林副研究员撰稿；第六章"丝素蛋白/P(LLA-CL)复合纳米纤维及其在神经组织再生中的应用"由张葵花副教授撰稿；第七章"静电纺纳米纱线增强三维支架用于骨组织工程"由刘威讲师撰稿；第八章"静电纺纳米纤维支架的三维化构建及软骨组织工程应用"由陈维明博士后撰稿。希望本书能对静电纺纳米纤维在组织工程和药物缓释上的应用与发展起到抛砖引玉的作用。

　　编者感谢东华大学纤维材料改性国家重点实验室的资助，感谢国家科学技术学术著作出版基金的资助。

　　编者力求奉献给读者一本静电纺纳米纤维用于组织再生的完美参考书，但限于编者的水平，且静电纺丝技术发展迅速，一些新成果在书中可能未能完全呈现，书中还可能存在错误和疏漏之处，敬请专家和读者批评指正。

编者

2018 年 12 月

目　录

第一章 静电纺纳米纤维概论

1.1 静电纺纳米纤维的发展历史

静电纺纳米纤维的发展历史见表1。早在20世纪初,就有研究人员发现了溶液静电纺纳米纤维的方法。但由于当时的纳米研究手段不足,静电纺技术一直没有受到人们的重视。1981年熔融静电纺的方法被发现。之后,不断出现合成高分子材料和天然高分子材料被纺成纳米纤维的报道。从2000年开始,静电纺纳米纤维被用于组织工程。2003年,Sun等[1]报道了同轴静电纺纳米纤维,即利用一个同轴喷头,将两种不同的溶液分别通过皮层和芯层同时喷出,纺成具有皮芯结构的纳米纤维。这样,一些不可纺的材料可放在芯层制成皮芯结构纳米纤维。2005年,Xu等[2]利用乳液静电纺制备了含抗癌药的皮芯结构纳米纤维。乳液静电纺无需同轴静电纺采用的同轴喷头,采用油包水或水包油的乳液纺成皮芯结构纳米纤维。利用同轴静电纺和乳液静电纺,各种药物被纺入纳米纤维中实现缓释,生长因子被纺入纳米纤维中用于促进组织再生,细胞被纺入纳米纤维中也可以保证成活,因为静电纺采用的高电压不会破坏生长因子的活性,也不会影响细胞的生长。当时,静电纺纳米纤维多为致密膜状二维结构,如何得到三维多孔结构的纳米纤维成为研究热点。2007年,Teo等[3]报道了以动态水流接收纳米纤维并经涡流纺捻成纱,得到了多孔组织工程支架。2012年,Ali等[4]报道了静电纺连续纳米纱线的制备方法,这种连续纳米纱线有望用于制作针织或编织组织工程支架。2014年,Si等[5]结合冷冻干燥技术将纳米纤维制成三维多孔气凝胶,使静电纺纳米纤维三维多孔结构材料的制备成为可能。

表1-1 静电纺纳米纤维的发展史

年份	详情
1902	溶液静电纺
1981	熔融静电纺
1999	静电纺纳米复合材料制备
2000	静电纺纳米纤维用于组织工程
2003	同轴静电纺纳米纤维

（续表）

年份	静电纺的发展
2005	乳液静电纺纳米纤维
2007	动态水流静电纺纳米纱
2012	静电纺连续纳米纱线
2014	静电纺结合冷冻干燥技术制备三维多孔气凝胶

2000 年以来，国际上静电纺相关文章发表数量增长迅猛，从 2001 年起逐年递增，2005 年之后呈直线上升（图 1-1）。从各国静电纺相关文章发表数量看，中国遥遥领先，位列第一，约占全球发表总数量的 50%，其次是美国、韩国（图 1-2）。中国是全球静电纺相关领域最活跃的国家。

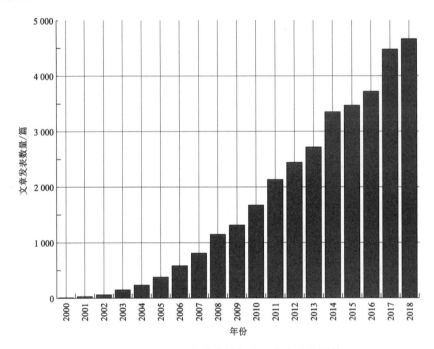

图 1-1　2000—2018 年静电纺相关文章发表数量情况

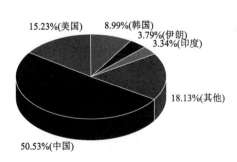

图 1-2　各国静电纺相关文章发表数量占比情况

1.1.1 普通静电纺纳米纤维制备

普通单喷头静电纺设备主要由推进泵、注射器、高压静电发生器和接收器组成,如图1-3所示。高分子溶液在推进泵的推动下,从注射器到达针头处并形成泰勒锥液滴,然后在几万伏的高压电场作用下克服溶液表面张力形成射流,并飞向低压电场。带电的射流在飞向低压电场的过程中因电场斥力而受到牵伸,同时溶剂挥发,沉积在接收器上得到纳米纤维。接收器的形状不同,可以得到膜状或管状纳米纤维;接收器的转滚转速不同,可以得到定向排列的纳米纤维或无规排列的纳米纤维。

如果注射器带有高温夹套,其中装有高分子熔体,也可以经喷头在高压静电场作用下纺成纳米纤维,这样的纺丝方法叫作熔融静电纺。

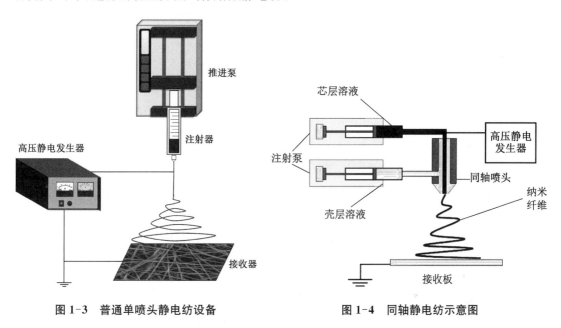

图1-3 普通单喷头静电纺设备　　　　图1-4 同轴静电纺示意图

1.1.2 同轴静电纺皮芯结构纳米纤维制备

图1-4所示为同轴静电纺。同轴静电纺采用同轴喷头,其由大小两个喷头同轴地套在一起而形成,内径小的喷头输送芯层溶液,内径大的喷头输送皮层溶液。通过两个注射泵分别推动皮层溶液和芯层溶液,它们同时经同轴喷头喷出,在高压静电场的作用下形成皮芯结构纳米纤维。同轴静电纺只要求皮层溶液具有可纺性,不要求芯层溶液也具有可纺性,因此一些不可纺的药物、生长因子等活性或功能性物质可作为芯层溶液纺在以高分子材料为皮层的纳米纤维中。这些活性或功能性物质随后从纳米纤维中缓慢释放。因此,同轴静电纺可制备活性或功能性纳米纤维。

1.1.3 乳液静电纺皮芯结构纳米纤维制备

乳液静电纺采用高分子乳液进行静电纺,可以配置油包水的乳液,例如将肝素钠水溶液分散在乳酸-己内酯共聚物[P(LLA-CL)]的二氯甲烷溶液中,用司盘-80做乳化剂;或者配置水包油的乳液,例如将地塞米松的油溶液分散在聚环氧乙烷(PEO)的水溶液中,用吐温-80做乳化剂。将高分子乳液在单喷头静电纺设备上进行纺丝,可得到多芯结构或皮芯结构的纳米纤维,不需要使用同轴静电纺采用的同轴喷头。图1-5所示为乳液静电纺。在纤维形成过程中,乳滴被牵伸,可以得到多芯结构纳米纤维;或者乳滴进一步被牵伸合并,可得到皮芯结构纳米纤维。一些不可纺的药物和生长因子等活性或功能性物质可以分散在高分子溶液中,纺成多芯或皮芯结构的纳米纤维。因此,乳液静电纺也可以制备活性和功能性纳米纤维。

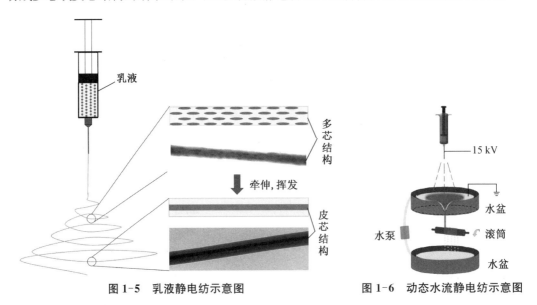

图1-5 乳液静电纺示意图   图1-6 动态水流静电纺示意图

1.1.4 动态水流静电纺纳米纱制备

动态水流静电纺(图1-6)采用两个水盆并置于喷丝头下方,上面的水盆底部开一个小圆孔,于是此水盆中的水通过小圆孔流入下面的水盆,再用水泵将下面的水盆中的水打入上面的水盆,形成水循环。当水从上面的水盆中漏出时,水面上形成一个漩涡,从喷丝头出来的纳米纤维沉积到水面上时,漩涡将纳米纤维捻成纱线并随小圆孔流出,利用滚筒接收得到纳米纱,其直径约30 μm,由数十或上百根纳米纤维加捻而成。

Wu等[6]发现纳米纱与纳米纤维相比(图1-7),前者的表面更粗糙,直径更大,孔隙率更大,因此其用作组织工程支架更有利于细胞的三维长入。图1-8给出了纳米纤维和纳米纱上的细胞长入情况,显然纳米纱上的细胞随着培养时间增加逐渐长入纳米纱内部,但是纳米纤维上的细胞停留在纳米纤维的一侧表面。

1.1.5 双喷头静电纺连续纳米纱制备

双喷头静电纺连续纳米纱制备过程如图1-9所示。图1-9a所示为双喷头静电纺原理,采用两个喷头,喷头A在正高压静电发生器的作用下产生带正电的纳米纤维,喷头B在负高压静电发生器的作用下产生带负电的纳米纤维,漏斗同时接收带正电和带负电的纳米纤维并旋转地将纳米纤维捻成纱线,最后由转滚收集,得到如图1-9d所示的纱线,单根纱线照片如图1-9e所示。图1-9b为漏斗照片,图1-9c为纳米纱形成和卷绕过程照片。

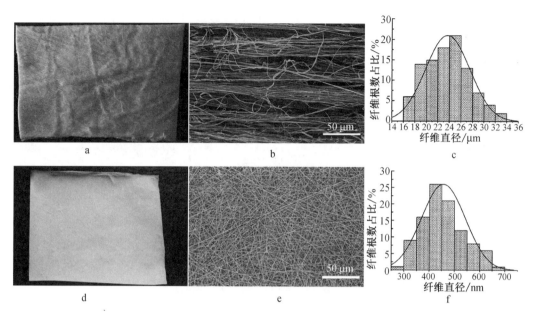

图1-7 纳米纱和纳米纤维的结构比较：纳米纱(a，b)和纳米纤维(d，e)的光镜照片(a，d)
和电镜照片(b，e)，纳米纱(c)和纳米纤维(f)的直径分布情况

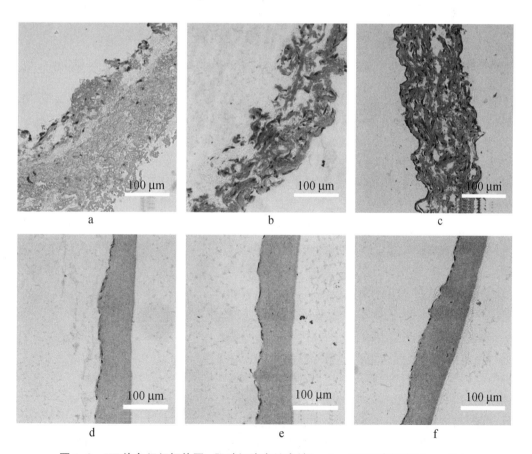

图1-8 HE染色组织切片图：肌腱细胞在纳米纱(a，b，c)和纳米纤维(d，e，f)上
培养4(a，d)、7(b，e)、14(c，f)天的细胞迁移情况

目前,利用静电纺已制备出连续的纳米纱线,这些纱线可以进一步用于针织或编织。

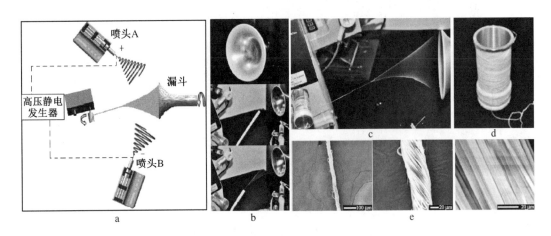

图1-9 双喷头静电纺连续纳米纱制备过程

1.2 静电纺纳米纤维仿生天然细胞外基质用作组织工程支架

1.2.1 理想的组织工程支架需有天然细胞外基质的纳米纤维结构

临床上每天都会遇到许多组织缺损问题。组织工程学和转化医学的发展为组织缺损的修复和再生提供了有效途径。然而,组织再生的关键是为缺损组织提供支架暂时替代原有组织,用以诱导细胞的长入和新组织的形成,待新组织形成后,支架应在体内降解。已有的组织工程支架制备方法适用于一些大的组织(如骨和软骨)支架的制备。但是对一些精细的组织和具有功能性的组织(如血管和神经等),还没有制备出理想的组织工程支架。仿生功能化静电纺纳米纤维为这些组织工程支架的制备提供了新思路和新方法,使组织工程支架的发展进入了一个新的阶段,即纳米纤维仿生天然细胞外间质(即细胞外基质,ECM)的阶段。实际上,人体内细胞外基质本质上是由蛋白和糖胺聚糖(GAGs)复合而成的纳米纤维凝胶网络,纤维直径通常为 50~300 nm[7]。人体组织就是由细胞镶嵌在这些纳米纤维凝胶网络中而构成的(图1-10)。细胞通过细胞膜上的受体系统与细胞外基质上的配体特异性结合并对外界信号做出反应,影响细胞行为。组织工程支架要起到仿生天然细胞外基质的作用。另外,若组织工程支架的尺寸过大,在新组织的形成过程中不能适时降解,常发生阻断组织有序调整的现象,有时只能形成疤痕,达不到再生有序组织的目

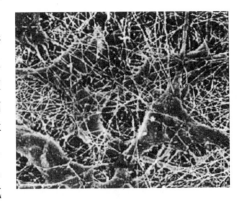

图1-10 人体组织的扫描电镜照片(细胞镶嵌在纳米纤维凝胶网络中)

的。这对组织工程支架提出了新的要求,即尽可能地与天然细胞外基质相似。已有试验证明当组织工程支架的尺寸从毫米级减小至微米级时,有碍组织有序调整的现象明显消失[8]。已发现纳米纤维结构可明显改善组织工程支架在骨、软骨、心血管、神经和膀胱再生中的应用,减少疤痕的形成[9]。

研究表明,纳米材料对细胞行为有显著影响。Pattison 等[10]采用纳米级聚乳酸-羟基乙酸共聚物(PLGA)支架接种平滑肌细胞并在体外构建组织工程膀胱,发现与传统微米级支架相比,细胞在小于自身尺度的纳米级支架上具有更好的黏附和生长能力且能分泌更多的胶原和弹性蛋白。Elias 等[11]证实了成骨细胞的增殖能力随着碳纳米纤维直径减小而增强,碱性磷酸酶和钙质的分泌也随着纤维直径减小而增多。2005 年,Stevens[12]比较了不同的支架结构对细胞行为的影响,认为细胞以平铺方式黏附于微米级支架上且伸展方式与其在平整表面上类似,而纳米级支架更大的比表面积有利于细胞吸附更多的蛋白质,能够为细胞膜上的受体提供更多的黏附位点,吸附的蛋白质也可通过构象改变暴露更多隐蔽的黏附位点,从而有利于细胞黏附和增长(图 1-11)。因而,以纳米纤维制备的支架能仿生人体内细胞外基质的物理结构,促进组织再生。

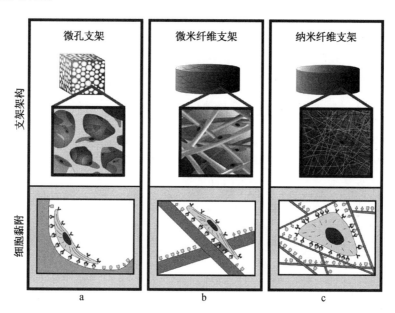

图 1-11 支架结构影响细胞黏附和铺展示意图:a,b 表明细胞在微孔支架和微米纤维支架上以平铺方式黏附,伸展行为与其在平整表面上类似;c 表明纳米纤维支架有利于细胞吸附更多的蛋白质,能够为细胞膜上的受体提供更多的黏附位点,吸附的蛋白质也可通过改变构象暴露更多隐蔽的黏附位点,从而有利于细胞黏附

1.2.2 静电纺纳米纤维能仿生天然细胞外基质的结构和功能

静电纺纳米纤维仿生天然细胞外基质用于组织工程支架,近年受到特别关注。利用静电纺几乎能将所有的组织工程支架材料纺成纳米纤维,包括合成高分子材料[如聚乳酸(PLA)、聚乙醇酸(PGA)、聚己内酯(PCL)及其共聚物]和天然高分子材料(如胶原蛋白、明胶、纤维蛋白、蚕丝、蜘蛛丝等天然蛋白质和壳聚糖、透明质酸、纤维素等多糖类材料)[13-14];

对同一种材料加以控制可得到纤维无规排列或不同程度平行排列的表面结构,以及层与层之间无规排列或平行或十字交错叠加等三维结构。纳米纤维取向排列可以引导细胞沿纤维取向方向增殖,用于具有取向结构的组织再生[15]。同轴静电纺使得纳米纤维从功能上仿生天然细胞外基质成为可能。利用同轴静电纺,可以将活性因子和功能性因子纺入纳米纤维进行缓慢释放,得到具有特殊功能的组织工程支架。例如,将肝素钠纺入纳米纤维得到抗凝血血管支架[16];将神经生长因子纺入纳米纤维得到具有促进神经再生功能的神经导管[17];将骨形成蛋白纺入纳米纤维得到骨再生支架,诱导间充质干细胞向成骨细胞转化[18]。因此,开展静电纺纳米纤维仿生功能化生物材料的研究,用于组织再生是非常必要的,并且对组织工程和转化医学的发展具有科学意义,对人类的健康具有社会意义。

1.3 本书的主要内容

本书内容主要是东华大学生物材料与组织工程研究室(简称"研究室")在 2004 年到 2017 年的十三年间关于静电纺纳米纤维用于组织工程和药物缓释的研究工作总结,从研究室毕业的部分博士生参与了本书的编写。研究室将多种天然高分子材料(如胶原蛋白、明胶、壳聚糖、丝素蛋白)和合成高分子材料(如聚乳酸、乳酸-己内酯共聚物),以及这些材料的复合物纺成纳米纤维,并研究这些纳米纤维在不同组织再生中的应用。

1.3.1 蛋白/多糖复合纳米纤维的制备及研究

天然细胞外基质由胶原蛋白和黏多糖组成的纳米纤维交织而成。为了从组成上和结构上仿生天然细胞外基质,研究室对蛋白/多糖复合纳米纤维进行研究,首次将胶原蛋白和壳聚糖纺成复合纳米纤维[19-20],将丝素蛋白和壳聚糖纺成复合纳米纤维[21-22],以及将丝素蛋白和透明质酸纺成复合纳米纤维[23]。对胶原蛋白/壳聚糖复合纳米纤维单丝及纳米纤维膜的力学性能进行研究[24],发现胶原蛋白/壳聚糖复合纳米纤维单丝的断裂强度和断裂伸长率高于单组分胶原蛋白纳米纤维或壳聚糖纳米纤维:当壳聚糖含量为 20%(质量分数,下文同)时,复合纳米纤维的断裂伸长率为 45%,而胶原蛋白纳米纤维的断裂伸长率为 4%,壳聚糖纳米纤维的断裂伸长率仅为 1%;当壳聚糖含量为 40%时,复合纳米纤维的断裂强度为 63 MPa,而胶原蛋白纳米纤维的断裂强度为 23 MPa,壳聚糖纳米纤维的断裂强度仅为 17 MPa。胶原蛋白/壳聚糖复合纳米纤维膜在壳聚糖含量为 20%时表现出一定的弹性,断裂伸长率 73%,断裂强度为 2 MPa。胶原蛋白/壳聚糖复合纳米纤维的力学性能优于各单组分纳米纤维,其原因是胶原蛋白与壳聚糖复合时存在分子间作用[25]。将胶原蛋白与壳聚糖复合,不仅可以得到力学性能优良的纳米纤维,而且可以改善其生物学性能[26],用平滑肌细胞在不同壳聚糖含量的复合纳米纤维上培养,发现细胞在壳聚糖含量为 20%时增殖速率最快。人体组织细胞外基质由胶原蛋白中加入少量黏多糖组成,蛋白与多糖的组成有利于细胞的增长。

1.3.2 胶原蛋白/壳聚糖/P(LLA-CL)复合纳米纤维的制备及研究

通过蛋白/多糖复合纳米纤维的研究,得到胶原蛋白/壳聚糖复合纳米纤维的断裂强度为 2 MPa,这个强度的组织工程支架对皮肤组织再生是合适的,但是用于小血管、神经导管和肌腱等组织再生则远不能满足力学性能要求。合成高分子材料的力学性能优良,例如乳酸和己内酯的共聚物[P(LLA-CL)],通过调节共聚比,可以得到不同力学性能的材料,将天然高分子材料与 P(LLA-CL)复合制备纳米纤维,有望得到既具有优良的力学性能又具有生物相容性的组织工程支架。

研究室首次制备出胶原蛋白/壳聚糖/P(LLA-CL)复合纳米纤维,并研究了复合纳米纤维的力学性能与三种组分的复合比的关系[2]。P(LLA-CL)纳米纤维的断裂强度为 13 MPa,断裂伸长率为 330%,表现出弹性材料的应力-应变行为。当胶原蛋白、壳聚糖、P(LLA-CL)的复合比为 20/5/75 时,复合纳米纤维的抗张强度最大(17 MPa),弹性模量最高(11 MPa),断裂伸长率可保持在 110%,所制备的血管支架的爆破强度也最大(3300 mmHg,1 mmHg≈133.322 Pa),顺应性为 0.75%/(100 mmHg),类似人体血管的力学性能。胶原蛋白/壳聚糖/P(LLA-CL)复合纳米纤维的水接触角也与三种组分的复合比有关,随着胶原蛋白/壳聚糖含量的增加,水接触角降低,说明生物相容性增加。内皮细胞在复合纳米纤维上的增殖试验表明,胶原蛋白/壳聚糖/P(LLA-CL)复合纳米纤维上的细胞增殖能力高于 P(LLA-CL)纳米纤维和胶原蛋白/壳聚糖复合纳米纤维。胶原蛋白/壳聚糖/P(LLA-CL)复合纳米纤维表现出比单组分纳米纤维更优的力学性能和更好的生物相容性。

1.3.3　丝素蛋白/P(LLA-CL)复合纳米纤维的制备及研究

研究室首次将丝素蛋白和 P(LLA-CL)纺成复合纳米纤维,并对其力学性能和生物学性能进行研究[28]。当丝素蛋白含量为 25% 时,丝素蛋白/P(LLA-CL)复合纳米纤维的抗张强度达到最大值(10.6 MPa),断裂强度保持率为 279%。但是,丝素蛋白含量进一步增加,复合纳米纤维的力学性能下降,因为丝素蛋白纳米纤维的抗张强度仅为 2.72 MPa,断裂伸长率仅为 3.85%。丝素蛋白/P(LLA-CL)复合纳米纤维的水接触角随着丝素蛋白含量增加而下降,说明丝素蛋白的加入改善了 P(LLA-CL)的生物相容性。内皮细胞在丝素蛋白/P(LLA-CL)复合纳米纤维上的增殖试验显示,细胞在复合纳米纤维上的增殖速率快于其在丝素蛋白纳米纤维和 P(LLA-CL)纳米纤维上的增殖速率,当丝素蛋白含量为 25% 时达到最大值。丝素蛋白/P(LLA-CL)复合纳米纤维表现出比单组分纳米纤维更优的力学性能和更好的生物相容性。这个结果与胶原蛋白/壳聚糖/P(LLA-CL)复合纳米纤维一致,说明天然高分子材料与合成高分子材料复合制备纳米纤维是制作具有优良力学性能和生物相容性的组织工程支架的最佳途径。

此外,研究室对丝素蛋白/P(LLA-CL)复合纳米纤维于体外 37 ℃ 条件下在 PBS 缓冲液中的降解性能进行研究[29],发现 P(LLA-CL)纳米纤维在 3 个月时失去纤维形态,6 个月时质量损失 50%;丝素蛋白/P(LLA-CL)(25/75)复合纳米纤维在 6 个月时失去纤维形态,质量损失 27%;丝素蛋白纳米纤维在 6 个月时依然保持纤维形态,质量损失仅为 6%。P(LLA-CL)纳米纤维的体外降解速率快,加入丝素蛋白可降低 P(LLA-CL)纳米纤维的体外降解速率。同时发现 P(LLA-CL)降解会释放出酸性物质,加入丝素蛋白后,降解液的酸性有所下降。

1.3.4 皮芯结构纳米纤维的制备及研究

静电纺纳米纤维直径通常为几百纳米,而这样细的纤维也可以纺制成皮芯结构。研究室分别采用同轴静电纺[30-31]和乳液静电纺[32-33]制备出皮芯结构纳米纤维。

分别采用胶原蛋白作为壳层材料和聚氨酯作为芯层材料,通过同轴静电纺制备出皮芯结构的胶原蛋白/聚氨酯纳米纤维,芯层材料提供优良的力学性能,壳层材料提供优良的生物相容性,适用于多种组织工程支架[34]。

同轴静电纺和乳液静电纺都可以将不可纺的活性或功能性物质纺入纳米纤维芯层,透过皮层缓慢释放,予以纳米纤维特殊功能。研究室首次通过同轴静电纺得到紫杉醇/P(LLA-CL)纳米纤维,可缓慢释放紫杉醇,表现出对癌细胞的抑制生长作用[35],可用作癌组织切除后的组织隔离膜。研究室首次通过同轴静电纺得到四环素/P(LLA-CL)纳米纤维,可缓慢释放四环素,表现出对革兰氏阴性大肠杆菌的抑制生长作用[36],可用作抗菌伤口辅料。研究室利用乳液静电纺将神经生长因子加入 P(LLA-CL)纳米纤维中,发现在高压静电场下,神经生长因子仍然保持活性,从纳米纤维中缓释出来后与 PC12 细胞共培养可使其分化长出轴突[37],可用作活性神经导管。研究室首次利用同轴静电纺得到肝素钠/P(LLA-CL)纳米纤维,具有阻止血小板黏附的功能[16, 38],制成血管支架并植入狗的股动脉中,发现其通畅率明显高于不含肝素钠的纳米纤维血管支架。

1.3.5 静电纺纳米纤维用于皮肤组织再生的研究

静电纺纳米纤维正在被开发成多种组织工程支架。首先研究纳米纤维在皮肤组织再生中的应用[39-40]。将胶原蛋白/壳聚糖复合纳米纤维和丝素蛋白/壳聚糖复合纳米纤维分别植入大鼠背部的 2.0 cm×1.5 cm 全层皮肤缺损区域,发现胶原蛋白/壳聚糖复合纳米材料及丝素蛋白/壳聚糖复合纳米纤维的生物相容性都较好,与纱布相比,对 SD 大鼠创伤修复有明显的促进作用,伤口在 3 周内基本愈合[41]。

1.3.6 静电纺纳米纤维用于神经组织再生的研究

研究室发现将丝素蛋白和 P(LLA-CL)以 25/75 的比例复合得到的丝素蛋白/P(LLA-CL)复合纳米纤维的力学强度最高,因此将此复合纳米纤维制成内径为1.5 mm的神经导管,植入大鼠坐骨神经上 1 cm 长的神经缺损部位,发现在 1 个月时两根神经断裂端已经成功对接,再生神经功能恢复能力与所用神经导管的材料有关。丝素蛋白/P(LLA-CL)复合纳米纤维制作的神经导管的再生神经功能恢复能力优于 P(LLA-CL)纳米纤维制作的神经导管,说明丝素的加入加快了神经组织的修复[42]。

为促进神经组织快速增长,将神经生长因子纺入 PLGA 纳米纤维,用于大鼠坐骨神经上1.5 cm长的缺损神经的修复[17],发现神经生长因子的缓释可明显促进神经组织再生,神经功能恢复能力在含有神经生长因子的神经导管中明显优于未加入神经生长因子的神经导管。

1.3.7 静电纺纳米纤维用于小血管组织再生的研究

静电纺纳米纤维是非常理想的小血管组织再生支架,研究目的是考察静电纺纳米纤维血管支架在动物体内的组织再生情况。制备出内径为 3 mm 的肝素钠/P(LLA-CL)纳米纤维和 P(LLA-CL)纳米纤维两种血管支架,分别植入狗股动脉左侧和右侧,通过血管造影观察血流通畅性,发现 3 个月时不含肝素钠的血管支架的通畅率仅为 13%,而含肝素钠的血管支架的通畅率高达 87%,表明肝素钠起到了很好的抗凝血作用。组织切片显示,含肝素钠的血管支架内壁长满一层内皮细胞,不含肝素钠的血管支架内壁没有内皮细胞层且有血栓形成[43]。制备出含肝素钠的胶原蛋白/壳聚糖/P(LLA-CL)复合纳米纤维并制成血管支架[44],其爆破强度大于 3000 mmHg,顺应性为 1%/(100 mmHg)左右,类似隐静脉的顺应性,肝素钠缓释时间可以达 45 d,充分保证支架植入体内的初期抗凝血性。将该支架植入狗股动脉缺损处,能保证血管通畅,3 个月后再生出血管组织[45]。

1.3.8　动态水流静电纺纳米纱用于肌腱组织再生的研究

研究室自主设计和制备了动态水流静电纺设备,制备出纳米纱膜[46]和纳米纱三维骨支架[47]。纳米纱膜与纳米纤维膜相比,前者具有更大的孔隙率和更大的孔径,能更有效地引导细胞向纳米纱内部迁移,用纳米纱制作组织工程支架,可以克服纳米纤维膜致密而细胞不能长入的缺点[6, 48]。在胶原蛋白/P(LLA-CL)复合纳米纱支架上种植肌腱干细胞,经体外培养 1 周后植入大鼠背部,发现异位长出肌腱组织;将种植有肌腱干细胞的胶原蛋白/P(LLA-CL)复合纳米纱支架植入兔子髌腱缺损处,发现在位再生出肌腱组织[49]。

1.3.9　静电纺纳米纤维三维支架用于软骨组织再生的研究

研究室利用静电纺和冷冻干燥两个技术,将纳米短纤维分散后进行冷冻干燥,制备出明胶/PLLA 纳米纤维三维多孔支架,其在湿态下具有回弹性,类似于海绵,而且具有大孔结构,有利于细胞三维长入[50-51]。将明胶/PLLA 纳米纤维三维多孔支架以透明质酸涂层,有效地提高了支架的压缩强度。将经透明质酸修饰和未修饰的明胶/PLLA 纳米纤维三维多孔支架植入兔子髌骨软骨缺损处,12 周后再生出完整的软骨组织,发现前者植入部位的软骨组织再生得更完善[52]。

参考文献

[1] Sun Z C, Yarin A L. Compound core-shell polymer nanofibers by co-electrospinning [J]. Advanced materials,2003,15(22):1929-1932.

[2] Xu X L, Xu X Y. Ultrafine medicated fibers electrospun from W/O emulsions [J]. Journal of Controlled Release,2005,1(108):33-42.

[3] Teo W E, Ramaseshan R, Fujihara K, er al. A dynamic liquid support system for continuous electrospun yarn fabrication [J]. Polymer,2007,12(48):3400-3405.

[4] Ali U, Wang X G, Lin T. Direct electrospinning of highly twisted, continuous nanofiber yarns [J]. The Journal of The Textile Institute,2012(103):80-88.

[5] Si Y, Tang X M, Ge J L, et al. Ultralight nanofibre-assembled cellular aerogels with superelasticity and multifunctionality [J]. Nature Communications,2014:5802.

[6] Wu J L, Liu W, Yin A L, et al. Cell infiltration and vascularization in porous nanoyarn scaffolds prepared by dynamic liquid electrospinning [J]. Journal of Biomedical Nanotechnology, 2014, 10 (4):603-614.

［7］KA P. Molecular and aggregate structures of the collagens［M］. Extracellular Matrix Biochemistry. New York：Elsevier，1984：1-35.

［8］Kim B S. Development of biocompatible synthetic extracellular matrices for tissue engineering［J］. Trends in Biotechnology，1998，5(16)：224-230.

［9］Patch K. Body handles nanofiber better［J］. Technology Research News，2003 (24).

［10］Pattison M A，Webster T J，Haberstroh K M. Three-dimensional，nano-structured PLGA scaffolds for bladder tissue replacement applications［J］. Biomaterials，2005，26(15)：2491-2500.

［11］Elias K E，Webster T J. Enhanced functions of osteoblasts on nanometer diameter carbon fibers［J］. Biomaterials，2002，23(15)：3279-3287.

［12］Stevens M M. Exploring and engineering the cell surface interface［J］. Science，2005，310(5751)：1135-1138.

［13］Yoshimoto H. A biodegradable nanofiber scaffold by electrospinning and its potential for bone tissue engineering［J］. Biomaterials，2003，12(24)：2077-2082.

［14］Min B M，Lim J N，You Y，et al. Chitin and chitosan nanofibers：Electrospinning of chitin and deacetylation of chitin nanofibers［J］. Polymer，2004，21(45)：7137-7142.

［15］Xu C Y. Aligned biodegradable nanofibrous structure：a potential scaffold for blood vessel engineering［J］. Biomaterials，2004，5(25)：877-886.

［16］Su Y，Liu Y A，Su Q Q，et al. Encapsulation and controlled release of heparin from electrospun poly (L-lactide-co-ε-caprolactone) nanofibers［J］. Journal of Biomaterials Science，2011，1-3 (22)：165-177.

［17］Wang C Y，Fan C Y，Mo X M，et al. The effect of aligned core-shell nanofibres delivering NGF on the promotion of sciatic nerve regeneration［J］. Journal of Biomaterials Science，Polymer Edition，2012，1-4(23)：167-184.

［18］Su Y，Liu W，Lim M，et al. Controlled release of bone morphogenetic protein 2 and dexamethasone loaded in core-shell PLLACL-collagen fibers for use in bone tissue engineering［J］. Acta Biomaterialia，2012，2(8)：763-771.

［19］Chen Z G，Qing F L. Electrospinning of collagen-chitosan complex［J］. Materials Letter，2007，16 (61)：3490-3494.

［20］Chen Z G，Mo X M，Cui F Z. Diameter control of electrospun chitosan-collagen fibers［J］. Polymer Science Part B：Polymer Physics，2009，47(19)：1949-1955.

［21］Zhang K H，Wang H S，Fan L P，et al. Electrospun silk fibroin-hydroxybutyl chitosan nanofibrous scaffolds to biomimic extracellular matrix［J］. Journal of Biomaterials Science-Polymer Edition，2011，8(22)：1069-1082.

［22］Zhang K H，Mo X M. Fabrication and intermolecular interactions of silk fibroin/hydroxybutyl chitosan blended nanofibers［J］. International Journal of Molecular Sciences，2011，4(12)：2187-2199.

［23］Zhang K H，Yan Z Y，Yu Q Z，et al. Electrospun biomimic nanofibrous scaffolds of silk fibroin/hyaluronic acid for tissue engineering［J］. Journal of Biomaterials Science-Polymer Edition，2012，9(23)：1185-1198.

［24］Chen Z G，Mo X M，Lim CT，et al. Mechanical properties of electrospun collagen-chitosan complex single fibers and membrane［J］. Materials Science and Engineering C，2009，8(29)：2428-2435.

［25］Chen Z G. Intermolecular interactions in electrospun collagen-chitosan complex nanofibers［J］. Carbohydrate Polymers，2008，3(72)：410-418.

［26］Chen Z G，Wei B，Mo X M，et al. Electrospun collagen-chitosan nanofiber：A biomimetic extracellular matrix for endothelial cell and smooth muscle cell [J]. Acta biomaterialia, 2010, 2(6): 372-382.

[27] Yin A L, McClure J M, Huang C, et al. Electrospinning collagen/chitosan/poly(L-lactic acid-co-e-ca-prolactone) to form a vascular graft: Mechanical and biological characterization [J]. Journal of Biomedical Materials Research Part A, 2013, 5(101): 1292-1301.

[28] Zhang K H, Wang H, Huang C, et al. Fabrication of silk fibroin blended P(LLA-CL) nanofibrous scaffolds for tissue engineering [J]. Journal of Biomedical Materials Research Part A, 2010, 93(3): 984-993.

[29] Zhang K H, Huang C, Wang C Y, et al. Degradation of electrospun SF/P(LLA-CL) blended nanofibrous scaffolds in vitro [J]. Polymer Degradation and Stability, 2011, 12(96): 2266-2275.

[30] Li X Q, Chen R, He C L, et al. Fabricarion and properties of core-shell structure P(LLA-CL) nanofibers by coaxial electrospinning [J]. Journal Applied Polymer Science, 2009, 111(3): 1564-1570.

[31] Su Y, Tan L J, Huang C, et al. Electrospun poly(L-lactide-co-ε-caprolactone) nanofibers for encapsulating and sustained releasing proteins [J]. Polymer, 2009, 17(50): 4212-4219.

[32] Li X Q, Zhou X, Mo X M. Distribution of sorbitan monooleate in poly(L-lactide-co-ε-caprolactone) nanofibers from emulsion electrospinning [J]. Colloids and Surfaces B: Biointerfaces, 2009, 2 (69): 221-224.

[33] Su Y, Liu S P, Mo X M, et al. Controlled release of dual drugs from emulsion electrospun nanofibrous mats [J]. Colloids and Interfaces B: Biointerfaces, 2009, 2(73): 376-381.

[34] Chen R, Ke Q F, He C L, et al. Preparation and characterization of coaxial electrospun thermoplastic polyurethane/collagen compound nanofibers for tissue engineering applications [J]. Colloids and Surfaces B: Biointerfaces, 2010, 2(69): 315-325.

[35] Huang H H, Wang H S, Mo X M. Preparation of core-shell biodegradable microfibers for long-term drug delivery [J]. Journal of Biomedical Materials Research Part A, 2009, 90(4): 1243-1251.

[36] Su Y, Wang H S, He C L, et al. Fabrication and characterizations of biodegradable nanofibrous mats by mix and coaxial electrospinning of poly(L-lactid-co-ε-caprolactone) [J]. Journal of Materials Science: Materials in Medicine, 2009, 20(11): 2285-2294.

[37] Li X Q, Liu S P, Tan L J, et al. Encapsulation of proteins in poly(l-lactide-co-caprolactone) fibers by emulsion electrospinning [J]. Colloids and Surfaces B: Biointerfaces, 2010, 75(2): 418-424.

[38] Chen F, Mo X M. Electrospinning of heparin encapsulated P(LLA-CL) core/shell nanofibers [J]. Nano Biomedicine and Engineering, 2010, 1: 84-90.

[39] 余丕军, 王露萍, 郭妤, 等. 胶原蛋白-壳聚糖复合纳米纤维膜用于皮肤缺损的修复 [J]. 中国组织工程研究与临床康复, 2011, 51: 9561-9564.

[40] 余丕军, 王露萍, 郭妤, 等. 蛋白质-多糖复合纳米纤维膜用于皮肤缺损修复实验研究 [J]. 中国医学工程, 2010, 4: 1-4.

[41] Yu P J, Li J J, Shi X, et al. Repair of skin defects with electrospun collagen/chitosan and fibroin/chitosan compound nanofiber scaffolds compared with gauze dressing [J]. Journal of Biomaterials and Tissue Engineering, 2017, 7(5): 386-392.

[42] Wang C Y, Fan C Y, Mo X M, et al. Aligned natural-synthetic polyblend nanofibers for peripheral nerve regeneration [J]. Acta Biomaterialia, 2011, 2(7): 634-643.

[43] Huang C, Qiu L J, Ke Q F, et al. Heparin loading and pre-endothelialization in enhancing the patency rate of electrospun small-diameter vascular grafts in a canine model [J]. ACS Applied Materials & Interfaces, 2013, 5(6): 2220-2226.

[44] Yin AL, Li J K, Mo X M, et al. Coaxial electrospinning multicomponent functional controlled-release

vascular graft: Optimization of graft properties [J]. Colloids and Surfaces B: Biointerfaces, 2017, 152: 432-439.

[45] Wu T, Wang Y F, Yin A L, et al. Electrospun poly(L-lactide-co-caprolactone)/collagen/chitosan vascular graft in a canine femoral artery model [J]. Journal of Materials Chemistry B, 2015, 3: 5760-5768.

[46] Wu J L, Liu W, Yin A L, et al. Electrospun nanoyarn scaffold and its application in tissue engineering [J]. Materials Letters, 2012, 89: 146-149.

[47] Li J, Yin A L, Wu J L, et al. Nano-yarns reinforced silk fibroin composites scaffold for bone tissue engineering [J]. Journal of Fibre Bioengineering and Informatics, 2012, 1: 1-11.

[48] Xu Y, Wang H M, Li H Q, et al. Fabrication of electrospun poly(L-lactide-co-e-caprolactone)/collagen nanoyarn network as a novel, three-dimensional, macroporous, aligned scaffold for tendon tissue engineering [J]. Tissue Engineering: Part C, 2013, 19(12): 925-936.

[49] Xu Y, Zhou Q, Mo X M, et al. The effect of mechanical stimulation on the maturation of TDSCs poly (L-lactide-co-e-caprolactone)/collagen scaffold constructs for tendon tissue engineering [J]. Biomaterials, 2014, 35(9): 2760-2772.

[50] Chen W M, Ma Z L, Morsi Y, et al. Superelastic, superabsorbent and 3D nanofiber-assembled scaffold for tissue engineering [J]. Colloids and Surfaces B: Biointerfaces, 2016, 142: 165-172.

[51] Chen W M, Zhu T H, Gao Q, et al. Groove fibers based porous scaffold for cartilage tissue engineering application [J]. Materials Letters, 2017, 192: 44-47.

[52] Chen W M, Morsi Y, Hany El-Hamshary, et al. Superabsorbent 3D scaffold based on electrospun nanofibers for cartilage tissue engineering [J]. ACS Applied Materials & Interfaces, 2016, 8(37): 44-47.

| 第二章 | 同轴静电纺及乳液静电纺载药和活性因子纳米纤维 |

天然细胞外基质除了为组织生长提供空间和力学支持,还具有一定的生物活性,能够诱导细胞的增殖和分化,促进新生组织的合理生长。组织工程支架的作用就是要最大程度地仿生天然细胞外基质。静电纺纳米纤维可以仿生天然细胞外基质的纳米丝状结构,而如何使之具有生物活性是目前的研究热点。为制备活性纳米纤维组织工程支架,有的研究者提出将药物或活性因子与聚合物混合纺丝,希望在聚合物纳米纤维中负载药物或活性因子,并发挥其特殊功能。但是,这种方法存在许多局限。首先,溶解在溶剂中的药物或活性因子容易在外界环境的影响下失去特殊功能;其次,许多静电纺丝使用强极性的有机溶剂,这些溶剂本身就极易使蛋白质类的活性因子失活;再次,由于大部分药物和蛋白质类的活性因子都带有较多的电荷,其在静电纺丝过程中受到静电场的作用容易富集在纳米纤维表面,造成药物或活性因子"突释"(即在药物或活性因子开始释放后的短时间内,其释放量达到相当高的比例)。为了解决这些问题,研究者引入了皮芯结构纳米纤维的概念。皮芯结构纳米纤维由聚合物构成纤维的壳层,药物或活性因子包覆在纤维的芯层。负载在纳米纤维芯层的药物或活性因子,通过扩散释放和降解释放的方式转移到外界环境中,避免了药物或活性因子突释现象的发生。

2.1 单组分药物在同轴静电纺纳米纤维中的负载及释放

同轴静电纺作为一种简单可行的制备皮芯结构纳米纤维的方法,已广受关注。在同轴静电纺丝过程中,形成纳米纤维的壳层物质(即聚合物)溶于有机溶剂中构成壳层溶液,芯层物质(药物、活性因子等小分子物)溶解于较安全的溶剂(如超纯水)中构成芯层溶液。两种溶液分别通过两个同轴放置的喷头在静电场的作用下形成纤维。由于可以选择较安全的溶剂溶解药物或活性因子,而且在静电纺丝过程中,药物或活性因子一直位于纤维的芯层,避免了受外界环境和有机溶剂的影响而失去活性。

以经典的抗菌药物即盐酸四环素(TCH)和能够促进神经生长、分化的蛋白质即神经生长因子(NGF)为例,阐述通过同轴静电纺制备活性纳米纤维的可能性[1-2]。

2.1.1 同轴静电纺负载盐酸四环素

与单组分和混纺纳米纤维不同,利用同轴静电纺制备皮芯结构纳米纤维需要特殊的喷头,如图 2-1 所示。该喷头由三部分组成,即芯层溶液输送管、壳层溶液输送管和金属套筒。

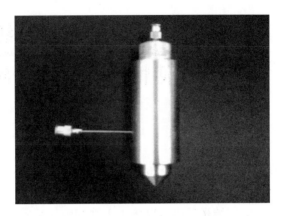

图 2-1　同轴静电纺喷头实物照片

在同轴静电纺过程中,壳层溶液和芯层溶液的流动力由单独的注射泵提供,注射泵的推进速度可按照需要进行设定或调节。

在静电纺丝过程中,高压静电力作用于聚合物溶液的液滴上,液滴克服表面张力被牵引成细丝。图 2-2 和图 2-3 展示了共混法和同轴法制备的 P(LLA-CL)(50∶50)/TCH 和 P(LLA-CL)(75∶25)/TCH 纳米纤维表面形态及直径分布情况,其中 P(LLA-CL)(50∶50)指乳酸-己内酯共聚物中含有乳酸和己内酯的摩尔比是 50∶50,P(LLA-CL)(75∶25)指乳酸-己内酯共聚物中含有乳酸和己内酯的摩尔比是 75∶25(下文同)。从两图中左侧的扫描电镜照片可见聚乳酸的含量不同,纳米纤维形貌有差异;同时可以得出,采用共混法得到的双组分纳米纤维的平均直径明显小于单组分纳米纤维,含 20%(质量分数,下文同)TCH 的纳米纤维的直径更小。合理的解释是 TCH 相对于溶剂和 P(LLA-CL)所带的电荷较多,混有 TCH 的纺丝溶液所带的电荷比纯 P(LLA-CL)溶液多,导电性较强,所以混纺纳米纤维的直径较小。从表 2-1 可以得出,由于同轴静电纺丝过程不稳定,为了得到皮芯结构纳米纤维,施加的电压小于共混法和单组分 P(LLA-CL)纤维静电纺,所以得到的纳米纤维的直径较大。

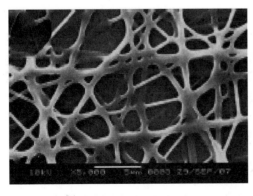

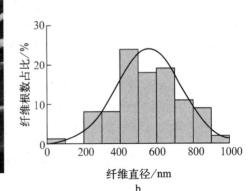

a

b

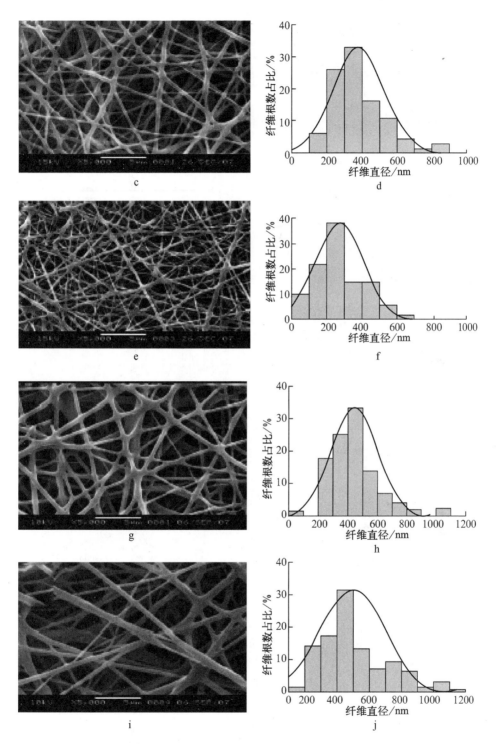

图 2-2　不同 TCH 含量的 P(LLA-CL)(50∶50)/TCH 纳米纤维表面形态(放大 5000 倍)及直径分
　　　　布情况：a. P(LLA-CL) 纳米纤维；c、e. 共混法，TCH 含量分别为 5% 和 20%；g、i. 同轴
　　　　法，TCH 含量分别为 5% 和 20%；b、d、f、h、j. 纳米纤维直径分布情况

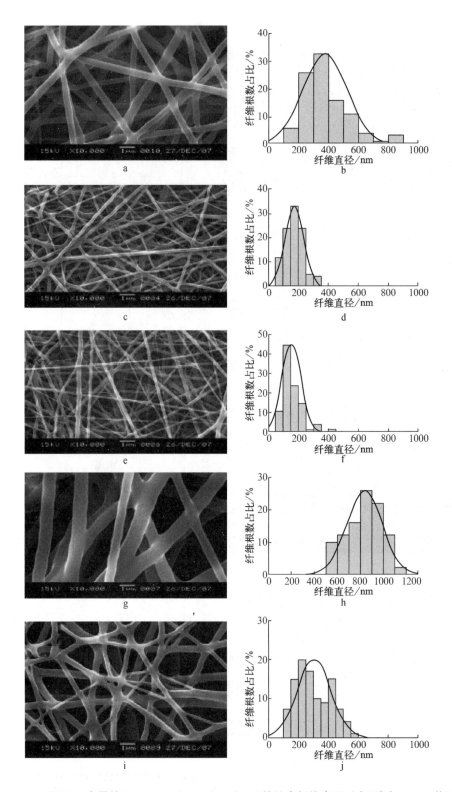

图 2-3　不同 TCH 含量的 P(LLA-CL)(75∶25)/TCH 的纳米纤维表面形态(放大 10 000 倍)及
直径分布情况:a. P(LLA-CL)纳米纤维;c、e. 共混法,TCH 含量分别为 5% 和 20%;
g、i. 同轴法,TCH 含量分别为 5% 和 20%;b、d、f、h、j. 纳米纤维直径分布情况

表 2-1　纺丝工艺参数与纳米纤维平均直径的关系

样品	流速/(mL·h⁻¹) 芯层	流速/(mL·h⁻¹) 壳层	电压/kV	平均直径/nm	平均直径偏差/nm
a	1.0		20.0	555.6	±177.4
b	1.0		20.0	377.0	±146.2
c	1.0		20.0	271.6	±138.7
d	0.20	2.0	11.0	443.8	±156.5
e	0.80	2.0	12.5	492.8	±200.6
f	1.0		20.0	413.7	±94.7
g	1.0		20.0	172.0	±60.7
h	1.0		20.0	155.1	±62.1
i	0.20	2.0	12.5	836.5	±153.8
j	0.80	2.0	13.7	302.7	±113.4

注：样品 a～e 表示 P(LLA-CL)(50∶50)/TCH 纳米纤维,样品 f～j 表示 P(LLA-CL)(75∶25)/TCH 纳米纤维;样品 a～c 和 f～h 通过共混法制备,样品 d、e 和 i、h 通过同轴法制备;样品 a、f 为单组分 P(LLA-CL)纳米纤维,样品 b、c 和 g、h 分别负载 5% 和 20% 的 TCH

从图 2-4 可以很清楚地看到,得到的纳米纤维呈皮芯结构,TCH 被包裹在纳米纤维内部,P(LLA-CL)形成纳米纤维的壳层。

图 2-4　负载 5% TCH 的 P(LLA-CL)/TCH 纳米纤维透射电镜照片

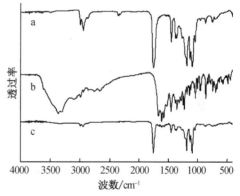

图 2-5　纳米纤维的红外光谱：a—纯 P(LLA-CL)纳米纤维；b—TCH；c—同轴静电纺负载 5% TCH 的 P(LLA-CL)/TCH 纳米纤维

图 2-5 中,曲线 a 为纯 P(LLA-CL)纳米纤维的红外光谱图,在 3000～2900 cm⁻¹ 出现的峰是饱和碳的 C—H 伸缩振动峰,在 1750 cm⁻¹ 左右出现的峰是 C=O 键的伸缩振动峰,在 1380、1460 cm⁻¹ 左右出现的峰是甲基中 C—H 键的弯曲振动峰,C—O—C 键的特征吸收峰在 1050～1300 cm⁻¹,长链 CH₂ 大约在 2920、2850、1470、720 cm⁻¹ 出现特征吸收峰;曲线 b 为 TCH 的红外光谱图,在 3200～3650 cm⁻¹ 出现的峰是羟基的特征吸收峰,宽而钝(TCH 的分子结构中有大量—OH,故羟基的特征吸收峰发生强烈缔合,其底部延伸至 2500 cm⁻¹,

形成一个很宽的峰);N—H 键的吸收强度比羟基弱,因此被羟基的特征吸收峰覆盖,图中观察不到;在 3000～3100 cm^{-1} 出现的峰是苯环和 C—H 键的伸缩振动峰;在 3000～2600 cm^{-1} 出现的峰为饱和 C—H 键的伸缩振动峰;在 1500 和 1600 cm^{-1} 出现的峰为苯环的特征吸收峰;在 1650 cm^{-1} 出现的峰为羰基的特征吸收峰,由于羰基和 C═C 双键有共轭效应,所以羰基的特征吸收峰移向较低波数;C═C 双键的特征吸收峰强度较小,不易看出;在 1380、1460 cm^{-1} 左右出现的峰是甲基中 C—H 键的弯曲振动峰;在 1000～1300 cm^{-1} 出现的峰 C—O 键的特征吸收峰。曲线 c 为同轴法负载 TCH 的 P(LLA-CL)/TCH 纳米纤维的红外光谱图,3600～3000 cm^{-1} 范围的特征吸收峰消失,说明 TCH 的羟基和氨基与共聚物内的聚己内酯发生反应;在 1750 cm^{-1} 出现的峰为羰基的吸收振动峰,在 1460、1380 cm^{-1} 出现的峰为甲基的特征吸收峰;C—O—C 的特征吸收峰在 1050～1300 cm^{-1};1500～1700 cm^{-1} 有些小的峰,是 TCH 中的羰基和苯环的特征吸收峰,说明 TCH 被包裹在纤维内部,与聚合物之间无化学反应。

对共混法和同轴法制备的负载 TCH 的 P(LLA-CL)/TCH 纳米纤维的药物释放行为进行研究,结果如图 2-6 所示,其中:a、c、e、g 为瞬时释放率与时间的关系;b、d、f、h 为累计释放率与时间的关系。由图 2-6 中 b 和 d 所示,TCH 从共混法 P(LLA-CL)/TCH 纳米纤维中的释放行为可以简单地划分为两个阶段:在前 10 h 内,累计释放率已经达到 60%～80%;之后,释放速度减小。共混法纳米纤维存在严重的突释问题,而人们希望伤口敷料或组织工程支架在一定的时间范围内能够持续稳定地释放药物,抑制细菌生长或促进组织再生。为了达到这样的目的,利用同轴法将 TCH 包裹在纤维芯层,结果表明有效地避免了突释的发生。

从图 2-6 中 f 和 h 得知,TCH 的释放缓慢且持续,在前 20 h 内,累计释放率小于 20%;之后,TCH 稳定地释放出来,在 196 h 后,大约 60% 的 TCH 释放出来。在接下来的阶段,会有更多的 TCH 扩散出来,直到 P(LLA-CL)降解后,所有的 TCH 分子释放出来。

在共混法静电纺丝过程中,TCH 携带了大量的电荷,电荷之间互相排斥,因此它比较容易富集在纤维的表面。在缓释过程中,处于纤维表面的 TCH 会直接溶解在 PBS 缓冲液中,而处于纤维内部的 TCH 会通过扩散途径释放出来,所以造成严重的突释现象,之后的释放速度缓慢。然而,同轴法得到的皮芯结构纳米纤维中,TCH 被包裹在纤维的芯层,TCH 需要通过纤维的空隙缓慢地扩散,故表现出稳定而持续的释放行为。

TCH 具有广泛的抗菌范围,包括抗革兰氏阴性菌和革兰氏阳性菌。大肠杆菌是世界上广泛存在的寄生在哺乳类动物肠道内的细菌,故作为试验对象。TCH 含量为 5% 时,共混法制得的 P(LLA-CL)(75:25)/TCH 和 P(LLA-CL)(50:50)/TCH 纳米纤维抑制大肠杆菌的效率为 98.8% 和 98.7%,同轴法制备的 P(LLA-CL)(75:25)/TCH 和 P(LLA-CL)(50:50)/TCH 纳米纤维抑制大肠杆菌的效率分别为 93.9% 和 92.1%。图 2-7 证明了抗菌纳米纤维的抑菌能力,可以很清楚地看到大肠杆菌的菌落情况。抗菌纳米纤维对大肠杆菌生长抑制后的菌落数目明显减少。同轴法得到的抗菌纳米纤维的抑菌效率低于共混法得到的抗菌纳米纤维。

2.1.2 同轴静电纺负载活性因子

NGF 是目前唯一被阐明并确定化学结构的细胞生长因子,具有可控制神经元的存活、促进神经元的分化、决定轴突的生长方向及营养作用[4]。外源性 NGF 促进导管内神经

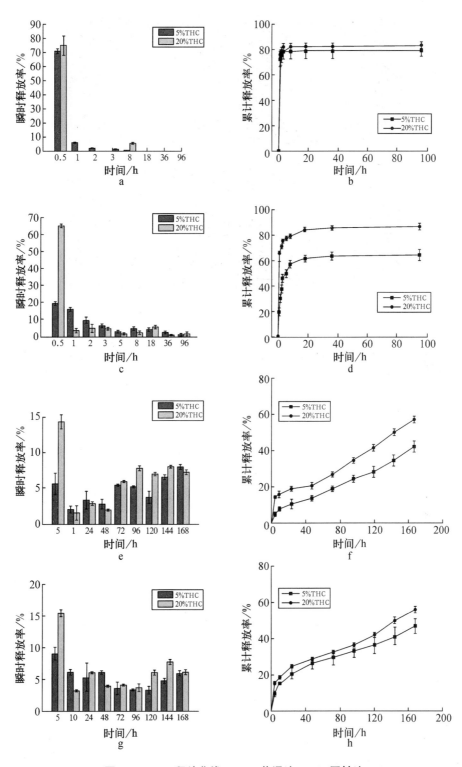

图 2-6　TCH 释放曲线：a～d. 共混法；e～h. 同轴法

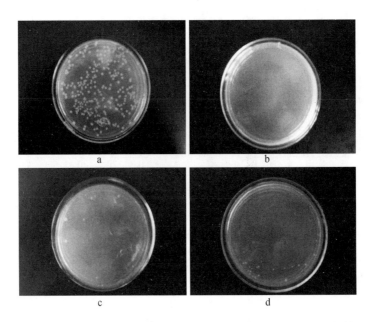

图 2-7 负载 5%TCH 的 P(LLA-CL)(50∶50)/TCH 纳米纤维抑制大肠杆菌生长情况(大肠杆菌与下列几种溶液共培养 6 h 后涂平板,培养 24 h 后观察细菌菌落在平板上的生长情况):a. PBS 溶液;b. TCH 的 PBS 溶液;c. 从共混法制备的 P(LLA-CL)/TCH 纳米纤维中释放出来 TCH 的 PBS 溶液;d. 从同轴法制备的 P(LLA-CL)/TCH 纳米纤维中释放出来 TCH 的 PBS 溶液

再生已有报道,而关于 NGF 的给药方式和途径尚在摸索。全身给药的作用不大,因为 NGF 主要在损伤局部通过神经纤维摄取并逆向转运而发挥作用,全身给药很难在损伤局部形成高浓度。目前局部给药方式单一,大多采用导管内一次性加入 NGF,也有采用微量泵皮下埋置导管输送到损伤部位的研究,但是操作不方便且代价昂贵,难以广泛用于临床。已有研究证明 NGF 在神经纤维的成熟过程中扮演着重要的角色,并且缓释的 NGF 对促进末梢神经纤维的成熟很重要。

生物材料的力学性能会对它们的应用及其他性能产生很大影响,特别是作为仿生天然细胞外基质的组织工程支架,既为细胞的生长提供黏附基质,也是将细胞转载至体内特定部位的载体。因此,要求组织工程支架能提供暂时的力学支撑,保持组织形成的潜在空间。这种力学支撑要保持到新的组织形成且有足够的力学强度为止。

作为药物缓释系统,对载药静电纺纳米纤维的力学性能要求基本上与组织工程支架相似。研究室对同轴静电纺 P(LLA-CL)/BSA(即牛血清白蛋白)纳米纤维的力学性能做了初步研究。显而易见的是,织物的力学性能不仅与织物的形成结构相关,而且与组成织物的单根纤维的强度密切相关。

图 2-8 所示为单组分 P(LLA-CL)纳米纤维和

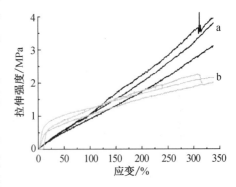

图 2-8 静电纺纳米纤维的拉伸曲线:a—单组分 P(LLA-CL)纳米纤维;b—同轴静电纺 P(LLA-CL)/BSA 纳米纤维(芯层溶液的推进速度为 0.10 mL/h)

同轴静电纺 P(LLA-CL)/BSA 纳米纤维[壳层采用浓度为 0.6 g/mL 的 P(LLA-CL)/TFE (即三氟乙醇)溶液,芯层采用浓度为 0.3 g/mL 的 BSA/超纯水溶液]的拉伸曲线,曲线的终止点即为拉伸试验中纤维的断裂点。曲线 a 表达了单组分 P(LLA-CL) 纳米纤维的力学性能,其拉伸断裂强度为 3.2 MPa,拉伸断裂应变约 350%。对同轴静电纺 P(LLA-CL)/BSA 纳米纤维的拉伸试验结果进行分析,其拉伸断裂应变与前者比较无显著变化,其拉伸断裂强度减小为 1.9 MPa。在同轴静电纺丝中,芯层主要由 BSA(属于蛋白质)组成,而且未经处理的 BSA 无法通过静电纺丝技术形成纤维,因此,所得复合纤维的力学性能必然受到蛋白质的影响,表现为力学性能减弱。同时,蛋白质小分子使拉伸试验开始时纤维的弹性模量有所增加,之后由于纤维之间发生错位和移动,弹性模量下降,这在拉伸曲线上表现为一个大于 100° 的转折。

在前文 TCH 从同轴法 P(LLA-CL)/TCH 纳米纤维中缓释情况的研究基础上,按照相似的方法和步骤,对 BSA 的释放行为进行研究,结果如图 2-9 所示。在释放曲线上,可观察到在 10 h 前有 10%~20% 的突释现象。前文提到过,在同轴静电纺丝过程中,由于电场不稳定,空气流动、瞬间电流激增或骤减,纺丝液会受到很大的影响,从而在产生皮芯结构纳米纤维的同时形成部分混纺纤维。于是,处在混纺纤维表面的 BSA 首先溶解在扩散介质中形成突释。但是,与混纺纤维不

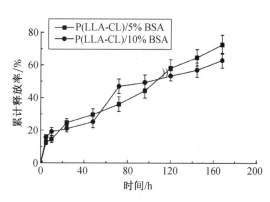

图 2-9　BSA 释放曲线

同的是,在少量突释之后的 10~160 h 内,BSA 平稳而持续地释放,在 170 h 时累计释放率达到 60%~80%,而且,随着时间的延长,释放速率慢慢降低。

溶质或药物从底物或基质中以稳定的速率在很长的一段时间内向外部环境释放的行为,称为缓释行为。如上文所述,缓释行为可以通过试验方法测定表征。但是,试验方法只能得到缓释出来的物质的量与时间的关系,但不能测定物质在基质中的浓度分布及浓度随时间变化的情况等重要信息。因此,以扩散理论为基础,利用 MATLAB 软件,基于有限元方法,对 NGF 从纳米纤维中缓慢释放时纤维内部 NGF 的浓度变化进行计算和模拟。

单位时间内扩散物质的量 $\dfrac{\Delta m}{\Delta t}$ 与浓度梯度及扩散物质通过的面积成正比:

$$\frac{\Delta m}{\Delta t} = -D \cdot A \cdot \frac{\Delta c}{\Delta x} \qquad (2\text{-}1)$$

令

$$\frac{\Delta m}{\Delta t \cdot A} = J$$

则

$$J = -D \cdot \frac{\Delta c}{\Delta x} \qquad (2\text{-}2)$$

其中:A 为扩散物质通过的面积(m^2);Δt 为扩散时间(s);Δm 为扩散物质的质量(g);$\dfrac{\Delta c}{\Delta x}$ 为浓度梯度(g/m^4);D 为扩散系数(m^2/s);J 为传质通量[$g/(m^2 \cdot s)$]。

将式(2-2)写成微分形式：

$$J_i = -D_i \frac{\mathrm{d}c}{\mathrm{d}x} \tag{2-3}$$

上式就是 Fick 第一扩散定律的表达式。扩散理论的另一个问题是，扩散系数会随着扩散过程的进行而发生变化，而不是一般计算平衡模型中所假定的常数，所以文献报道的大多是表观平均扩散系数。

用于非稳态扩散的 Fick 第二扩散定律可以较好地表征 NGF 从纳米纤维中缓释的行为。考虑到纤维近似呈圆柱体，忽略轴向的微小扩散，在柱坐标下，Fick 第二扩散定律可表示为：

$$\frac{\partial c_i}{\partial t} = \frac{1}{r} \cdot \frac{\partial}{\partial r} \left(r \cdot D \cdot \frac{\partial c_i}{\partial x} \right) \tag{2-4}$$

式中：r 为 NGF 在纤维中沿径向的位置；t 为扩散时间。

上述偏微分方程即式(2-4)的解：

$$\frac{M_t}{M_0} = 4 \sum_{i=1}^{\infty} \frac{1}{(\lambda_n)^2} \exp\left[-\frac{(\lambda_n)^2 \cdot D_N \cdot t}{R^2} \right] \tag{2-5}$$

其中：M 为纤维中 NGF 的质量；λ_n 为满足零级 Bessel 函数的平方根；R 为纤维半径；D_N 为 NGF 的扩散系数。

通常可以利用数学软件解决一些比较复杂的计算问题，如式(2-4)，物质(如 NGF)的浓度是依赖于时间和空间变量的函数，此类偏微分方程的求解需要确定初始和边界条件。具体求解时可利用有限元方法。

对于偏微分方程：

$$\frac{\partial c}{\partial t} = \frac{1}{r} \cdot \frac{\partial}{\partial r} \left(r \cdot D \cdot \frac{\partial c}{\partial x} \right) \tag{2-6}$$

初始条件：

$$c = c_0 \ (t = 0 \ \text{且} \ 0 \leqslant r \leqslant R)$$

其中：c_0 为纤维中的 NGF 初始浓度。

边界条件：

$$c = c_1 \ (r = R \ \text{且} \ t \geqslant 0)$$

其中：c_1 为纤维表面的 NGF 浓度。

$$\frac{\partial c}{\partial r} = 0 \ (r = 0 \ \text{且} \ t \geqslant 0)$$

MATLAB 软件中偏微分方程的标准求解方程：

$$c\left(x, t, u, \frac{\partial u}{\partial x}\right) \cdot \frac{\partial u}{\partial t} = x^{-m} \cdot \frac{\partial}{\partial x}\left[x^m \cdot f\left(x, t, u, \frac{\partial u}{\partial x}\right) \right] + s\left(x, t, u, \frac{\partial u}{\partial x}\right) \tag{2-7}$$

其中：m 因坐标系不同取 0、1、2（0—平面坐标系，1—柱坐标系，2—球坐标系）。

纤维截面内 NGF 的平均浓度用下式计算：

$$c_{av.} = \frac{\sum_{i=1}^{N} \int_{(i-1)R/N}^{iR/N} 2\pi r dr \times c_i^a}{\int_0^R 2\pi r dr} \qquad (2-8)$$

其中：$c_i^a = \dfrac{c_{i-1} + c_i}{2}$。

这里主要讨论在扩散系数为一定值的情况下,纳米纤维中径向的 NGF 浓度及 NGF 的平均浓度随时间的变化情况。理论模拟过程中需要的参数：扩散系数 $D = 2 \times 10^{-10}$ m²/s（由于无法得到 D 的确切值,因此根据经验选定此值,结果表明完全可以说明问题）；纤维中的 NGF 初始浓度 $c_0 = 0.66$ mg/mL（假定缓释开始前纤维中径向各处的 NGF 浓度相同）；纤维表层与外部环境交界处的 NGF 初始浓度为 0；纤维半径为 200 nm,但是为了方便计算,采用归一化半径,即半径为 1.0。

图 2-10 和图 2-11 所示为 MATLAB 软件模拟结果。图 2-11 中的三维曲面可以很好地描述纤维中径向的 NGF 浓度分布与时间的关系。通过分析这个曲面图可知,在缓释过程开始后的一段时间内,纤维中径向的 NGF 浓度分布呈

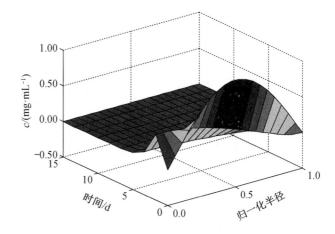

图 2-10　纳米纤维中径向各处的 NGF 浓度随时间的变化情况

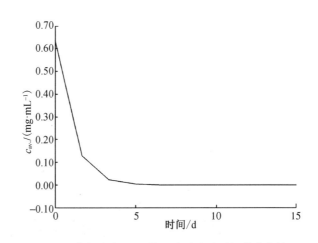

图 2-11　纳米纤维中 NGF 的平均浓度随时间的变化情况

抛物线状,其近似描述了纤维中 NGF 的实际分布情况。尽管模拟时假定纤维中径向各处的 NGF 初始浓度相同,但所采用的计算方法可以保证模拟结果接近实际情况。从图 2-11 可以看出,在上述参数所确定的条件下,纳米纤维中 NGF 的平均浓度在缓释过程的前 5 d 内下降显著,也就是说,NGF 的缓释在 5 d 后已经基本完成,之后的 10 d 只有极少量的 NGF 释放出来,即 NGF 的释放主要在总缓释时间的三分之一内完成。

NGF 对中枢及周围神经元的发育、分化、生长、再生和功能特性的表达均具有重要的调

控作用。NGF 与受体结合,通过受体介导的内吞机制产生内在化,形成由轴膜包绕、含有
NGF 并保持其生物活性的小泡,经轴突沿微管逆行转运至胞体,经酪氨酸蛋白激酶、脂酰肌
醇钙、内源性环腺苷酸等第二信使体系的转导,启动一系列级联反应,对靶细胞的某些结构
或功能蛋白基因表达进行调控而发挥其生物效应。在切断轴突后给予 NGF,将减少某些神
经元的变性与死亡现象,这无疑有助于提高轴突再生的可能性,同时影响轴突再生开始的时
间和参与再生的神经元数目,以及再生神经的质量和速度。因此,在神经再生过程中给予
NGF 无疑会加速受损神经的恢复。然而,作为一种活性蛋白,NGF 的化学检测手段十分复
杂。研究室选用 PC12 细胞作为 NGF 的检测物,在 NGF 的刺激下,PC12 细胞会生长出明
显的神经轴突。

试验设计中,分别安排了阳性对照组、阴性对照组和两个试验组。阳性对照组中,在
PC12 细胞的培养瓶中加入 100 μL 浓度为 1 μg/mL 的 NGF 溶液,轻轻晃动均匀后放置在
37 ℃、5% 二氧化碳环境中培养 48 h。阴性对照组中,PC12 细胞的培养瓶中没有加入 NGF
溶液,培养 48 h 后取出,在显微镜下观察。图 2-12a 所示为阳性对照组 PC12 细胞分化形
态,与图 2-12b 中阴性对照组的分化形态相比,前者长出了明显的神经轴突,这说明 NGF
的加入对 PC12 细胞有诱导作用。

在培养基中分别加入缓释试验进行 1 h 和 5 d 后的缓释液(分别简称为"1 h 缓释液"和
"5 d 缓释液"),PC12 细胞也分化出神经轴突(图 2-12 中 c、d),这说明通过同轴法负载
NGF 后,在模拟体内条件的情况下将其释放,至少有部分 NGF 保持活性,而且同轴静电纺
纳米纤维中大多数的 NGF 活性能够维持到释放开始后的第五天,这说明采用该方法制备
的神经导管可以连续 5 d 促进受损神经的生长,最终达到恢复功能、治愈疾病的目的。

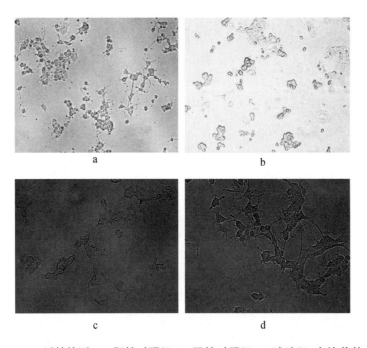

图 2-12　NGF 活性检测:a. 阳性对照组;b. 阴性对照组;c. 试验组,在培养基中加入
1 h 缓释液,培养 48 h;d. 试验组,在培养基中加入 5 d 缓释液,培养 48 h

2.2　单组分药物在乳液静电纺纳米纤维中的负载及释放

2.2.1　乳液静电纺载药纳米纤维的物理化学性能

与同轴静电纺不同,乳液静电纺不需要特殊喷头产生皮芯结构的纳米纤维。乳液静电纺设备与共混法静电纺设备相似,其纺丝喷头仅由一个简单的单通道针头组成。在纳米纤维的形成过程中,包覆在油相溶液中的小液滴通过静电场力和溶液之间的摩擦力形成皮芯结构[3],如图 2-13 所示。乳液静电纺设备主要由高压静电发生器、注射器、纺丝喷头和接收装置构成。当电压超过某个临界值时,乳液在电场的作用下形成极细的溶液流体并迅速固化为直径在微米以下的超细纤维。

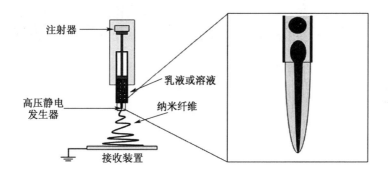

图 2-13　乳液静电纺设备及皮芯结构纳米纤维形成过程示意

为了进行后期的药物释放和所释放的药物活性研究,要确定纺丝液浓度(也称"溶液浓度")、纺丝液含水率和药物负载量。

首先,研究室固定纺丝液浓度为 0.06 g/mL,先不加入任何药物,仅仅改变纺丝液的含水率,得到含水率对纳米纤维形态的影响。从直观上可以得出这样的结论:由于水相对于有机溶剂来说比较难挥发,含水率越高,溶剂在纤维中的残留量越多,最终生成的纳米纤维形态越不规整。为了验证,分别配制含水率为 2%、4%、6%、8% 的纺丝液进行纳米纤维的制备,然后在扫描电镜下观察。图 2-14 为不同含水率的纺丝液制备的 P(LLA-CL)纳米纤维扫描电镜照片。可以看到含水率为 2% 的纳米纤维具有平滑的表面(图2-14a),纤维之间的黏结现象不是很明显,而且纤维直径分布较均匀;含水率为 8% 时出现了一些直径较小的纤维(图 2-14d),整体来看成纤效果不如图 2-14a;含水率为 4% 和 6% 的纺丝液所制备的纤维形态介于含水率为 2% 和 8% 之间。仅仅根据扫描电镜照片,不能得出纺丝液的含水率与纳米纤维形态的确切关系,但可以推断含水率越高,成纤性越差。因此,在之后的试验中选用最小的含水率,即含水率为 2% 的纺丝液进行纤维的制备。

有研究表明,当纺丝液浓度较低时,容易产生串珠型的纳米纤维;当纺丝液浓度较大时,所产生的纳米纤维的直径也比较大。在静电纺丝过程中,纺丝液流体在静电场的作用下,伴随着溶剂的挥发,最终形成固化的纳米纤维。当溶剂的含量过高,即纺丝液浓度较小时,纺

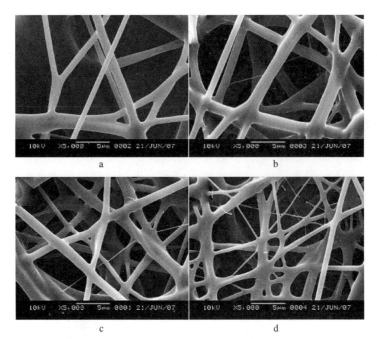

图 2-14　不同含水率下 P(LLA-CL)纳米纤维的扫描电镜照片(纺丝液浓度均为
0.06 g/mL,添加的乳化剂体积均为 0.1 mL): a. 2%;b. 4%;c. 6%;d. 8%

丝液流体在固化过程中因溶剂挥发不完全,受到的拉伸不均匀,最终形成珠状纤维。当纺丝液浓度过大时,纺丝液流体在得到充分拉伸之前就由于溶剂挥发而固化,形成较大直径的纤维。

　　在固定纺丝液含水率(2%)后,改变纺丝液浓度,依次对 0.03、0.05、0.07 g/mL 的纺丝液进行静电纺丝,得到如图 2-15 所示的纳米纤维扫描电镜照片。在纺丝液浓度较低时,通过乳液静电纺制备出带有珠状物质的纤维,或者从严格意义上说,图 2-15a 中的产物不能算作纳米纤维,仅仅是具有纳米级别的微粒和纤维的混合体。当纺丝液浓度上升到 0.05 g/mL 时,已经有表面光滑的纳米纤维产物出现(图 2-15b)。当纺丝液浓度达到 0.07 g/mL 时,所制备的纳米纤维形态如图 2-15c 所示,其与图 2-15b 所示相比没有显著变化。因此,在接下来的试验中,采用纺丝液浓度为 0.06 g/mL、含水率为 2%的纺丝液进行静电纺丝。

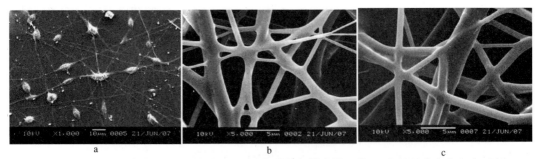

图 2-15　不同纺丝液浓度下 P(LLA-CL)纳米纤维的扫描电镜照片(固定纺丝液含水率为 2%):
a. 0.03 g/mL;b. 0.05 g/mL;c. 0.07 g/mL

　　在确定了纺丝液的浓度和含水率后,对药物的负载量进行考察。如图 2-16a 所示,当乳液的水相溶剂中没有药物负载时,纳米纤维的直径分布在 200～1400 nm,其平均直径为 800 nm 左右。与同轴静电纺丝情况相似,由于纺丝液中加入了药物,带电物质增加,能够携带更多的电荷,使产生的纳米纤维变细。当药物负载量达到 5％和 10％时,制备的纳米纤维的平均直径由 800 nm 减小到 600 nm 左右。一般来说,负载体系的药物负载量都有一个上限。对于静电纺纳米纤维,由于制备过程存在严重的不稳定性,药物有可能随着电场的瞬间变化而脱离负载体系或者迁移到纤维之外。在制备初期药物的含量较少时,整个静电纺丝体系与单组分纤维的纺丝体系相似,包括静电拉伸力、纺丝液流体(或固化后的纤维)表面与空气之间的摩擦力、乳液滴与油相溶液的相互作用力、由于电场不稳定而产生的带电药物在纤维内部的迁移力,以及聚合物分子之间的相互运动和位移情况。然而,当药物负载量超过一个极限值时,随着溶剂的挥发,药物固化结晶。作为负载体系的基质材料,纳米纤维外层不能包覆过量的药物,使部分药物游离于纤维之外,这部分药物在释放过程中显然不会遵循扩散释放的一般行为,而是直接溶解在释放介质(即缓冲溶液)中,依照零级释放的规律进行。因此,当药物负载量超过负载体系的最大负载量,基质材料不能将药物完全包裹时,乳液静电纺纳米纤维作为支架就可能失去将药物缓慢、稳定释放的功能。

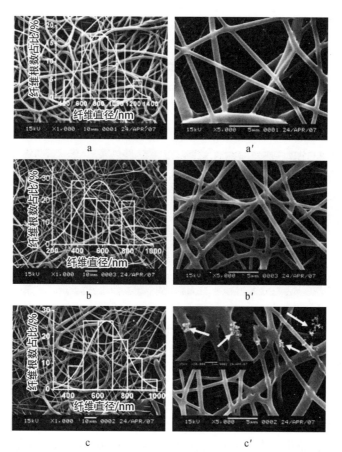

图 2-16　不同药物负载量下乳液静电纺纳米纤维扫描电镜照片及纤维直径分布情况(纺丝液浓度为 0.06 g/mL,含水率为 2％):a、a′. P(LLA-CL)纳米纤维;b、b′. 药物质量占 P(LLA-CL)质量的 5％;c、c′. 药物质量占 P(LLA-CL)质量的 10％

如图 2-16b 所示的纳米纤维,其表面形态与单组分 P(LLA-CL)纤维没有明显的区别,仅仅由于药物的加入,带电体增加,使纤维直径减小。图 2-16c 中,当药物负载量达到 P(LLA-CL)质量的 10%时,可以明显地看到有结晶物存在。对比单组分纤维和药物负载量为 5%的载药纤维,三组纤维之间的区别仅仅为载药量不同。因此,有理由相信纤维表面的物质就是析出的药物。由此,得到一个药物负载量的控制值,即在乳液静电纺丝中,药物负载量不能大于或者超过基质材料质量的 10%。

与颗粒状和凝胶状的负载体系相同,药物在基质材料内的分布也是需要研究的内容之一。乳液静电纺所制备的纤维直径多分布在 400~1000 nm,因此很难通过宏观观察得知其中药物的分布情况。为研究药物在纳米纤维中的分布情况,在药物中加入异硫氰酸荧光素-牛血清白蛋白(FITC-BSA)作为荧光物质,通过观察荧光获得药物的分布情况。另外,由于加入的 FITC-BSA 的量非常少,既不会影响药物的总负载量,也不会对纺丝过程产生不良影响。

准备透光性良好的干净载玻片,在纺丝过程中,将载玻片从距离纺丝喷头约 10 cm 的位置快速地掠过,用以接收少量的纳米纤维。若接收的纤维量过多,则会影响光学显微镜(简称"光镜")的观察效果。

试验中采用的显微镜既可进行普通的光学观察,也可以进行荧光观察。将载有纳米纤维的载玻片固定在观测台上,先通过普通光学显微镜在 200 倍下观察并记录状态;而后,保持载玻片的位置不变,进行荧光观察并记录状态。通过两组照片的比较(图 2-17 中 a 和 b),发现带有荧光发色基团的 FITC-BSA 均匀地分布在纤维中,从而可以断定 BSA 在纤维中均匀分布,没有发生小范围富集等情况。同时,通过透射电子显微镜观察,可以清楚地看到纳米纤维的皮芯结构(图 2-17d)。

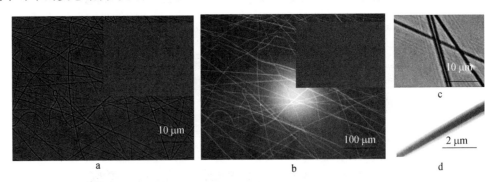

图 2-17 纳米纤维中的药物分布情况:a. 光镜下纳米纤维照片;b. 固定拍摄位置不变,荧光镜下纳米纤维照片,负载药物中加入 FITC-BSA;c. 光镜下纳米纤维高倍放大照片;d. 透射电镜下纳米纤维照片(显示皮芯结构)

对于纳米纤维载药体系,其力学性能并不是研究者关注的重点。但是作为组织工程支架,需要纳米纤维具有基本的力学性能。

图 2-18b 给出了单组分 P(LLA-CL)纳米纤维的应力-应变曲线,即在 P(LLA-CL)/三氯甲烷溶液中不添加任何其他物质,其纺丝液浓度为 0.06 g/mL,图中曲线的终点即为纳米纤维拉伸的断裂点。单组分 P(LLA-CL)纳米纤维的断裂强度为(3.5±0.2)MPa,断裂伸长率为(310±10)%。在纺丝液浓度为 0.06 g/mL 的 P(LLA-CL)/三氯甲烷溶液中加入乳

化剂 Span-80,所制备的纳米纤维的力学性能显著提高,应力-应变曲线见图 2-18a,其断裂强度达到(6.2±0.3)MPa,但断裂伸长率的改变不大,为(305±10)%。无论是单组分 P(LLA-CL)纳米纤维还是乳液静电纺 P(LLA-CL)/Span-80 纳米纤维,其拉伸曲线上都没有应力、应变的转折点,完全呈塑性形变,后者的断裂强度增加可能是因为 Span-80 的小分子在纤维中起到了类似短纤维(如碳纳米纤维)的力学增强作用。

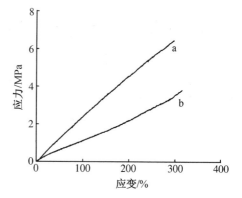

图 2-18 单组分 P(LLA-CL)和乳液静电纺纳米纤维的拉伸曲线:a—P(LLA-CL)/Span-80 纳米纤维;b—单组分 P(LLA-CL)纳米纤维

许多研究已经证明,生物材料的亲水性越强,其生物相容性越好。因而,亲水性能够表明一种材料的生物相容性。在制备静电纺纳米纤维支架时,所采用的天然聚合物分子中往往含有大量的羟基和氨基,其亲水性较人工聚合的高分子材料强,因为后者的分子链中含有大量的羧基、亚甲基等憎水基团。

乳液静电纺与普通静电纺最大的不同,就是前者采用聚合物、油相溶剂、药物、水形成乳液,为了形成稳定的乳液,需要在其中加入表面活性剂(乳化剂)。表面活性剂的一端为羟基的亲水性基团,另一端为脂肪型碳链(图 2-19)。研究室通过接触角测试,检测乳液静电纺纳米纤维的亲水性。

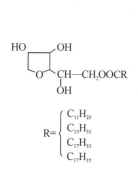

图 2-19 Span 类乳化剂分子结构式

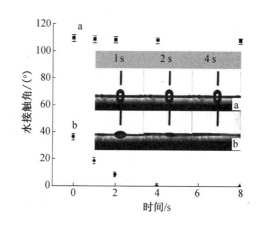

图 2-20 纳米纤维亲水性:a—单组分 P(LLA-CL)纳米纤维;b—乳液静电纺 P(LLA-CL)/Span-80 纳米纤维(内嵌图为 0.03 mL 水在纳米纤维上的接触情况)

图 2-20 所示为纳米纤维的亲水性测试结果,表明单组分 P(LLA-CL)纳米纤维具有很强的憎水性,当 0.03 mL 水滴落在纳米纤维上时,水与纳米纤维之间的接触角为 110°左右;8 s 后,接触角依然在 100°以上。乳液静电纺 P(LLA-CL)/Span-80 纳米纤维与水之间的接触角在开始测试时仅为 39°左右,并且水在纳米纤维上迅速渗透,4 s 时接触角几乎为 0°。

2.2.2　乳化剂对乳液静电纺纳米纤维生物相容性的影响

由接触角试验得知乳化剂的加入使得纳米纤维的亲水性大大改善,这与预期的结果相似。但是,亲水性增加是否会影响甚至改善纳米纤维的生物相容性? 或者,乳化剂的加入是否会让复合纳米纤维产生一些细胞毒性?

生物相容性是指医用生物材料与机体之间因相互作用而产生的各种复杂的物理、化学和生物学反应,以及机体对这些反应的忍受程度。一般将医用生物材料的生物相容性分为三类:组织相容性、血液相容性和力学相容性。

组织相容性也称为生物相容性,即植入机体内的材料不能对周围组织产生毒副作用,特别是不能诱发组织基因的病变;反过来,植入体周围的组织也不能对材料产生强烈的腐蚀作用和排斥反应。血液相容性是考察血液接触的材料应该无溶血作用,不能破坏血液组织成分,不能有凝血作用。力学相容性是要求植入的材料具有的力学性能与人体组织相适应或相匹配。强度过低会导致材料发生断裂失稳。硬度过低使材料磨损,磨损产生的颗粒进入淋巴系统会诱发炎症。强度和硬度过高对周围组织可能产生破坏行为,使植入部位长期难以愈合,甚至引发其他病变。

材料的生物相容性包含两大原则,一是生物安全性原则,二是生物功能性原则(或称为机体功能的促进作用)。生物安全性是指消除生物材料对机体内器官的毒副作用,如细胞毒性、刺激性、致敏性和致癌性等。生物材料对于宿主是异物,在体内必定会产生某种反应或排异现象。生物材料如果要成功应用于临床,至少要使发生的反应能被宿主接收,不产生有害作用。生物功能性是指生物材料在应用过程中能够引起宿主适当的反应,如细胞黏附、铺展、增殖、分化及细胞生长因子的表达等。因此,研究室使用猪髓骨动脉内皮细胞(PIEC)为检验细胞,观察并比较其在纳米纤维上的生长状况和细胞的黏附增殖情况。PIEC 为多边形单层细胞,较易附着在材料表面,其分裂增殖速度较快。

将 PIEC 种植于载有纳米纤维的 24 孔培养板中 5 h 后,在光学显微镜下观察。如图 2-21a所示,PIEC 已经完成在单组分 P(LLA-CL)纳米纤维上的黏附,而且开始增殖并表现出内皮细胞特有的形态。观察单个细胞,其整体为多边形,平铺在纳米纤维上;多个细胞则相互作用形成环状。在培养的后期,随着细胞数量的增多,细胞将占据整个纳米纤维的表面。图 2-21b中展现的是 PIEC 在乳液静电纺 P(LLA-CL)/Span-80 纳米纤维上的生长情况,与单组分纳米纤维相比,细胞形态和细胞密度都没有显著差异。

研究室采用 MTT 法对 PIEC 在纳米纤维上的黏附情况进行研究和比较。MTT 法又叫四唑盐比色法,由 Mosmann 于 1983 年建立,后经不断改良完善,因其具有敏感性高、重复性好、操作简便、经济、快速、易自动化、无放射性污染、与检测细胞活力的其他方法(如细胞计数法、软琼脂克隆形成试验、3H-胸腺嘧啶核苷渗入法)相比有良好的相关性等优点,已成为细胞生物学及相关研究领域常用的分析细胞活性、增殖及毒性作用等方面的方法。MTT 的商品名为噻唑蓝,化学名为 3-(4,5-二甲基-2 噻唑基)-2,5-二苯基溴化四唑,是一种黄绿色唑氮盐,它是线粒体脱氢酶的作用底物,经活性细胞内线粒体脱氢酶的消化作用,被还原成不溶于水的蓝紫色甲臜结晶,并沉淀于细胞中,而死细胞没有这种功能。二甲基亚砜(DMSO)能够将沉积在细胞中的蓝紫色结晶物溶解,溶液颜色的深度与所含的甲臜量成正比,在 492 nm 波长下有一个较宽的最大吸收峰,可用分光光度计测定吸光值确定其相对

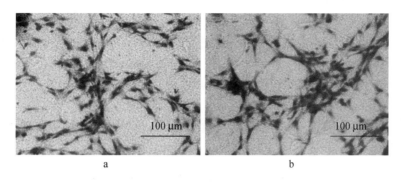

图 2-21 PIEC 在纳米纤维上种植 5 h 后的黏附情况：a. 单组分 P(LLA-CL)
纳米纤维；b. 乳液静电纺 P(LLA-CL)/Span-80 纳米纤维

含量，反映细胞的增殖能力和生长情况。吸光值与活细胞数量之间有良好的线性关系。MTT 法用 96 孔培养板的测定效果较理想。

　　细胞在基质材料表面的黏附包括非特异性黏附和特异性黏附。非特异性黏附过程比较迅速，是细胞通过自身重力及其与材料之间的范德华力、静电力等作用引起的。特异性黏附又称细胞识别，是由细胞与材料表面的一些生物活性分子，如细胞外基质蛋白、细胞膜蛋白、细胞骨架蛋白等的相互识别而引起的，因此该过程较为复杂且黏附期较长。

　　由 PIEC 的黏附情况可以看出，无论在单组分 P(LLA-CL)纳米纤维、乳液静电纺纳米纤维上，还是在组织培养板(TCP)上，细胞在 1 h 内已经完成特异性黏附过程。研究室的主要目的是得到有关乳液静电纺纳米纤维的生物安全性评价，许多报道也已经证实 P(LLA-CL)纳米纤维是一种具有潜在应用价值的组织工程材料。因此，采用单组分 P(LLA-CL) 纳米纤维和胶原蛋白包被的 TCP 与乳液静电纺 P(LLA-CL)/Span-80 纳米纤维对比。如图 2-22a 所示的细胞黏附情况，PIEC 在乳液静电纺 P(LLA-CL)/Span-80 纳米纤维上的黏附情况与其在单组分 P(LLA-CL)纳米纤维上的情况相似，但两者与胶原蛋白包被的 TCP 上的情况相差很多。很显然，天然聚合物相对于合成聚合物在组织细胞的生物相容性方面有极大的优势。

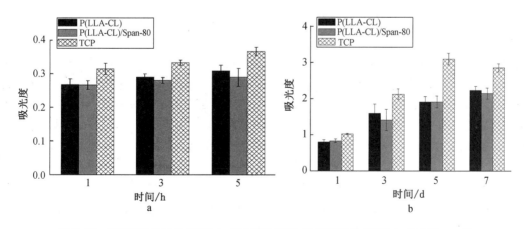

图 2-22 PIEC 在单组分 P(LLA-CL)纳米纤维、乳液静电纺 P(LLA-CL)/Span-80
纳米纤维和 TCP 上的黏附(a)和增殖(b)情况

特性黏附之后,细胞从培养基中吸收营养并开始分裂增殖。在 1 周的测试期内,细胞数量在 1～5 d 内稳步增长,并且与黏附试验的结果相似,PIEC 在单组分和乳液静电纺纳米纤维上的数量基本相同。在胶原蛋白包被的 TCP 上的细胞数量是三组样品中最多的。然而,培养 7 d 时三组样品上的细胞数量都有明显下降。值得注意的是,PIEC 是单层细胞,这种细胞只能在材料表面铺展,而不能多层增殖。因此,当细胞数量达到一定程度并将纳米纤维或者培养板表面完全占据之后,细胞之间开始竞争生存空间,从而导致细胞死亡,细胞死亡所产生的毒素进一步影响细胞的生长。吸光度在培养 5 d 后基本不再增长。

2.2.3 乳液静电纺纳米纤维的药物释放行为和生物活性

研究室希望对药物从乳液静电纺纳米纤维和共混法纳米纤维中释放的行为进行比较。其中,共混法纳米纤维的制备过程是将一定量(5%)的 BSA 溶解于浓度为 0.06 g/mL 的 P(LLA-CL)/三氟乙醇溶液中,然后在环境温度为 18～20 ℃、相对湿度为 45%～50%、接收距离为 20 cm、纺丝电压为 15 kV 的条件下进行静电纺丝。

BSA 中含有丰富的氨基和羟基,在静电纺丝过程中,这些基团由于极性较强携带了大量的电荷,同种电荷之间的相互排斥使得它们倾向于富集在纤维表面。在释放的初期,位于纤维表面的 BSA 首先溶解在释放介质(即缓冲液)中,造成突释。然后,未能在静电纺丝过程中迁移到纤维表面的 BSA 随着纳米纤维降解转移到缓冲液中。如图 2-23 所示,BSA 从共混法和乳液静电纺纳米纤维中释放行为表现出两种方式。

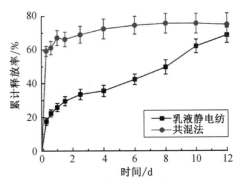

图 2-23 BSA 从乳液静电纺和共混法纳米纤维中的释放曲线

首先,分析 BSA 从共混法纳米纤维中释放的曲线,在释放开始的 10 h 内,累计释放率已经达到 60% 左右;之后,经历为期 12 d 的释放过程,BSA 的累计释放率仅达到 75% 左右。这个结果与预期结果相似,即 BSA 在纤维表面富集造成的突释现象。

与之不同的是,当 BSA 从乳液静电纺纳米纤维中释放时,其释放曲线表现出相对稳定和持久的状态。在释放开始的 1 d 内,可以观察到累计释放率近 20% 的释放高峰。分析乳液静电纺丝装置及其过程,发现除了添加乳化剂和使用油相溶剂外,其他条件与共混法几乎相同。因此,在纺丝过程中,BSA 会携带电荷,在电场力和电荷之间的排斥作用下,一部分蛋白质迁移到纤维的外表面,造成释放曲线上初期的释放高峰。在这个释放高峰后,经历一个较为稳定的释放过程,10 d 时累计释放率达到 60%,12 d 时达到 65% 左右。

利用 PC12 细胞在 NGF 作用下能够长出神经轴突的特性,检测释放 NGF 的活性。试验设计中,分别设置了阳性对照组、阴性对照组和两个试验组。在阳性对照组中,在 PC12 细胞的培养瓶中加入 100 μL 浓度为 1 μg/mL 的 NGF 溶液,轻轻晃动均匀后,放置在 37 ℃、5% 二氧化碳环境中培养 48 h。在阴性对照组中,PC12 细胞培养时不加入 NGF 溶液,培养 48 h。图 2-24a 所示为阳性对照组的 PC12 细胞分化形态,与阴性对照组(图 2-24b)相比,前者长出明显的神经轴突,这说明 NGF 的加入对 PC12 细胞有诱导作用。

在培养基中加入 1 h 及 5 d 缓释液的试验组中，PC12 细胞也分化出神经轴突（图 2-24c、d），这说明通过乳液静电纺负载 NGF 后，在模拟体内条件的情况下将其释放，至少有部分 NGF 能保持其生物活性。乳液静电纺纳米纤维中的 NGF 活性能够维持到释放开始后的第五天，说明采用该方法制备的神经导管可以连续 5 d 促进受损神经的生长，最终达到恢复功能、治愈疾病的目的。

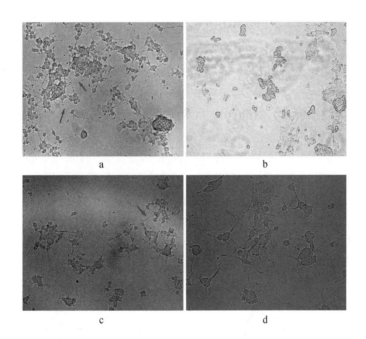

图 2-24　PC12 细胞的分化情况：a. 阳性对照组，培养基中加入 1 μg/mL 的 NGF 溶液，在 37 ℃、5％二氧化碳环境中，培养 48 h；b. 阴性对照组，在培养基中加入 PBS 溶液，培养 48 h；c. 试验组一，培养基中加入 1 h NGF 纳米纤维缓释液，培养 48 h；d. 试验组，培养基中加入 5 d NGF 纳米纤维缓释液，培养 48 h

2.2.4　乳化剂对纤维表面的影响及其在纤维中的分布

作为乳液静电纺纳米纤维，除了需要对其材料的基本性能（如力学、表面形态和亲水性）进行研究和表征外，乳化剂在纳米纤维中是如何分布的，也值得探讨。但是，静电纺丝是一个包括电场，空气流动、湿度、温度，溶液黏度、流变性质，纤维与空气之间的摩擦力等许多因素的过程。另外，乳化剂是小分子物质，很难直接观察到其在成型后的纳米纤维中的分布，因此只能通过一些间接的测试手段来表征和推测它的分布。

首先，在乳液静电纺丝过程中，乳化剂的主要作用是维持纺丝液的稳定，再者是与药物等负载物构成纳米纤维的芯层。许多研究已经证明，乳液静电纺丝能够形成类似于同轴静电纺纳米纤维的皮芯结构，而且皮芯结构的形成已经有较为成熟的解释：在乳化剂的稳定作用下，在纳米纤维的内部形成芯层，其中，乳化剂的憎水基位于纳米纤维的壳层，亲水基则与药物或者水溶性聚合物一起构成芯层。通过这样的分析，得知乳化剂在纳米纤维的芯层有分布。

联系乳液静电纺纳米纤维的亲水性测试，相对于不含乳化剂的纳米纤维，含有乳化剂的纳米纤维的接触角非常小,并且在 4 s 后几乎完全消失。由此可以预测乳化剂在纤维表面也有分布。为了从更多的角度证明上述结论,研究室针对纳米纤维的表面做进一步研究:乳液静电纺纳米纤维的原子力显微镜观察和纤维上的细胞生长情况的扫描电镜观察。

虽然通过扫描电镜可以得到纳米纤维的表面形态,但观察之前的"喷金"过程会破坏纤维表面,而且观察时由于电子轰击所产生的高温将改变纤维表面的细小结构,使得到的纳米纤维形态失真。因此,采用原子力显微镜对纳米纤维的表面进行观察,结果如图 2-25 所示,可以看到单组分 P(LLA-CL)纳米纤维的表面出现褶皱,这与扫描电镜的观察结果不同。由于原子力显微镜通过纳米级的探针对纤维表面进行敲击,故能更加真实地表达纤维形貌。另外,在静电纺丝过程中,纺丝液(或乳液)的表面张力是纤维形态的影响因素之一。纺丝液从喷丝口通过机械力挤出时,在其顶端形成直径略大于喷丝口直径的圆形或半圆形液滴。由于静电纺丝一般采用稀溶液,液滴直径大于喷丝口直径不是由高分子溶液的挤出胀大效应引起的,而是由溶液本身的表面张力引起的。随着纺丝电压的逐渐升高,当电场力超过溶液的表面张力时,纺丝液会形成微米级或次微米级的液流,即泰勒锥。在泰勒锥的末端,纺丝液开始分裂成无数根纤维并随着溶剂挥发呈螺旋形下降,最终沉积在接收装置上。高分子链在多种因素的影响下通过静电纺丝技术固化形成纳米纤维,由于分子链在沉降过程中不能充分运动,导致褶皱表面的形成(图 2-25a)。当纺丝液中加入乳化剂,在这些小分子的影响下,高分子链有足够的空间运动,因而倾向于形成能量最低的状态。同时,在其他条件不变的情况下,物体的表面越小,其内在势能越低。因此,乳液静电纺纳米纤维相对于单组分纳米纤维,更容易形成光滑表面(图 2-25b)。

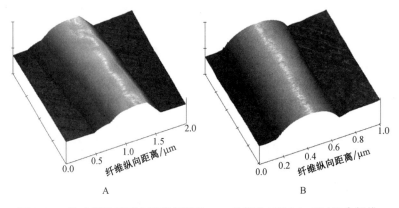

A   B

图 2-25 纳米纤维原子力显微镜照片:a. 单组分 P(LLA-CL)纳米纤维;
b. 乳液静电纺 P(LLA-CL)纳米纤维(不含蛋白质)

细胞在纳米纤维上的生长情况也是判断纳米纤维生物相容性的手段之一。在之前的研究中,通过 HE 染色试验观察到 PIEC 在单组分和乳液静电纺纳米纤维上的生长情况没有显著差异。因此,为了进一步研究纳米纤维的生物相容性,利用扫描电镜对在纤维上生长 1 d 后的 PIEC 细胞进行观察。在喷金前,首先采用戊二醛将细胞固定,再经过梯度酒精脱水得到能够基本维持细胞原有形状的测试样品。

在 HE 染色试验中,观察到 PIEC 是在纤维表面铺展的多边形细胞。如图 2-26a 所示,PIEC 细胞在单组分 P(LLA-CL)纳米纤维上保持其基本的外观形态,并有沿着直径较大的纤维黏附生长的趋势。

对 PIEC 在乳液静电纺 P(LLA-CL)纳米纤维上的生长情况进行观察,没有发现任何细胞。在平均直径约 800 nm 的纤维组成的多孔膜上,只留下浅灰色的印记。因此有理由相信,这些印记是由细胞特征黏附带来的。前文已提及,当细胞在材料表面进行特征黏附时,会分泌出一些蛋白类物质,这些蛋白类物质会帮助细胞更好地黏附在纳米纤维表面。值得注意的是,在制备扫描电镜样品时,细胞需要经过戊二醛固定和多次的梯度酒精脱水,在这个过程中,完全有可能将细胞从纤维表面洗脱,故在电镜照片上观察不到 PIEC,而仅仅留下细胞曾经生长的印记。

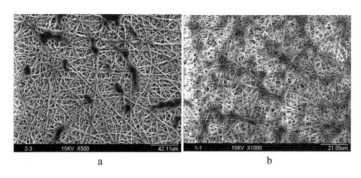

图 2-26　PIEC 在单组分和乳液静电纺 P(LLA-CL)纳米纤维上的生长情况:a. 单组分 P(LLA-CL)纳米纤维,黏附 1 d;b. 乳液静电纺 P(LLA-CL)纳米纤维,黏附 1 d

对乳液静电纺纳米纤维的表面形态、亲水性和细胞生长状态进行研究后,研究室提出了乳化剂在纳米纤维中的分布模型。如图 2-27 所示,圆圈代表乳化剂的憎水基团,曲线代表乳化剂的亲水基团。首先,已经有许多研究证明,乳液静电纺能够制备皮芯结构纳米纤维。在乳液静电纺纳米纤维中,乳化剂和药物组成芯层,聚合物组成壳层。考虑到乳化剂的特殊结构,其亲水的一端倾向于与水溶性药物结合,而憎水的一端则留在聚合物内。乳液静电纺纤维表面的亲水性较单

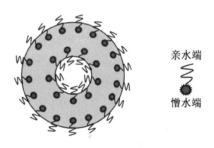

图 2-27　乳化剂在纳米纤维中的分布模型

组分纤维明显改善,并且根据细胞在其上经过酒精梯度脱水后被洗脱的情况,研究室认为纤维表面也有乳化剂分布。如图 2-27 左图所示,乳化剂的憎水端留在纤维壳层,而亲水端位于纤维表面的空气中。

为了对乳液静电纺纳米纤维有更加深刻的认识,对纳米纤维进行材料性能测试、生物安全性测试、药物释放行为和释放药物的活性后,对乳液静电纺纳米纤维的形成过程进行研究。与一般的静电纺丝过程不同,乳液静电纺丝液由两部分溶液组成,即作为纤维形成主体的油相溶液(其中溶质一般为合成聚合物)和溶解有药物的水相溶液(药物呈水溶性)。因此,相比于单组分静电纺过程,乳液静电纺丝更复杂。为研究乳液静电纺纳米纤维的形成过程,首先对纺丝液的稳定性做初步的判断。配置了三组纺丝液(溶液或乳液):a 为 P(LLA-CL)/三氯甲烷溶液;b 为含有 Span-80 的 P(LLA-CL)乳液;c 为含有 Span-80 和考马斯亮蓝的P(LLA-CL)乳液。在室温条件下静置 83 h 后,对纺丝液进行拍摄。如图 2-28 所示,可以看到含有 Span-80 的乳液没有出现明显的分层现象;加入考马斯亮蓝后,由于考马斯

亮蓝仅能溶解于水,乳液颜色均匀且没有分层现象。这说明,采用Span-80作为乳化剂,水作为水相溶剂及浓度为 0.06 g/mL 的 P(LLA-CL)/三氯甲烷溶液作为油相溶剂所组成的乳液具有一定的稳定性,可以在室温条件下维持至少 3 h。

为了得到图 2-28b 中乳液的微观情况,将乳液滴在载玻片上,然后通过光学显微镜观察。如图 2-29 所示,乳液静电纺丝液中的小液滴直径在 0.1~2.0 μm 且均匀分散。

图 2-28 静电纺丝液的数码照片:a—P(LLA-CL)/三氯甲烷溶液;b—含有 Span-80 的 P(LLA-CL)乳液;c—含有 Span-80 和考马斯亮蓝的 P(LLA-CL)乳液

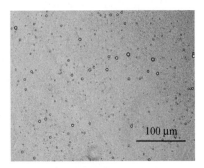

图 2-29 乳液静电纺丝液的光学显微镜照片

静电纺丝是一个快速过程,在十万分之一秒内,聚合物流体经过电场力的拉伸,其体积基本不变,而长度增加数万倍,直径达到纳米或次微米级别,之后随着溶剂的挥发固化并沉积在接收装置的表面。对这样一个快速过程,除了高倍高速摄影机,采用其他设备很难进行观测。研究室采用一种简单方法收集在不同位置产生的纳米纤维。如图 2-30 所示,将载玻片从距离喷丝口分别为 0.2~0.5 cm、2.0~2.5 cm 和 3.0~3.5 cm 处快速地掠过,收集纳米纤维,然后将收集到的纳米纤维放置于 400 倍的光学显微镜下观察,记录纤维或纺丝液流体形态。

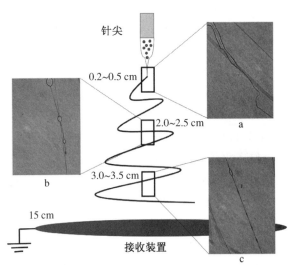

图 2-30 乳液静电纺纳米纤维的形成过程:a. 距喷丝口 0.2~0.5 cm 处纺丝液流体的光学显微镜照片;b. 距喷丝口 2.0~2.5 cm 处纺丝液流体的光学显微镜照片;c. 距喷丝口 3.0~3.5 cm 处纺丝液流体的光学显微镜照片

当纺丝液流体从喷丝口挤出,在电场力作用下受到拉伸时(0.2~0.5 cm),流体显现出带状形态,此带状物质的底端已经有纤维形状出现(图 2-30a);纤维在重力和电场力的作用下向接收装置运动,在距喷丝口 2.0~2.5 cm 处发现部分纤维上有串珠出现(图 2-30b),这些串珠直径依次减小;纤维继续拉伸,在距喷丝口 3.0~3.5 cm 处依然有串珠出现在纤维上(图 2-30c),只是串珠形状已经近似椭圆且直径更小,直到纤维的末端,串珠几乎消失。同时,三张图片上都能观察到直径均匀的纤维,这是由油相溶剂直接经电场拉伸形成的纤维。该试验间接证明部分纳米纤维是由含有乳液滴的纺丝液流体经过电场拉伸形成的,同时也证明了乳液静电纺纳米纤维皮芯结构的形成过程,即药物在水相溶剂挥发后形成芯层,而聚合物在油相溶剂挥发后形成壳层。

经过分析纺丝液流体在静电场作用下的运动过程,将其与乳化剂分布结合,提出一个纺丝模型:首先,含有乳液滴的纺丝液流体由喷丝头推出,在静电场的作用下由圆形转变为椭圆形(值得注意的是,乳化剂的亲水端在水相溶剂中,其憎水端在油相溶剂中);之后,随着纺丝液流体的拉伸,乳液滴受到拉伸,同时部分乳化剂分子在电荷作用下由水-油界面迁移到纤维表面,最终形成如图 2-31 中 c、d 所示的情况。

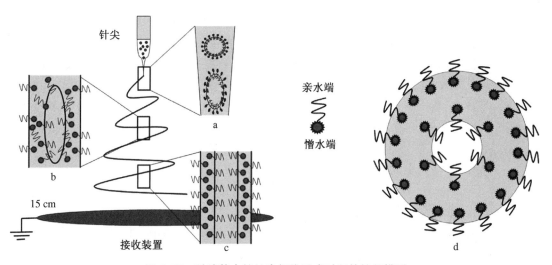

图 2-31　乳液静电纺纳米纤维形成过程的纺丝模型

2.3　双组分药物在皮芯结构纳米纤维中的负载及释放

在药物载体材料的选择上,静电纺纳米纤维具有较广泛的灵活性。许多生物可降解和非生物可降解聚合物材料都能满足负载和释放药物的要求。药物可通过两种不同的方式从载体支架中释放,一种是扩散释放,另一种是降解释放,也可以是两种释放同时进行。此外,抗生素、抗癌药物和蛋白质等物质均可以负载。药物负载方式和体系包括:①药物颗粒黏附在纳米纤维的表面;②药物和聚合物混纺形成纳米纤维膜,纤维膜上两种物质无规地交融在一起;③药物和聚合物混纺形成纤维,每根单纤维同时含有两种组分;④聚合物与药物形成皮芯结构,将药物包裹在纤维芯层。其中,方法③和④可能是最好的。

聚合物的组成和药物的负载量均影响药物的释放速率,PEVA(聚乙烯-醋酸乙烯酯)作为药物的载体所表现出来的药物释放速率均高于 PLA 和 PLA/PEVA。除此之外,相关研究比较了电纺膜与浇铸膜的药物释放曲线。由于电纺膜具有较高的比表面积,所表现出来的释放速率高于浇铸膜。另外,浇铸膜表现出很严重的突释现象。PEVA 和 PLA/PEVA的电纺膜的释放均匀且持续进行,5 d 后释放趋于平稳。

同轴静电纺丝方法在制备负载药物的纳米纤维方面有着独特的优势。它的基本原理是将处于芯层的药物和处于壳层的聚合物在同一时间内通过静电场力成丝,所接收到的纤维同样具有皮芯结构。BSA 可以长时间地持续、稳定释放。其中,纤维壳层、芯层厚度和纤维直径通过调整纺丝液的给料速度加以控制,而不同的纤维结构会影响芯层物质的释放速率。

以上的研究都利用静电纺纳米纤维负载并释放单组分药物。为了提高治疗效果,往往同时需要两种或两种以上的药物,而不同的药物在起始阶段的需求量也有所不同。因此,有必要研究通过静电纺丝方法制备能够负载并缓释两种药物的纳米纤维[4]。

2.3.1 同轴静电纺纳米纤维负载双组分药物

为了在纳米纤维中同时负载两种药物,配制了四种不同组分的纺丝液(分别称为溶液A、溶液 B、溶液 C、溶液 D)进行静电纺丝试验。具体的配制方法和过程:

a. 溶液 A:将 0.8 g P(LLA-CL)溶解于 10 mL 六氟异丙醇中,机械搅拌 2 h 形成均匀溶液,再将 0.016 g BSA 和 0.008 g 罗丹明 B 加入其中,搅拌均匀。

b. 溶液 B:将 0.8 g P(LLA-CL)和 0.008 g 罗丹明 B 溶解于 10 mL 六氟异丙醇中,机械搅拌 2 h 形成均匀溶液,作为壳层溶液;将 0.016 g BSA 溶解于 10 mL 蒸馏水中,搅拌均匀,作为芯层溶液。

c. 溶液 C:将 0.8 g P(LLA-CL)和 0.016 g BSA 溶解于 10 mL 六氟异丙醇中,机械搅拌 2 h 形成均匀溶液,作为壳层溶液;将 0.008 g 罗丹明 B 溶解于 10 mL 蒸馏水中,搅拌均匀,作为芯层溶液。

d. 溶液 D:将 0.8 g P(LLA-CL)溶解于 10 mL 六氟异丙醇中,机械搅拌 2 h 形成均匀溶液,作为壳层溶液;将 0.016 g BSA 和 0.008 g 罗丹明 B 溶解于 10 mL 蒸馏水中,搅拌均匀,作为芯层溶液。

通过扫描电镜照片,可以观察到 4 种纺丝液所制备的纳米纤维(分别称为 A 纤维、B 纤维、C 纤维、D 纤维)的表面形貌。共混法所制备的纳米纤维(A 纤维)直径比其他方法小。同轴法得到的皮芯结构纳米纤维(B 纤维、C 纤维、D 纤维)表面光滑,纤维直径均一,如图 2-32 中 b~d 所示。在纺丝液中加入药物,电荷量增加,使纺丝液流体更容易在电场中受到拉伸,纤维直径减小。从图 2-33 可以看到,纤维直径分布在 300~850 nm。

采用原子力显微镜进一步观察纤维表面形貌。图 2-34 为 A 纤维和 B 纤维的原子力显微镜照片。可以看到,共混法和同轴法得到的纤维表面都比较光滑,表面没有出现药物颗粒结晶,说明两种药物都被成功地负载在纤维中,并且同轴法制备的纤维直径比共混法制备的纤维直径大。这与上面的纤维表面形貌及直径分析结果一致。

从图 2-35 可以发现纳米纤维呈皮芯结构,BSA 被包裹在纤维内部,P(LLA-CL)和罗丹明 B 则位于纤维皮层。

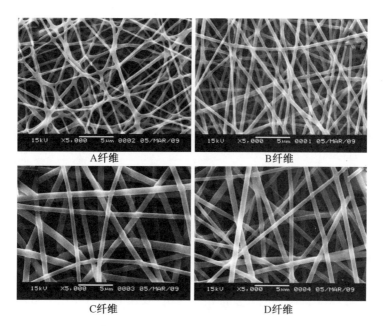

图 2-32　溶液 A、B、C、D 制备的纳米纤维的扫描电镜照片

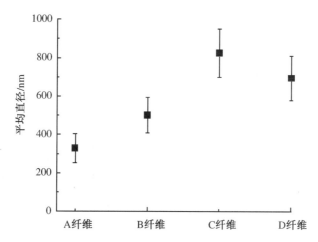

图 2-33　溶液 A、B、C、D 制备的纳米纤维的平均直径分布

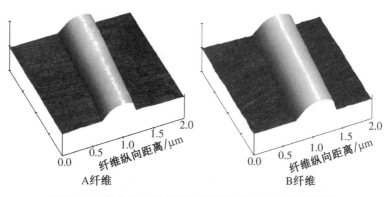

图 2-34　溶液 A、B 制备的纳米纤维的原子力显微镜照片

41

纤维的亲水性也关系到其中的药物或蛋白质的释放行为。研究室采用视频监视系统对纤维的水接触角进行连续观察和记录,结果如图 2-36 所示。从图中可知,4 种纤维的水接触角相似,说明负载方式不同并不影响纤维的亲水性能,也表明纤维的亲水性只与负载药物的基质材料即 P(LLA-CL)本身的性质有关,而与负载药物的性质无关,或药物的含量很少而不足以影响。

如图 2-37 所示,单组分 P(LLA-CL)纳米纤维的 X 射线衍射(XRD)谱图上在 2θ 为 $17.6°$ 处有一个尖锐的衍射峰,而溶液 A、B、C、D 所制备的纳米纤维的 XRD 谱图上观察不到这个衍射峰,仅仅出现非结晶或半结晶峰。

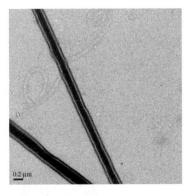

图 2-35　透射电镜照片显示纳米纤维呈皮芯结构

在静电纺丝过程中,必定会发生聚合物分子链段的位移和重排现象[4]。对于单组分静电纺纳米纤维,聚合物分子链段之间只有分子间作用力及其与溶剂的作用力,这些作用力对分子链段的影响较小,使分子链段移动和重排相对自由,故在电场力作用下可规整排列,形成结晶。负载药物后,这些小分子会影响高分子链段的移动,使得后者无法规整排列,形成非晶峰或不形成衍射峰。罗丹明 B 和 BSA 在纤维中处于无定形态,它们与 P(LLA-CL)之间没有发生任何化学反应。

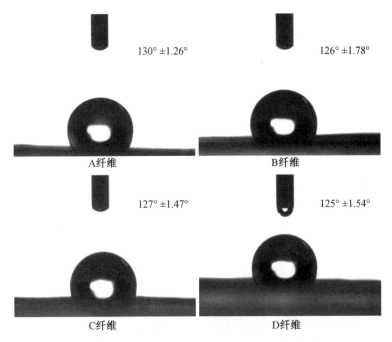

130° ±1.26°　　126° ±1.78°

A纤维　　　　B纤维

127° ±1.47°　　125° ±1.54°

C纤维　　　　D纤维

图 2-36　溶液 A、B、C、D 所制备的纳米纤维的水接触角测试结果

纤维芯层的药物更倾向于稳定而持续地释放。对于共混法制备的载药纳米纤维,药物在电场力的驱动下更倾向于富集在纤维表面,因而药物释放时易产生突释现象。

图 2-38 所示为负载 BSA 和罗丹明 B 的共混法纳米纤维(即 A 纤维)在 37 ℃缓冲液中(pH 值为4.0、7.4、8.5)的释放曲线。可以发现,两种药物在释放初始阶段有明显的突释行

为,然后趋于平稳释放。两种药物的释放行为并未因释放环境不同而呈现差异。一般情况下,生物材料在酸性条件下,其降解速度会加快,作为药物载体材料时会加速药物的释放。但本试验只研究了药物 1 个月的释放行为,而载体材料的降解时间一般为半年左右,因此未出现明显差异。

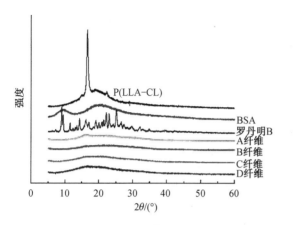

图 2-37 P(LLA-CL)纳米纤维、罗丹明 B、BSA
及溶液 A、B、C、D 所制备的纳米纤维
的 XRD 谱图

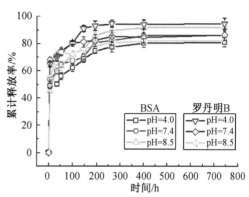

图 2-38 在温度为 37 ℃ 及 pH 值为 4.0、7.
4、8.5 的条件下,BSA 和罗丹明 B
从 A 纤维中的释放曲线

图 2-39 所示为 pH 值相同、不同温度条件下负载 BSA 和罗丹明 B 的共混法纳米纤维的释放曲线。可以看到,在 25 ℃温度条件下,两种药物的释放速度明显减缓,在释放 744 h 后,BSA 和罗丹明 B 的累计释放率为 50%~ 60%。在 37 ℃温度条件下,BSA 和罗丹明 B 的累计释放率超过 80%。根据分子布朗热力学运动原理,温度升高时,分子运动加快。由此可以推断在较高的温度下,药物的释放速度会提高。

图 2-40 和图 2-41 所示为负载 BSA 和罗丹明 B 的 B 纤维的释放曲线。其中,罗丹明 B 和 P(LLA-CL)作为纤维的壳层,BSA 被包裹

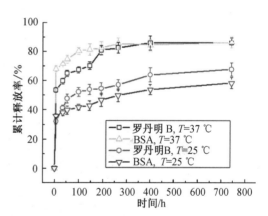

图 2-39 在 pH 值为 7.4 及温度(T)为 37、
25 ℃条件下,BSA 和罗丹明 B 从
A 纤维中的释放曲线

在纤维内部作为芯层。如图 2-40 所示,处在纤维外层的罗丹明 B 有显著的突释行为,而处在纤维芯层的 BSA 缓慢持续地释放。环境 pH 值的影响甚小,这与上面的结果类似。在不同温度下,药物释放速度明显不同。从图 2-41 可知,在 25 ℃温度条件下,处在纤维外层的罗丹明 B 在 744 h 后的累计释放率比 37 ℃温度条件下减小 15% 左右。芯层的 BSA 在低温条件下的累计释放率也有显著减少。该结果与 A 纤维中两种药物在不同温度条件下的释放结果相似。C 纤维和 D 纤维的药物释放行为与 B 纤维相似。

研究室还对 4 种纤维缓释后的形貌进行研究。将释放后的纤维取出,在真空干燥箱中处理 1 周,直至完全干燥。然后各取一小片,喷金后在扫描电镜下观察。图 2-42 所示为

BSA 和罗丹明 B 在不同环境条件下释放 744 h 后 4 种纤维的表面形态。可以看到,4 种纤维均有不同程度的溶胀,但仍保持原有的纤维结构,说明降解程度较小。

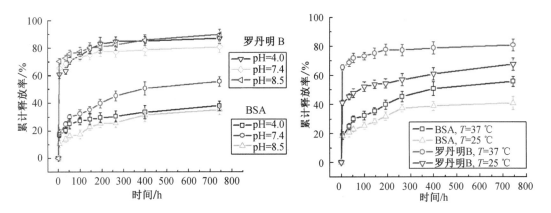

图 2-40　在温度为 37 ℃及 pH 值为 4.0、7.4、8.5 的条件下,BSA 和罗丹明 B 从 B 纤维中的释放曲线

图 2-41　在 pH 值为 7.4 及温度(T)为 37、25 ℃ 的条件下,BSA 和罗丹明 B 从 A 纤维中的释放曲线

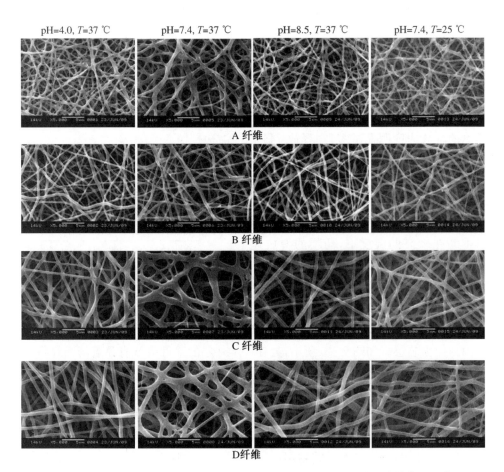

图 2-42　BSA 和罗丹明 B 在不同环境条件下释放 744 h 后 4 种纤维的表面形态

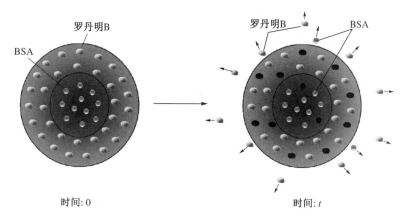

图2-43　释放时间为 **0** 和 *t* 时 BSA 和罗丹明 **B** 在纳米纤维中的分布情况示意

图 2-43 表示释放时间为 0、*t* 时 BSA 和罗丹明 B 在纳米纤维中的分布情况。释放时间为 *t* 时，壳层的一些罗丹明 B 分子扩散到缓冲液中，芯层的 BSA 有少量扩散到壳层或缓冲液中。从图 2-42 可以看到纤维的表面形态变化不大，说明其降解程度不高，但有些轻微变化。因此，该体系中的药物释放以扩散释放方式为主，降解释放为辅。

2.3.2　乳液静电纺纳米纤维负载双组分药物

通过扫描电镜照片，可以观察到单组分 P(LLA-CL) 纳米纤维(由溶液 A 制备，称为 A 纤维)的直径较大。采用 Image-J 软件对纤维直径进行分析，结果如图 2-44 所示，表明单组分 P(LLA-CL) 纳米纤维直径在 800~2400 nm，且分布较为均匀；乳液 B、C、D 和 E 制备的纳米纤维(分别称为 B 纤维、C 纤维、D 纤维、E 纤维)的直径只有 250~700 nm。原因可能是，在纺丝液中加入乳化剂、药物，由于它们相对于聚合物可携带更多的电荷，纺丝液流体在电场中更易被拉伸，得到的纤维直径较小。

纤维的亲水性也会影响包裹在其中的药物的释放行为。采用视频监视系统对纤维的水接触角进行观察和记录，结果如图 2-45 所示。

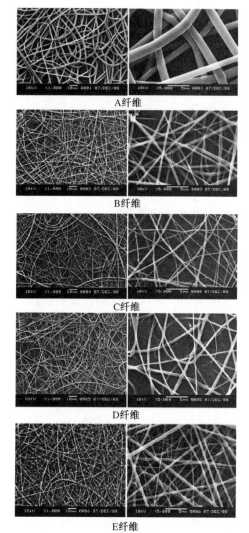

A纤维

B纤维

C纤维

D纤维

E纤维

图 2-44　不同纺丝液(溶液 A、乳液 B、乳液 C、乳液 D、乳液 E)制备的纳米纤维扫描电镜照片

从图2-45可以发现：单组分P(LLA-CL)纤维(A纤维)的水接触角为136°,属于疏水性材料；负载药物的纳米纤维的水接触角明显下降,罗丹明B包裹在油相溶剂中且BSA包裹在水相溶剂中的纳米纤维(E纤维)的水接触角最小。由此表明,加入表面活性剂可以提高纳米纤维的亲水性,并且罗丹明B处于纤维表面,参考罗丹明B的结构式,因其分子中有一个羧基,其对亲水性有利。

单组分P(LLA-CL)纤维、负载罗丹明B或BSA的纳米纤维及BSA、罗丹明B的XRD谱图如图2-46所示,可以得知,单组分P(LLA-CL)纳米纤维在$2\theta = 17.6°$的位置有一个尖锐的衍射峰,也可以观察到罗丹明B的小特征峰,而在负载药物的纳米纤维的XRD谱图上,这些特征衍射峰都消失了,出现了非结晶或半结晶峰。该结果与前文(图2-37)一致。

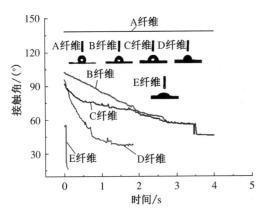

图2-45 不同纺丝液制备的纳米纤维的亲水
性能(内嵌图为超纯水在纤维上接
触0 s时的形态)

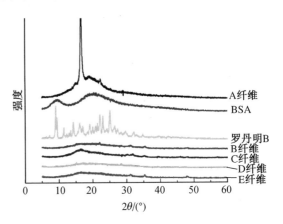

图2-46 罗丹明B、BSA、不同纺丝液制备的
纳米纤维的XRD谱图

从图2-47所示的纳米纤维的热失重分析结果可知,单组分P(LLA-CL)纳米纤维的起始分解温度为294.6 ℃。P(LLA-CL)是由脂肪族碳链分子组成的,单组分P(LLA-CL)纳米纤维经热解后,残余质量几乎为零。加入乳化剂且负载药物的纳米纤维的热力学稳定性稍有提高,说明这些小分子物在热力学稳定性方面对纤维有少量的改善作用。

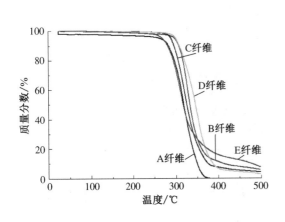

图2-47 溶液A、乳液B、乳液C、乳液D和乳
液E制备的纳米纤维的热失重曲线

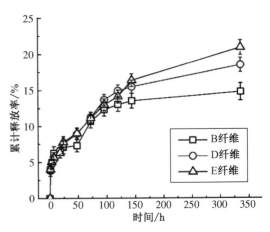

图2-48 BSA从纳米纤维中释放的曲线

由之前的研究经验可知,位于纤维芯层的药物更倾向于稳定而持续地释放,而由共混法制备的载药纳米纤维上药物在电场力的驱动下更倾向于富集在纤维表面,因而释放时易产生突释现象。

首先,对蛋白质从乳液 B、D 和 E 制备的纳米纤维中释放的行为进行分析。由图 2-48 可知,在 BSA 释放过程中,三组样品都保持一种较为稳定的方式,这与制备纤维所采用的纺丝液相关。在乳液 B、D 和 E 中,BSA 都是作为水溶性蛋白溶解于蒸馏水中,并且被包裹在纳米纤维的芯层。另外,由于 BSA 是水溶性小分子物,在纺丝过程中,很难通过渗透作用迁移到纤维表面。因此,三组纳米纤维中,BSA 都负载于纤维内部,通过扩散和纤维降解进行释放。

由图 2-49 可以看到罗丹明 B 以两种截然不同的方式释放。对于乳液 E(罗丹明 B 与聚合物溶解于二氯甲烷中作为油相)制备的纳米纤维,罗丹明 B 在释放开始后的 10 h 内有一个明显突释,累计释放率超过 50%;而对于乳液 C 和 D(罗丹明 B 溶解于蒸馏水中作为水相)制备的纳米纤维,罗丹明 B 的释放速度较为稳定且没有严重的突释现象。

通过图 2-50~图 2-52 的比较,发现当药物通过乳液静电纺负载于同一种纤维内时,其释放行为主要受负载方式的影响,而与负载药物的种类关系不大。当药物与蒸馏水一起组

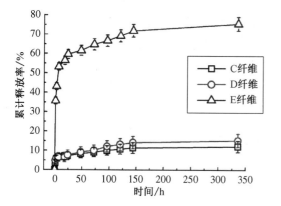

图 2-49 罗丹明 B 从纳米纤维中释放的曲线

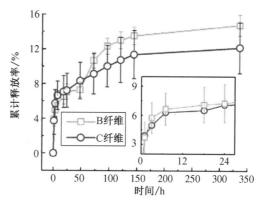

图 2-50 BSA 从 B 纤维和罗丹明 B 从 C 纤维中释放的曲线(内嵌图为 0~24 h 的缓释曲线放大图)

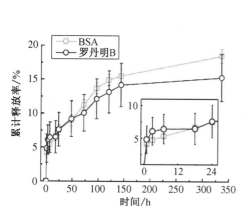

图 2-51 BSA 和罗丹明 B 从 D 纤维中释放的曲线(内嵌图为 0~24 h 的释放曲线放大图)

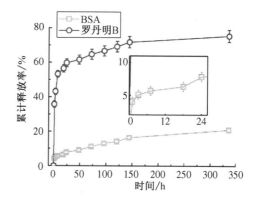

图 2-52 BSA 和罗丹明 B 从 E 纤维中释放的曲线(内嵌图为 0~24 h 的释放曲线放大图)

成水相并通过乳液静电纺制备纳米纤维时,药物位于纤维的芯层,其释放行为缓慢、持续、稳定;与之相反,当药物与聚合物一起溶解于油相溶剂,药物处于纤维的表层,其释放行为则易于表现出突释现象。

另外,将释放2周的纳米纤维通过真空干燥和喷金处理,利用扫描电镜进行观察,如图2-53所示。当纤维中负载罗丹明B时,释放后的纤维形态较负载BSA的纤维形态的改变大。负载BSA的纳米纤维在释放试验2周后的形态与试验前(图2-44b)比较,纤维基本保持原有形态,仅纤维直径有所增大,这可能是由PBS溶液浸泡产生的溶胀引起的。

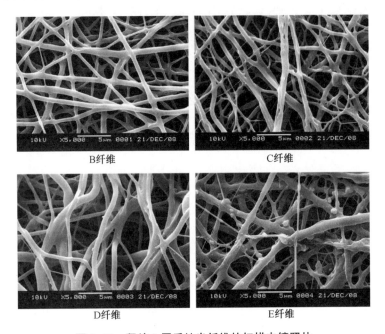

B纤维   C纤维

D纤维   E纤维

图2-53　释放2周后纳米纤维的扫描电镜照片

负载罗丹明B的纳米纤维,除了其直径增大外,其基本形态也遭到破坏,且降解严重,部分纤维甚至破裂、断裂。这个结构正好与纤维的亲水性结果对应,D纤维的亲水性最强,它的降解程度最高。亲水性也是影响降解速度的一个因素。

参考文献

［1］Li X Q. Fabrication and properties of core-shell structure P(LLA-CL) nanofibers by coaxial electro-spinning［J］. Journal of Applied Polymer Science,2009,111:1564-1570.

［2］Su Y. Poly(L-lactide-co-caprolactone) electrospun nanofibers for encapsulating and sustained releasing proteins［J］. Polymer,2009,50:4212-4219.

［3］Li X Q. Encapsulation of proteins in poly(l-lactide-co-caprolactone) fibers by emulsion electrospinning［J］. Colloids and Surfaces B:Biointerfaces,2010,75:418-424.

［4］Su Y. Controlled release of dual drugs from emulsion electrospun nanofibrous mats［J］. Colloids and Surfaces B:Biointerfaces,2009,73:376-381.

第三章

明胶/壳聚糖复合纳米纤维

3.1 明胶和壳聚糖

3.1.1 明胶和壳聚糖简介

明胶是胶原的部分变性衍生物,它由胶原的三重螺旋结构解体为单链分子而形成[1],其生物相容性与生物可降解性类似于胶原蛋白,且很容易从动物组织如皮肤、肌肉和骨中提取,价格有优势。明胶同时含有酸性的羧基(—COOH)和碱性的氨基(—NH₂),是一种既带正电荷又带负电荷的两性聚电解质。甲壳素是一种碱性天然多糖物质,其结构类似于细胞外基质的氨基聚糖,具有良好的生物相容性、生物可降解性及生物功能性,包括抗血栓、止血、促进伤口愈合等[2-3]。壳聚糖是甲壳素的 N-脱乙酰基的产物,N-乙酰基脱去 55% 以上的就可称为壳聚糖。壳聚糖是适于作为组织工程支架的材料,其单体成分类似于人体细胞外环境,且降解物无毒无害[4]。

由于明胶的强度低、脆性大、极易吸水溶胀且溶胀后强度和弹性模量极低等原因,明胶很少单独作为结构材料(特别是植入材料)使用。壳聚糖具有许多功能性,对开发复合材料非常有用[5]。聚合物间的相互作用影响其相容性,进而影响混合物的性质[6]。因此,聚合物混合的主要问题是相容性,当两种物质间存在相互作用时具有优势[7]。已经证明壳聚糖和明胶可形成共混复合物[8-9],明胶和壳聚糖之间形成氢键[10]。因此,以带正电荷的壳聚糖与两性的明胶构筑的壳聚糖/明胶复合材料很有应用前途。

3.1.2 明胶和壳聚糖在组织工程领域的应用

从材料科学与工程的观点来看,组织可认为是细胞和细胞外基质的复合物,细胞外基质提供细胞信号,而细胞合成其独特的细胞外基质。在组织工程中,人工制成的细胞外基质,即临时支架,可促进细胞黏附、保持分化而不影响细胞增殖,同时诱导新组织形成。支架材料既可以是天然聚合物,也可以是合成聚合物。与合成聚合物相比,天然聚合物更易于细胞的黏附和保持分化作用。

明胶和壳聚糖共混可提高生物活性,这是由于:①明胶具有与 Arg-Gly-Asp(RGD)类似的结构,能够促进细胞黏附和迁移;②形成聚合电解质[11]。明胶在诱导细胞分散、黏附及表面响应方面比壳聚糖更有效,因此明胶和壳聚糖的复合物具有更好的细胞黏附性[11-13]。

明胶与壳聚糖复合用于细胞外支架材料已有不少报道,Mao 等[14-15]通过冷冻干燥致孔法,制备明胶/壳聚糖复合支架,明胶的引入能诱导小鼠成纤维细胞 L929 进入正常细胞周期,促进细胞增殖,减少细胞的凋亡。他们将成纤维细胞和角化细胞在体外共同培养,发现复合支架比纯壳聚糖支架的润湿性更好,体外构建的双层人造皮肤具有较好的柔韧性和力学性能,这种支架材料表层的小孔可防止下层成纤维细胞向上生长,也可以防止表层角质形成细胞落入成纤维细胞层面。该支架的致密层既隔离了角质形成细胞与成纤维细胞,同时又能允许营养物质和生长因子及生物信息的传递。这说明明胶/壳聚糖复合支架可形成细胞支架结构物,用以替代真皮。明胶/壳聚糖复合支架还可用于软骨组织[16-17]、骨组织[18-20]、神经组织[13]支架材料。

天然细胞外基质是由功能蛋白、糖蛋白和蛋白聚糖,以独特的、组织特有的三维结构组成的复合物[21]。胶原蛋白和氨基聚糖(GAG:glycosaminoglycan)是天然细胞外基质的主要成分[22],但由于胶原蛋白价格昂贵,其应用受到限制。明胶的生物相容性与生物可降解性类似于天然细胞外基质的胶原蛋白,因此明胶和壳聚糖共混静电纺纳米纤维能够从结构和功能上仿生天然细胞外基质。壳聚糖[23-25]和明胶[26-28]已分别成功地通过静电纺形成纳米纤维,用以制备组织工程支架也有一些报道。Noha 等[29]用静电纺丝方法制备得到甲壳素纳米纤维,其利于正常人体角化细胞和成纤维细胞的黏附和蔓延,可应用于伤口复原、口腔黏膜治疗和皮肤组织再生。也有报道将甲壳素及其脱乙酰基产物壳聚糖与胶原蛋白[30-31]、PLGA[32-33]、丝素[34]制备复合静电纺纳米纤维,它们都是极具潜力的伤口愈合、皮肤组织支架材料。静电纺明胶纳米纤维及明胶/PCL复合纳米纤维也可用于皮肤组织支架材料[35]。但迄今为止,壳聚糖和明胶的共混静电纺纳米纤维还鲜有报道。研究室首次将明胶和壳聚糖共混体系通过静电纺制成纳米纤维,研究明胶和壳聚糖之间的相互作用,并系统地研究明胶/壳聚糖复合纳米纤维的各项性能,包括表面形态、结晶结构、化学结构、力学性能和热性能等。

3.2　明胶/壳聚糖复合纳米纤维的制备

3.2.1　明胶和壳聚糖的溶解性

明胶是一种极性极强的生物高分子。溶解明胶的常用溶剂有六氟异丙醇、三氟乙醇和甲酸。在静电纺过程中,有机溶剂的回收及其在产物中的残留毒性是生物医学应用中需要重点考虑的问题。中国科学院化学研究所高分子物理与化学国家重点实验室采用水为溶剂溶解明胶,不仅能够避免残留溶剂的毒性,还能负载水溶性药物制备生物医用功能纤维。

壳聚糖是分子结构规整的线型高分子,结晶度高,因此溶解性差,只溶于稀酸水溶液。由于溶液中的氢离子与壳聚糖的游离氨基作用,形成一种聚糖电解质,破坏壳聚糖有序结构中结合力较强的氢键,使壳聚糖离子化。

要制备明胶/壳聚糖复合纳米纤维,需要将明胶和壳聚糖在纺丝前共混,并有一定的相互作用时间,保证混合均匀。研究室将壳聚糖溶于六氟异丙醇(HFIP)和三氟乙酸(TFA)的混合溶剂中,HFIP 与 TFA 的体积比为 8/2,微热搅拌至透明,得到壳聚糖溶液;将明胶溶于六氟异丙醇中,微热搅拌至完全溶解,得到明胶溶液;再将壳聚糖溶液和明胶溶液以等体积混合,得到明胶和壳聚糖的共混溶液。

3.2.2 纺丝液浓度对纳米纤维的影响

固定其他工艺参数(纺丝电压 24 kV、接收距离 13 cm、给液速率 0.6 mL/h),配置溶液浓度为 6%、8% 和 10%(质量体积分数,下文同)的明胶和壳聚糖共混溶液,溶剂为六氟异丙醇(HFIP)和三氟乙酸(TFA)的混合溶剂,HFIP/TFA 的体积比为 9/1,研究明胶和壳聚糖共混溶液的可纺浓度范围,以及溶液浓度对纤维直径的影响,其中明胶和壳聚糖质量比为50/50。当溶液的质量体积比为 4% 时,在光镜下观察,发现接收的铝箔上有少量纤维,但同时观察到有大量液滴,这是因为溶液的浓度过低,黏度不够,成丝性不好;当溶液的质量体积比为 12% 时,溶液因黏度太大而易堵塞喷丝口,成丝性亦不好;溶液的质量体积比为 6%~8% 时,纺丝过程比较稳定。图 3-1 为不同溶液浓度得到的复合纳米纤维的扫描电镜照片,采用分析软件 Image J 对随机选取的 60 根纤维进行测量并计算,得到纤维的平均直径和直径分布情况。溶液的质量体积比为 6% 时,纤维直径分布在 28~251 nm;溶液的质量体积比为 8% 时,纤维直径分布在 63~707 nm;溶液的质量体积比为 10% 时,纤维直径分布在113~825 nm。随着溶液浓度增加,纤维的平均直径增加。溶液浓度增加使溶液从针头喷出时其黏度大到可以在很长一段距离内阻碍纤维弯曲不稳定性的发生。结果,喷丝路径减小且弯曲不稳定性现象只在很小的范围内存在,这减少了纤维的沉积范围,形成较大直径的纤维[36-38]。

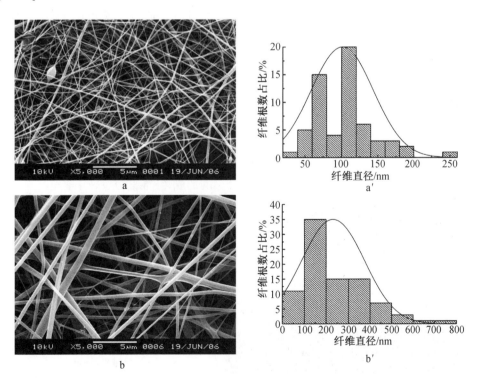

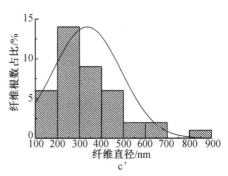

图 3-1　不同溶液浓度下明胶/壳聚糖纳米纤维的扫描电镜照片及纤维直径分布
情况(明胶/壳聚糖质量比为 50/50)：a、a′. 6%；b、b′. 8%；c、c′. 10%

3.2.3　明胶/壳聚糖质量比对纳米纤维形态的影响

明胶和壳聚糖共混溶液的质量体积比为8%,固定其他工艺参数(纺丝电压24 kV、接收距离13 cm、给液速率0.6 mL/h),研究明胶和壳聚糖质量比对纳米纤维的影响。图3-2 中,a～e 和 a′～e′分别是以不同的明胶/壳聚糖质量比得到的纳米纤维的扫描电镜照片和纤维直径分布情况。从直观上看,在相同的溶液浓度下,纯壳聚糖溶液的黏度比纯明胶溶液高。在静电纺过程中,纯壳聚糖溶液易聚集在喷丝口,在高压作用下劈裂成很多射流,最终形成的纤维具有相互交联的网络结构,同时因溶液黏度较高,部分射流未牵伸形成纤维,而是成为固体颗粒沉积在接收板上,如图 3-2a、a′所示,纤维直径分布在 108～780 nm,平均纤维直径为 261 nm。明胶的质量比为 25% 时,静电纺过程稳定,纳米纤维成网状结构,如图 3-2b、b′所示,纤维直径分布在 82～943 nm,平均纤维直径为 242 nm。明胶的质量比为 50% 时,如图 3-2c、c′所示,得到光滑的纳米纤维,纤维直径分布在 63～707 nm,平均纤维直径为 231 nm。明胶的质量比为 75% 时,如图 3-2d、d′所示,纤维直径分布在 40～306 nm,平均纤维直径为 112 nm,纤维直径明显减小。纯明胶溶液的可纺性较好,纺丝过程稳定,纤维直径分布在 144～963 nm,平均纤维直径为 290 nm,如图 3-2e、e′所示。明胶/壳聚糖复合纳米纤维的平均直径比纯明胶或纯壳聚糖纳米纤维的平均直径小,这可能是因为明胶和壳聚糖形成聚电解质,在静电纺过程中,溶液表面电荷的排斥力使溶液得到较大的拉伸作用。因此,如果溶液的导电性增加,射流上会携带更多的电荷,当聚电解质加入溶液中,溶液携带的电荷就会增加,使得溶液的拉伸度增加,有利于平滑纤维的形成,纤维直径也减小[39]。

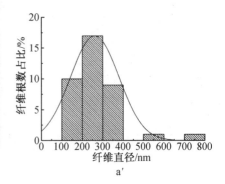

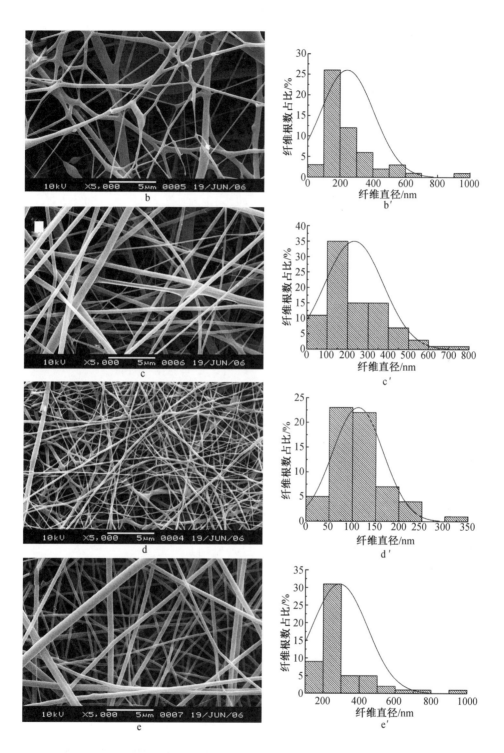

图 3-2　不同明胶/壳聚糖质量比下明胶/壳聚糖纳米纤维的扫描电镜照片及纤维直径分布情况
（溶液浓度为 8%）：a、a′. 0/100；b、b′. 25/75；c、c′. 50/50；d、d′. 75/25；e、e′. 100/0

3.2.4 明胶和壳聚糖的相互作用

明胶和壳聚糖以不同比例共混的静电纺复合纳米纤维的红外光谱如图 3-3 所示,当壳聚糖质量比为 0%、25%、50%、75%、100% 时,酰胺 I 的特征吸收峰分别在 1650、1658、1670、1680 cm^{-1} 出现,逐渐向高波数平移;壳聚糖质量比为 25% 时,酰胺 III 的特征吸收峰在 1280 cm^{-1} 出现,但随着壳聚糖的质量比增加,酰胺 III 的特征吸收峰消失;羧基和氨基移动说明明胶和壳聚糖分子之间存在相互作用,形成氢键[9]。氢键是指发生在以共价键与其他原子键合的氢原子与另一个原子之间(X—H···Y)的一种作用。通常,发生氢键作用的氢原子两边的原子(X、Y)都是电负性较强的原子,其中 X 以共价键与氢原子相连,具有较高的电负性,可以稳定负电荷,因此氢易解离;Y 则具有较高的电子密度,一般是含有孤对电子的原子,容易吸引氢原子。氢键既可以是分子间氢键,也可以是分子内氢键。氢键作为化学键的一部分,对生物高分子材料具有尤其重要的意义,它是蛋白质和核酸的二、三和四级结构得以稳定的部分原因。

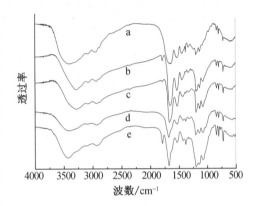

图 3-3 不同明胶/壳聚糖质量比下明胶/壳聚糖纳米纤维的红外光谱:a—100/0;b—75/25;c—50/50;d—25/75;e—0/100

另外,纯明胶和纯壳聚糖分别在 3396 和 3428 cm^{-1} 出现较宽泛的特征吸收峰,它们是自由氨基(N—H)和羟基(O—H)共同作用而产生的。明胶和壳聚糖共混后,随着壳聚糖含量的变化,特征吸收峰位置发生移动:壳聚糖质量比为 25% 时,特征吸收峰的位置在 3286 cm^{-1};壳聚糖质量比为 50% 时,特征吸收峰的位置在 3280 cm^{-1};壳聚糖质量比为 75% 时,特征吸收峰的位置在 3406 cm^{-1}。氢键使分子中的 O—H、N—H 减弱,因此缔合的 O—H、N—H 键均向低波数位移,也表示明胶和壳聚糖共混物存在分子间的氢键作用[40]。

从以上分析可以看出,明胶和壳聚糖分子之间通过氢键形成相互作用,明胶分子上的—OH 和—NH$_2$ 与壳聚糖分子上的—OH 和—NH$_2$ 形成氢键,明胶分子上的 C=O 与壳聚糖分子上的—OH 和—NH$_2$ 形成氢键。此外,明胶和壳聚糖分子之间可以形成离子键,壳聚糖带有正电荷,与带负电荷的明胶之间形成聚阳离子-聚阴离子复合物,即聚电解质。

3.2.5 明胶/壳聚糖复合纳米纤维的 X 射线衍射分析

图 3-4 为明胶和壳聚糖以不同比例共混的复合纳米纤维的 XRD 谱图,可以看出,不同比

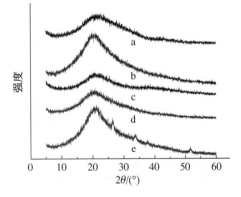

图 3-4 不同明胶/壳聚糖质量比下明胶/壳聚糖纳米纤维的 XRD 谱图:a—0/100;b—25/75;c—50/50;d—75/25;e—100/0

例的明胶和壳聚糖共混溶液经过静电纺过程后,XRD谱图上都只在20°出现一个宽的弥散峰,原因可能是溶剂削弱了明胶分子间的相互作用,也削弱了壳聚糖分子间的相互作用。

3.2.6 明胶/壳聚糖复合纳米纤维的力学性能

明胶和壳聚糖以不同比例共混制备的纳米纤维的应力-应变曲线如图3-5所示(三根曲线表示测三次),通过计算得到纤维的平均断裂伸长率和平均断裂强度(表3-1)。明胶和壳聚糖以不同比例共混对复合纳米纤维的平均断裂伸长率和平均断裂强度的影响如图3-6所示。从这些图表中可以看出,壳聚糖的加入降低了复合纳米纤维的断裂强度和断裂伸长率。

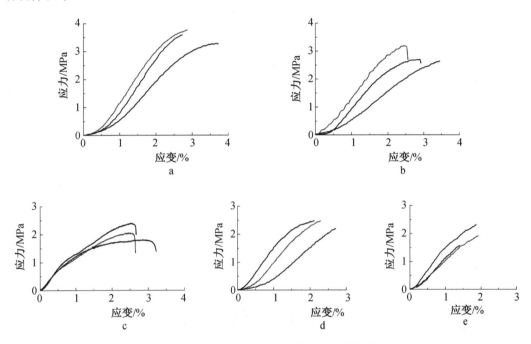

图3-5 不同明胶/壳聚糖质量比下明胶/壳聚糖纳米纤维的应力-应变曲线:
a. 100/0;b. 75/25;c. 50/50;d. 25/75;e. 0/100

静电纺纳米纤维的断裂过程同时存在纤维的断裂和滑脱。当纤维较长而与周围纤维相互抱合和纠缠时,由于受到周围纤维的纠结、挤压和摩擦作用,纤维不易滑脱,当这些作用超过纤维的负载极限时,纤维发生断裂。长度较短的纤维所能承担的外力一般小于其负载极限,当它们受到拉伸时,受到的摩擦作用小,主要发生抽拔、滑脱和移动,而不是被拉断。当纤维集合体沿这一截面断裂时,它们会被抽拔出来。

试验中发现,当壳聚糖质量比为75%和100%时,静电纺过程中,在高压静电作用下,溶液形成泰勒锥后主要发生劈裂行为,形成的纤维较短。这使得纤维集合体受到拉伸时,单位面积上承受张力的纤维根数下降,纤维之间的抱合力下降。总体上看,随着壳聚糖质量比的提高,复合纳米纤维的应力和应变均下降。

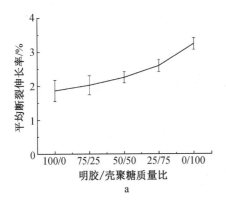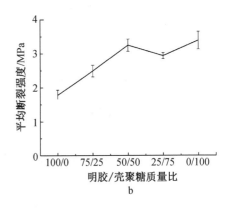

图 3-6 明胶和壳聚糖以不同比例共混制备的纳米纤维的
平均断裂伸长率(a)和平均断裂强度(b)

表 3-1 明胶和壳聚糖以不同比例共混制备的纳米纤维的拉伸性能

明胶/壳聚糖质量比	平均断裂伸长率/%	平均断裂强力/MPa	平均厚度/mm
100/0	1.72±0.17	1.93±0.21	0.084±0.005
75/25	2.37±0.18	2.38±0.09	0.098±0.006
50/50	2.71±0.16	2.07±0.18	0.106±0.005
25/75	2.94±0.28	2.83±0.17	0.08±0.002
0/100	3.10±0.31	3.54±0.15	0.091±0.003

3.3 明胶/壳聚糖复合纳米纤维的交联及性能

　　明胶/壳聚糖复合纳米纤维遇水即溶,为了提高植入材料的稳定性和持久性,在使用前需要进行交联。文献报道的交联方式有物理交联和化学交联。物理交联的方式主要有加热、干燥、辐射(紫外线或 γ 射线),化学交联即采用交联剂对材料进行固定处理。明胶经过 X 射线及电弧放电照射后,便转化为不溶的物质;长时间强化干燥也可使明胶变得不溶。物理交联的优点是不引入有毒化学物质,但不能获得均匀一致的理想交联强度。

　　明胶是胶原蛋白在温和而不可逆的断裂后的主要产物。胶原蛋白的规则结构通过热变性和共价键的水解断裂两个过程,转化为结构不规则的明胶。了解明胶的结构,必须先了解蛋白质分子的结构。蛋白质分子的结构可分为不同层次,即一级、二级和三级结构[41-44]。一级结构是指蛋白质肽链中氨基酸的排列顺序,也是蛋白质最基本的结构。每一种蛋白质分子都有自己特有的氨基酸的组成和排列顺序(即一级结构),而氨基酸的排列顺序决定蛋白质的特定的空间结构,也就是说蛋白质的一级结构决定蛋白质的二级、三级等高级结构。二级结构是指肽链中的不同链段各自沿着某个轴盘旋或折叠,以氢键等结合力维系,形成某种构象,如 α 螺旋和 β 折叠。三级结构主要针对球状蛋白质而言,是指整条多肽链由二级结构元件构建形成的总三维结构,包括一级结构中相距远的肽链之间的几何相互关系,以及骨架和侧链在内的所有原子的空间排列。胶原蛋白转变为明胶时,胶原蛋白分子有规则的三股螺旋结构消失,因而明胶分子只具有相当于胶原蛋白分子的二级或三级结构。胶原蛋白转变为明胶,涉及共价键、氢键和次价键的断裂。由于键的断裂没有固定的模式,随机断裂的结果是胶原蛋白水解产物的组分多样化。一个明胶分子既可能是单链,也可能是由几部分 α 链片段通过共价键交联组成的,因而明胶分子是高度支化的链。明胶是一种球状蛋白,是由十八种氨基酸组成的蛋白质。

壳聚糖是甲壳素部分脱乙酰化衍生物。壳聚糖与蛋白质一样,有一级、二级、三级和四级结构,其线性链中 β-(1→4)糖苷键连接的 N-乙酰氨基葡萄糖和氨基葡萄糖残基序列构成壳聚糖的一级结构,骨架链间以氢键结合所形成的各种聚合体为壳聚糖的二级结构,一级结构和非共价相互作用造成的有序二级结构导致的空间规则而粗大的现象为壳聚糖的三级结构,长链间非共价键合形成的聚集体构成壳聚糖的四级结构[45]。壳聚糖可与多种有机酸的衍生物如酸酐、酰卤(主要是酰氯)等反应,导入不同相对分子质量的脂肪族或芳香族酰基。壳聚糖分子链的糖残基上既有羟基,又有氨基,因此酰化反应既可以在羟基上发生,生成酯;也可以在氨基上发生,生成酰胺。壳聚糖的糖残基有两种羟基:一种是 C_6—OH,这是一级羟基;另一种是 C_3—OH,这是二级羟基。C_6—OH 既是一级羟基,从空间构象上说,又可以较为自由地旋转,位阻也小;C_3—OH 既是二级羟基,又不能自由旋转,空间位阻也大一些。所以,一般情况下,C_6—OH 的反应活性比 C_3—OH 大。另一方面,在壳聚糖的糖残基上,氨基活性又比一级羟基的活性大一些。

明胶的化学交联主要发生在侧链基团的取代上。明胶侧链基团的反应包括①氨基(—NH_2)基团的取代:在水中,氨基基团是最容易改性的部位,这些基团包括明胶的端氨基、赖氨酸和精氨酸等侧链上含有氨基的氨基酸。②羧基(—COOH)基团的反应:明胶可以通过羧基甲基化或活化的方式交联。羧基甲基化可以使用甲醇和硫酸处理明胶的方法完成,碳化二亚胺可以将蛋白质分子中的羧基活化。③羟基(—OH)的反应:明胶用冷的浓硫酸处理,可形成羟基的硫酸盐或磺酸盐,但不会发生明胶的过分降解。壳聚糖的化学交联主要在氨基(—NH_2)和羟基(—OH)上进行。可以用于壳聚糖的交联剂很多,包括戊二醛等醛类交联剂、环氧丙烷、不饱和酸酐等。

化学交联的方法一般能获得理想且均匀一致的交联强度,但交联剂的选择非常关键。二醛类由于其特殊的化学结构而被广泛用作交联剂,其分子上含有 2 个羰基。羰基碳是 sp^2 杂化轨道,碳与 3 个相连接的原子位于同一平面上,键角大致为 $120°$。羰基碳带上有部分正电荷,羰基氧带上有部分负电荷。这种电荷分布源于两个原因:①氧的电负性所导致的诱导效应;②羰基结构的共振效应。醛基非常典型的特征反应是碳氧双键的亲核加成反应。羰基碳上的正电荷使得它对亲核试剂的攻击特别敏感,而羰基氧上的负电荷意味着亲核加成反应时对酸性催化很敏感。羰基的极化结构使得它容易与某些极性基团发生亲核反应[46-47]。戊二醛是最常用的氨基酸交联剂,同时戊二醛很容易得到,价格比较便宜,交联时间短,工艺比较简单。尽管有报道称其他交联剂的毒性比较低,但是它们的交联效果不能和戊二醛相比[48],并且戊二醛的毒性可以通过降低戊二醛的浓度和经过一定的处理加以改善[49]。有报道采用戊二醛对胶原类材料[50-54]和壳聚糖[55-59]进行交联,戊二醛与壳聚糖的交联机制主要有 Schiff 碱反应和 Micheal 加成反应[56-57]。另外,壳聚糖上空间位阻相对较弱的 C_6 羟基与戊二醛的羰基之间发生缩醛反应[47]。胺是一类含有亲核氮原子,具有大量不同结构,而且在生物学方面很重要的化合物。伯胺对醛类加成反应的通常结果是羰基氧被胺类的氮原子所取代,生成亚氨基酸,该反应称为 Schiff 碱。由活泼亚甲基化合物形成的碳负离子,对 α,β-不饱和羰基化合物的碳碳双键的亲核加成反应,是活泼亚甲基化物烷基化的一种重要方法,该反应称为 Michael 加成。上述两种反应过程如下:

Schiff 碱:$R—NH_2+COH—CH_2—CH_2—CH_2—COH+R—NH_2 \rightarrow$
$$R—N=C—CH_2—CH_2—CH_2—C=N—R$$

Michael 加成:$R—NH_2+COH—CH_2—CH_2—CH_2—COH+R—NH_2 \rightarrow$
$$R—N=C(CH_2—CH_2—COH)—CHOH—CO$$
$$—(CH_2—CH_2—COH)C=N—R$$

明胶和戊二醛的交联机制主要是生成 Schiff 碱[50, 59]。

戊二醛交联分为溶液交联和蒸气交联。溶液交联是指将制备好的复合纳米纤维放入交联溶液中,让其在溶液中交联,一定时间后取出。蒸气交联是将制备好的复合纳米纤维放在交联蒸气中,让其在蒸气中交联,一定时间后取出。溶液交联时,戊二醛与材料直接接触,对细胞的毒性较大。为了减少对细胞的毒性,常采用戊二醛蒸气交联的方式,对明胶/壳聚糖复合纳米纤维进行改性处理,研究戊二醛与明胶/壳聚糖复合纳米纤维的交联反应机理,并对交联后纤维的力学性能及细胞在纤维上的黏附、增殖和形态进行系统研究。

3.3.1 戊二醛蒸气交联条件

明胶/壳聚糖复合纳米纤维经真空干燥过夜后,放置在干燥器皿的多孔支架上,将 10 mL 浓度为 25% 的戊二醛水溶液放入一个直径为 10 cm 的培养皿中,再将培养皿放入干燥器皿底部,通过戊二醛蒸气的挥发对纤维进行交联,并控制不同的交联时间。交联结束后,先将纤维放置在通风橱中 2 h,再放入真空干燥箱,尽量除去未交联的残余戊二醛。交联不同时间后,纤维经真空干燥后放入 37 ℃ 去离子水中进行溶解性测试,先从宏观上观察纤维能否保持结构完整性,再通过扫描电镜从微观上观察纤维能否保持纳米纤维结构。

将明胶/壳聚糖质量比为 75/25 的复合纳米纤维交联不同的时间,即 6 h、12 h、1 d、2 d 和 3 d,然后浸泡在 37 ℃ 去离子水中,放置 4 d,观察纤维溶解情况,结果见表 3-2。试验发现,交联 6 h 的纤维在浸泡 1 d 后溶解,交联 12 h 的纤维在浸泡 3 d 时出现溶解现象,而交联 1 d、2 d 和 3 d 的纤维在浸泡后均未发生溶解现象。

图 3-7 中 a、b 和 c 分别为交联 1 d、2 d 和 3 d 并浸泡 4 d 后的纳米纤维的扫描电镜照片,可以看出,交联 1 d 和 2 d 的纤维溶胀在一起,出现溶解现象;交联 3 d 的纤维可以保持纳米纤维结构。因此,选择适合的交联时间为 3 d。

表 3-2　明胶/壳聚糖质量比为 75/25 的复合纳米纤维交联不同时间后的结构完整性

浸泡时间/d	交联时间				
	6 h	12 h	1 d	2 d	3 d
1	×	√	√	√	√
2		√	√	√	√
3		×	√	√	√
4			√	√	√

注：×表示交联后的纳米纤维在浸泡后出现溶解现象，√表示交联后的纳米纤维在浸泡后可以保持结构完整。

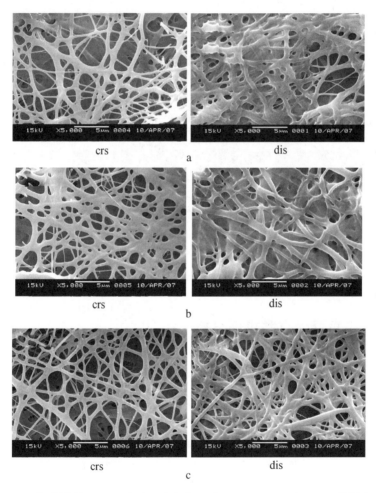

图 3-7　明胶/壳聚糖(75/25)复合纳米纤维交联 1 d(a)、2 d(b)和 3 d(c)并浸泡 4 d 后
的扫描电镜照片(crs 指交联后的样品，dis 指浸泡后的样品)

图 3-8 为不同明胶/壳聚糖质量比下纳米纤维及其交联和溶解后的扫描电镜照片。发现交联 3 d，明胶/壳聚糖(50/50)复合纳米纤维在 37 ℃去离子水中溶解一定时间后能保持纳米纤维结构，故选择采用 25%戊二醛蒸气交联，交联时间为 3 d。

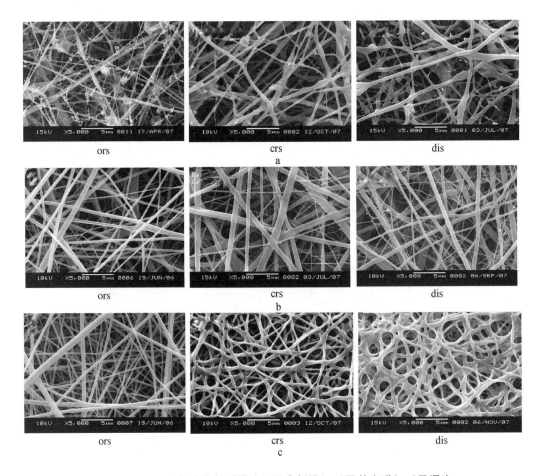

图 3-8　不同明胶/壳聚糖质量比下纳米纤维(ors)及其交联(crs)及浸泡
后(dis)的扫描电镜照片：a. 0/100；b. 50/50；c. 100/0

3.3.2　明胶和壳聚糖交联机理分析

从理论上讲，分子中的诱导效应、共轭效应、偶极场效应等效应会引起分子中的电子分布发生变化，从而引起化学键力常数变化，改变基团的特征频率。发生交联反应后，戊二醛分子上的羰基与明胶或壳聚糖分子上的氨基反应，使原有基团的化学环境有所改变，同一基团在交联前后的纤维红外光谱上的特征吸收峰位置有所差异，但变化幅度不大。

不同明胶/壳聚糖质量比下明胶/壳聚糖纳米纤维交联前后的红外光谱如图 3-9 所示，a、b 和 c 分别对应明胶/壳聚糖质量比为 0/100、50/50 和 100/0。试验中使用的壳聚糖脱乙酰度为 85%，其分子结构中存在大量的氨基。氨基的特征吸收峰在 $3500\sim3200$ cm^{-1}，羟基的特征吸收峰在 $3200\sim3400$ cm^{-1}。壳聚糖纳米纤维的红外光谱上，在 3428 cm^{-1} 出现的特征吸收峰是氨基和羟基振动共同作用的结果，峰宽且强度高。交联后，在 1560 cm^{-1} 出现的酰胺Ⅱ的特征吸收峰明显减弱，壳聚糖纳米纤维呈棕色，这是因为壳聚糖与戊二醛反应形成亚胺基（C＝N）[56-57]。C＝N 的特征吸收峰在 $1640\sim1690$ cm^{-1}[60]，与酰胺Ⅰ的特征吸收峰重叠。同时，由于壳聚糖分子中的乙酰基（—NHCOCH$_3$）上的 N 原子呈电负性,也会与戊二醛分子中的羰基碳发生亲核反应。但相对于氨基,乙酰基上的 N 原子的电子云密度更低,空间位阻更大,因此更不易与戊二醛分子中的醛基发生反应。另外,在 1030 cm^{-1} 出现新的特征吸收峰,在 1000～1200 cm^{-1} 出现 4 个特征吸收峰,归属于缩醛分子中的 C—O—C—O—C[61]。在 1720 ～ 1740 cm^{-1} 没有出现新的特征吸收峰(—C—CH—O—),说明没有发生 Michael 加成反应。从试验结果可以看出,壳聚糖与戊二醛的交联反应主要是自由氨基与戊二醛分子中的醛基之间发生 Schiff 碱反应,生成亚胺基,还有壳聚糖分子中的羟基与戊二醛分子中的羰基之间发生缩醛化反应。

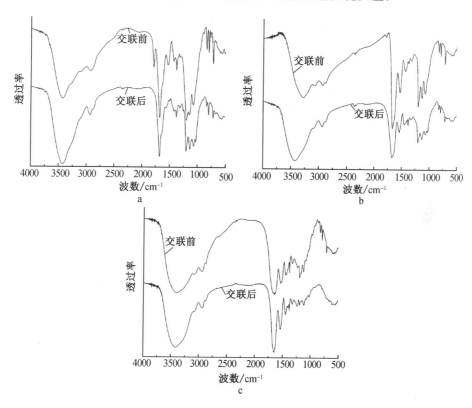

图 3-9 不同明胶/壳聚糖质量比下明胶/壳聚糖纳米纤维交联前后的红外光谱:
a、a′—0/100; b、b′—50/50; c、c′—100/0

　　明胶/壳聚糖(50/50)复合纳米纤维交联前后的红外光谱如图 3-9b 所示。酰胺Ⅰ和酰胺Ⅱ的特征吸收峰没有明显变化,亚胺基的特征吸收峰与酰胺Ⅰ的特征吸收峰重叠。因为明胶和壳聚糖间的相互作用,复合纳米纤维分子中的氨基和羟基共同作用产生的特征吸收峰向低波数转移,移至 3278 cm^{-1},交联前的特征吸收峰位于 3421 cm^{-1},这说明交联减弱了明胶和壳聚糖之间的相互作用。因此,复合纳米纤维与戊二醛的反应主要是自由氨基与戊二醛分子中的醛基反应生成亚胺,即 Schiff 碱。在 1035 cm^{-1} 出现新的特征吸收峰,在 1000～1200 cm^{-1} 出现 4 个特征吸收峰,归属于缩醛分子中的 C—O—C—O—C,也存在少量的缩醛化反应。

　　明胶纳米纤维交联前后的红外光谱如图 3-9c 所示。交联后,酰胺Ⅰ、酰胺Ⅱ和酰胺Ⅲ的特征吸收峰没有明显变化。明胶中含有少量具有氨基的赖氨酸和精氨酸,主要是它们的自由氨基与戊二醛分子中的羰基发生交联反应。

　　交联后,三种纳米纤维呈现不同程度的变黄,明胶纳米纤维呈淡黄色,随着壳聚糖含量的提高,纳米纤维的颜色逐渐变深,壳聚糖纳米纤维呈棕色。从颜色变化程度看,壳聚糖与戊二醛的反应最剧烈。这是因为壳聚糖分子结构中的氨基含量高,明胶中具有氨基的赖氨酸和精氨酸的含量都较低,红外光谱分析结果也验证了该现象;而且壳聚糖和戊二醛的反应,除了自由氨基与戊二醛的醛基之间发生反应,还存在少量亲核基团乙酰基与戊二醛的羰基之间发生的亲核反应,以及壳聚糖的羟基与戊二醛的羰基间发生的缩醛反应。

3.3.3　明胶/壳聚糖复合纳米纤维交联后的力学性能

　　图3-10所示为不同明胶/壳聚糖质量比下明胶/壳聚糖复合纳米纤维交联后的应力-应变曲线(三根曲线表示测试三次)。表3-3列出了不同明胶/壳聚糖质量比下明胶/壳聚糖复合纳米纤维交联后的平均断裂伸长率和平均断裂应力。图3-11为不同明胶/壳聚糖质量比下明胶/壳聚糖复合纳米纤维交联前后的应变和应力对照图。可以看出,交联后,纳米纤维的应变都稍有下降,应力呈现不同程度的增加,复合纳米纤维的增加幅度最大,壳聚糖纤维的增加幅度最小。

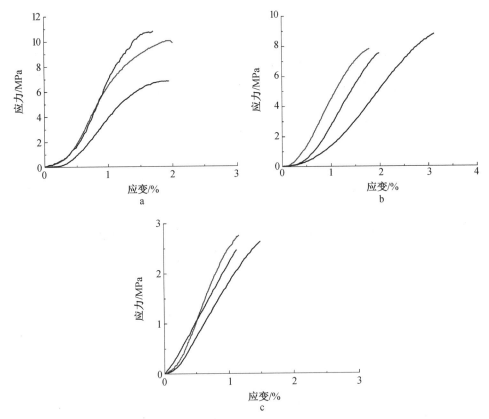

图3-10　不同明胶/壳聚糖质量比下明胶/壳聚糖复合纳米纤维交联后的
应力-应变曲线：a. 100/0；b. 50/50；c. 0/100

交联反应的结果是形成了多个分子交接的网络结构,造成分子链间的作用力加强,宏观上表现为强度上升。分子间的"搭桥"使得网点密度增加,故伸长率变小。

表 3-3　不同明胶/壳聚糖质量比下明胶/壳聚糖复合纳米纤维交联后的拉伸性能

明胶/壳聚糖质量比	平均断裂伸长率/%	平均断裂强度/MPa
100/0	1.87±0.08	9.22±1.21
50/50	2.30±0.42	8.04±0.39
0/100	1.31±0.18	2.62±0.08

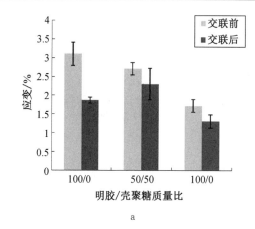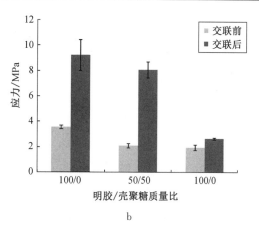

图 3-11　明胶/壳聚糖复合纳米纤维交联前后的应变(a)和应力(b)对照图

3.3.4　明胶/壳聚糖复合纳米纤维的生物相容性

3.3.4.1　内皮细胞的黏附

将制备的细胞悬液种植在明胶/壳聚糖复合纳米纤维上,黏附测试中,细胞的种植密度为 $3.0×10^4$ 个/cm²,在 2、4、12 h 时检测细胞的黏附情况;增殖测试中,细胞的种植密度为 $1.5×10^4$ 个/cm²,在 1、3、5、7 d 时检测细胞的增殖情况。

细胞的黏附和增殖通过 MTT 法检测。图 3-12 所示为内皮细胞在不同材料上的的黏附趋势。可以看出,内皮细胞可以黏附在明胶/壳聚糖复合纳米纤维及盖玻片和 TCP 底部。在 2、4 h 时,细胞在复合纳米纤维上的黏附高于纯明胶纤维,这说明壳聚糖的加入有利于细胞黏附。在 12 h时,壳聚糖质量比为 50% 的复合纳米纤维上细胞黏附量高于其他纤维。同时,在复合纳米纤维上的细胞黏附量高于盖玻片和 TCP 底部。细胞在复合纳米纤维上的黏附能力高,一方面是因为纳米纤维为细胞黏附提供了一个仿生的接触表面;另一方

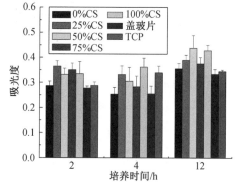

图 3-12　内皮细胞在不同材料上的黏附趋势(CS 代表壳聚糖,TCP 代表培养板)

面是因为多孔结构可能会通过物理吸附的方式增加细胞黏附。另外,动物细胞在生理 pH 值条件下,细胞表面都带有分布不均匀的负电荷。因此,壳聚糖在水溶液中的阳离子性质和高电荷密度使得壳聚糖表面易与带负电荷的细胞产生静电吸引力,这有利于细胞黏附。

3.3.4.2 内皮细胞的增殖

图 3-13 所示为内皮细胞在不同材料上的增殖趋势。内皮细胞在不同壳聚糖含量的复合纳米纤维上均保持较高的增殖能力,值得注意的是,在 5～7 d 时,细胞在 TCP 上生长的数量减少,而生长在纤维上的细胞继续保持很强的增殖能力。这可能是因为 TCP 只有一个生长平面,当细胞数量急剧增加到一定程度时,细胞将叠加生长,上层细胞会影响下层细胞的营养交换,从而导致细胞死亡,而纳米纤维提供的是一个三维生长空

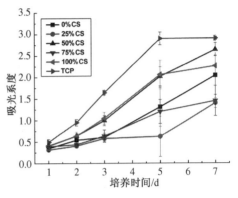

图 3-13　内皮细胞在不同材料
上的增殖趋势

间,这有利于细胞新陈代谢中的营养成分和废物的交换。

3.3.4.3 内皮细胞微观形貌观察

在明胶/壳聚糖复合纳米纤维上种植内皮细胞,种植密度为 3.0×10^4 个/cm^2,培养 24 h,处理后拍摄扫描电镜照片,观察内皮细胞在纤维上的形貌,结果如图 3-14 所示。a、b、c、d 和 e 的放大倍数为 500,a′、b′、c′、d′ 和 e′ 的放大倍数为 1000。从扫描电镜照片可以看

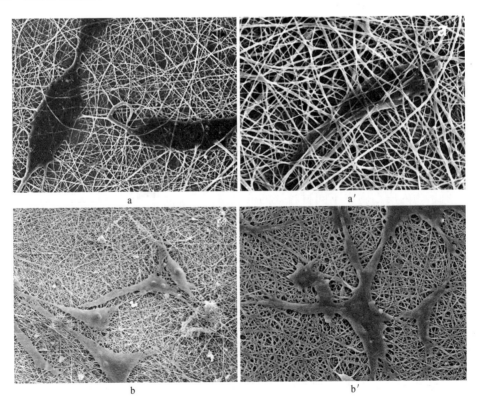

a   a′

b   b′

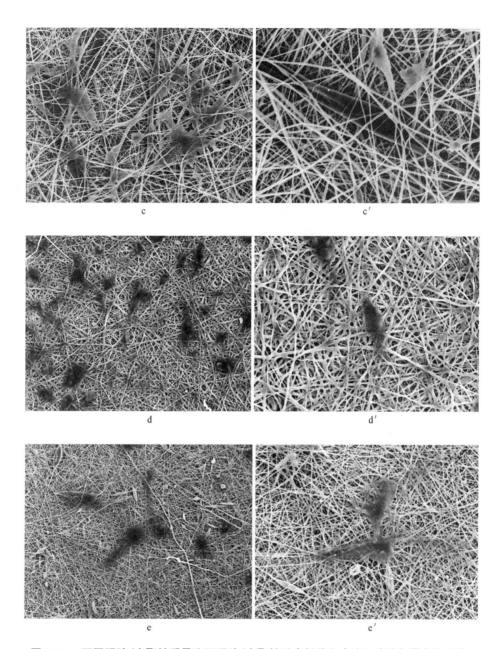

图 3-14　不同明胶/壳聚糖质量比下明胶/壳聚糖纳米纤维上内皮细胞的扫描电镜照片:
　　　　a. 100/0;b. 75/25;c. 50/50;d. 25/75;e. 0/100

出,内皮细胞在纳米纤维上可以很好地黏附,还观察到在明胶/壳聚糖质量比为 50/50 的复合纳米纤维上,细胞长入纤维内部,形成立体迁移和生长。

参考文献

[1] 阮建明,邹俭鹏,黄伯云. 生物材料学[M]. 北京:科学出版社,2004.

[2] 蒋挺大. 甲壳素[M]. 北京:化学工业出版社,2003.

[3] Yusof N L B M, Wee A, Lim L Y, et al. Flexible chitin films as potential wound-dressing materials: wound model studies[J]. Journal of Biomedical Materials Research, 2003, 66: 224-232.

[4] Eugene K. Chitin: Fulfilling a Biomaterials Promise[J]. ELSEVIER, 2001.

[5] Denuziere A, Ferrier D, Damour O, et al. Chitosan-chondroitin sulfate and chitosan-hyaluronate polyelectrolyte complex: biological properties[J]. Biomaterials, 1998, 19: 1275-1285.

[6] Kuo W S, Chang C F. Effect of copolymer compostion on the miscibility of poly (styrene-co-acetoxystyrene) with phenolic resin[J]. Polymer, 2001, 42: 9843-9848.

[7] Pan Y, Xue F. Lightly sulfonated poly(phenylene oxide)/poly (styrene-co-4-vinylpyridine) blend: interpdymer interaction and miscibility[J]. European Polymer Journal, 2001, 37: 247-249.

[8] 莫秀梅. 甲壳胺-明胶共混物的研究[J]. 高分子学报, 1997, 2: 222-226.

[9] Yin Y J, Yao K D, Cheng G X, et al. Properties of polyelectrolyte complex films of chitosan and gelatin[J]. Polymer International, 1999, 48: 429-433.

[10] Taravel M N, Domard A. Relation between the physicochemical characteristics of collagen and its interaction with chitosan[J]. Biomaterials, 1993, 14: 930-938.

[11] Huang Y, Onyeri S, Siewe M, et al. In vitro characterization of chitosan-gelatin scaffolds for tissue engineering[J]. Biomaterials, 2005, 26: 7616-7627.

[12] Fang N, Zhu A P, Chan-Park M B, et al. Adhesion contact dynamics of fibroblasts on biomacromolecular surfaces[J]. Macromolecular Bioscience, 2005, 5: 1022-1031.

[13] Cheng M Y, Deng J G, Yang F, et al. Study on physical properties and nerve cell affinity of composite films from chitosan and gelatin solutions[J]. Biomaterials, 2003, 24: 2871-2880.

[14] Mao J S, Cui Y L, Wang X H, et al. A preliminary study on chitosan and gelation polyelectrolyte complex cytocompatibility by cell cycle and apoptosis analysis[J]. Biomaterials, 2004, 25: 3973-3981.

[15] Mao J S, Zhao J G, Yao K D. Study of novel chitosan-gelatin artificial skin in vitro[J]. Journal of Biomedical Materials Research, 2003, 64A: 301-308.

[16] 夏万尧, 刘伟, 崔磊, 等. 壳聚糖-明胶多孔复合支架构建自体组织工程化软骨组织的实验研究[J]. 中华医学杂志, 2003, 83(7): 577-579.

[17] Xia W Y, Liu W, Cui L, et al. Tissue engineering of cartilage with the use of chitosan-gelatin complex scaffolds[J]. Journal of Biomedical Materials Research Part B: Applied Biomaterials, 2004, 71B: 373-380.

[18] Yin Y J, Zhao F, Song X F, et al. Preparation and characterization of hydroxyapatite/chitosan-gelatin network composite[J]. Journal of Applied Polymer Science, 2000, 77: 2929-2938.

[19] Zhao F, Grayson W L, Ma T, et al. Effects of hydroxyapatite in 3-D chitosan-gelatin polymer network on human mesenchymal stem cell construct development [J]. Biomaterials, 2006, 27: 1859-1867.

[20] 梁东春, 左爱军, 王宝利, 等. 壳聚糖与重组人骨形成蛋白 2 复合物体外成骨作用的研究[J]. 中国修复重建外科杂志, 2005, 19(9): 721-724.

[21] Bidylak S F. The extracellular matrix as a scaffold for tissue reconstruction[C]. Seminars in Developmental Biology, 2002, 13: 377-383.

[22] Zhong S P, Teo W E, Zhu X, et al. Development of a novel collagen-GAG nanofibrous scaffold via electrospinning[J]. Materials Science and Engineering C, 2007, 27(2): 262-266.

[23] Mina B M, Leeb S W, Limb J N, et al. Chitin and chitosan nanofibers: electrospinning of chitin and deacetylation of chitin nanofibers[J]. Polymer, 2004, 45: 7137-7142.

[24] Ohkawa K, Cha D, Kim H, et al. Electrospinning of chitosan[J]. Macromolecular Rapid Communica-

tions，2004，25：1600-1605.

[25] Geng X Y，Kwon O H，Jang J H. Electrospinning of chitosan dissolved in concentrated acetic acid solution[J]. Biomaterials，2005，26：5427-5432.

[26] Huang Z M，Zhang Y Z，Ramakrishna S，et al. Electrospinning and mechanical characterization of gelatin nanofibers[J]. Polymer，2004，45：5361-5368.

[27] Ki C S，Baek D H，Gang K D，et al. Characterization of gelatin nanofiber prepared from gelatin-formic acid solution[J]. Polymer，2005，46：5094-5102.

[28] Li M Y，Mondrinos J，Gandhi M R，et al. Electrospun protein fibers as matrices for tissue engineering[J]. Biomaterials，2005，26：5999-6008.

[29] Noha H K，Leeb S W，Kima J M，et al. Electrospinning of chitin nanofibers：Degradation behavior and cellular response to normal human keratinocytes and fibroblasts[J]. Biomaterials，2006，27：3934-3944.

[30] Chen Z G，Mo X M，Qing F L. Electrospinning of collagen-chitosan complex：To mimic the native extracellular matrix[J]. Tissue Engineering，2006，12（4）：1074.

[31] Chen Z G，Mo X M，Qing F L，Electrospinning of collagen-chitosan complex[J]. Materials Letters，2007，61(16)：3490-3494.

[32] Min B W，You Y，Kim J M，et al. Formation of nanostructured poly(lactic-co-glycolic acid)/chitin matrix and its cellular response to normal human kerationcytes and fibroblasts[J]. Carbohydrate Polymers，2004，57：285-292.

[33] Duan B，Yan X Y，Zhu Y. A nanofibrous composite membrane of PLGA-chitosan/PVA prepared by electrospinning[J]. European Polymer Journal，2006，42：2013-2022.

[34] Park K E，Jung S Y，Lee S J，et al. Biomimetic nanofibrous scaffolds：Preparation and characterization of chitin/silk fibroin blend nanofibers[J]. International Journal of Biological Macromolecules，2006，38：165-173.

[35] Zhang Y Z，Ouyang H W，Lim C T，et al. Electrospinning of gelatin fibers and gelatin/PCL composite fibrous scaffolds[J]. Journal of Biomedical Materials Research Part B：Applied Biomaterials，2005，72B：156-165.

[36] Chidchanok M U，Manit N，Pitt S. Ultrafine electrospun polyamide-6 fibers：Effect of solution conditions on morphology and average fiber diameter[J]. Macromolecular Chemistry and Physics，2004，205：2327-2338.

[37] Reneker D H，Chun I. Nanometre diameter fibers of polymer produced by electrospinning[J]. Nanotechnology，1996，7：216-223.

[38] Reneker D H，Yarin A L，Fong H，et al. Bending instability of electrically charged jets of polymer solutions in electrospinning[J]. Journal of Applied Physics，2000，87：4531-4547.

[39] Zong X H，Kim K S，Fang D F，et al. Structure and process relationship of Electrospun bioabsorbable nanofiber membranes[J]. Polymer，2002，43：4403-4412.

[40] 刑其毅，徐瑞秋，周政，等. 基础有机化学（上册）[M]. 2版. 北京：高等教育出版社,1993.

[41] 恽魁宏. 有机化学[M]. 北京：高等教育出版社，1995.

[42] 眭伟民，金惠平. 纺织有机化学基础[M]. 上海：上海交通大学出版社，1993.

[43] 吴徽宇. 制丝化学[M]. 苏州：苏州丝绸工学院出版社,1996.

[44] 鲍韦华. 再生丝素/明胶共混经典纺丝研究[D].苏州：苏州大学，2007.

[45] 郑化.甲壳素改性材料结构与功能特性研究[D].武汉：武汉大学，2001.

[46] Solomons T W G. Organic Chemical[M]. New York：Wiley，1980.

[47] 杨庆,梁伯润,窦丰栋,等. 以乙二醛为交联剂的壳聚糖纤维交联机理探索[J]. 纤维素科学与技术, 2005,13(4): 13-20.

[48] Sung H W, Huang D M, Chang W H, et al. Evaluation of gelatin hydrogel crosslinked with various crosslinking agents as bioadhesives: In vitro study[J]. Journal of Biomedical Materials Reasearch, 1999, 46(4): 520-530.

[49] Goissis G, Junior E M, Marcantonio R A C, et al. Biocompatibility studies of anionic collagen membranes with different degree of gluturaldehyde cross-linking[J]. Biomaterials, 1999, 20: 27-34.

[50] Damink L H H O, Dijkstra P J, Luyn M J A V, et al. Glutaraldehyde as a crosslinking agent for collagen-based biomaterials[J]. Journal of Materials Science: Materials in Medicine, 1995, 6: 460-472.

[51] Marinucci L, Lilli C, Guerra M, et al. Biocompatibility of collagen membranes crosslinked with glutaraldehyde or diphenylphosphoryl azide: an in vitro study[J]. Journal of Biomedical Materials Research, 2003, 67A: 504-509.

[52] Ruijgrok J M, Dewijn J R. Optimizing glutaraldehyde crosslinking of collagen: effects of time, temperature and concentration as measured by shrinkage temperature[J]. Journal of Materials Science: Materials in Medicine,1994, 5: 80-87.

[53] Bigi A, Borghi M, Cojazzi G, et al. Structural and mechanical properties of crosslinked drawn gelatin films[J]. Journal of Thermal Analysis and Calorimetry, 2000, 61: 451-459.

[54] Sung H W, Huang D M, Chang W H, et al. Evaluation of gelatin hydrogel crosslinked with various crosslinking agents as bioadhesives: in vitro study[J]. Journal of Biomedical Materials Research, 1999, 46: 520-530.

[55] Jameela S R, Jayakrishnan A. Glutaraldehyde cross-linked chitosan microspheres as a long acting biodegradable drug delivery vehicle: Studies on the in vitro release of mitoxantrone and in vivo degradation of microspheres in rat muscle[J]. Biomaterials, 1995, 16 (10): 769-775.

[56] Tual C, Espuche E, Escoubes M, et al. Transport properties of chitosan membranes: Influence of crosslinking[J]. Journal of Polymer Science, Part B: Polymer Physics, 2000, 38 (11): 1521-1529.

[57] Schiffman J D, Schauer C L. Cross-linking chitosan nanofibers[J]. Biomacromolecules, 2007, 8: 594-601.

[58] Tomihata K, Ikada Y J. Crosslinking of hyaluronic acid with glutaraldehyde[J]. Journal of Polymer Science, Part A: Polymer Chemistry, 1997, 35 (16): 3553-3559.

[59] Knaul J Z, Hudson S M, Creber K A M. Crosslinking of chitosan fibers with dialdehydes: Proposal of a new reaction mechanism[J]. Journal of Polymer Science, Part B: Polymer Physics, 1999, 37 (11): 1079-1094.

[60] Zhang Y Z, Venugopal J, Huang Z M, et al. Crosslinking of the electrospun gelatin nanofibers[J]. Polymer, 2006,47: 2911-2917.

[61] 中西香尔,P. H. 索罗曼. 红外光谱分析 100 例[M]. 王绪明,译. 北京:科学出版社,1984.

第四章 胶原蛋白/壳聚糖复合纳米纤维及其在皮肤组织再生中的应用

4.1 引言

天然细胞外基质主要由蛋白和多糖及它们复合形成的蛋白聚糖和糖蛋白组成,它们在细胞周围形成高度水合的水凝胶纳米纤维网络,影响和调控细胞的形态、迁移、分化、增殖、营养代谢和信息传递,维持细胞的正常生理活性,与细胞形成机体组织,发挥正常的生理功能[1]。因此,在组织工程和再生医学领域,通常通过仿生细胞外基质的策略来制备组织修复材料,用于病损组织的修复与再生。

胶原蛋白和糖胺聚糖是天然组织细胞外基质的主要结构蛋白和多糖。胶原蛋白是人体的主要结构蛋白,占人体蛋白质总量的30%以上,种类多达10余种,分布于肌体的各个部位,与组织的形成、成熟、细胞间信息传递,以及关节润滑、伤口愈合、钙化作用、血液凝固和衰老等有着密切的关系。壳聚糖[β-(1→4)-2-胺基-2-脱氧-D-葡萄糖]是一种独特的碱性多糖,其结构单元与糖胺聚糖十分相近,有优良的生物相容性及抗菌、防腐、止血、促进细胞生长和伤口愈合、抑制溃疡等功能,成膜性好,机械强度高,具有生物可降解性,是人们最感兴趣的生物材料之一。

基于此,研究室利用胶原蛋白和壳聚糖为主要材料,通过静电纺丝技术制备胶原蛋白/壳聚糖复合纳米纤维,用以仿生细胞外基质,进行皮肤组织修复与再生。

4.2 胶原蛋白/壳聚糖复合纳米纤维的制备

选择合适的溶剂,配制合适的纺丝溶液是纺丝加工成功的一个先决条件。经过试验研究,选取体积比为9/1的六氟异丙醇/三氟乙酸混合物作为溶剂,考察并优化胶原蛋白/壳聚糖共混溶液的静电纺丝工艺,探讨纺丝工艺参数对纺丝结果的影响。

4.2.1 纺丝电压

固定其他纺丝工艺参数(胶原蛋白/壳聚糖质量比50/50,给液速率0.6 mL/h,接收距离110 mm,溶液浓度8%),采用不同的纺丝电压(12~28 kV,变化间隔4 kV),进行纺丝试验。

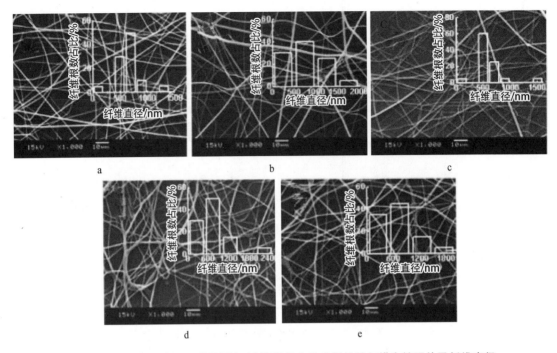

图 4-1　不同纺丝电压下胶原蛋白/壳聚糖复合纳米纤维的扫描电镜照片及纤维直径分布情况：a. 12 kV；b. 16 kV；c. 20 kV；d. 24 kV；e. 28 kV[2]

　　图 4-1 所示为不同纺丝电压下得到的纳米纤维扫描电镜照片，通过 Photoshop 图像处理软件处理，测算出纤维直径，每张照片上的直方图为各自的纤维直径分布情况。可以看出，当纺丝电压为 12～28 kV 时，可以得到好的纳米纤维，但纤维直径及其分布有差异。图 4-2 所示为纤维平均直径与纺丝电压的关系，可以看出，随着纺丝电压的增加，纤维直径并没有明显地按同一个趋势增加或降低，这可能是因为纺丝时还受到环境及其他因素的影响。但总的趋势是，随着纺丝电压升高，纤维平均直径略微减小，但不显著。这可能是因为纺丝电压的增加提高了纺丝电场强度，使得纤维拉伸度有所增强[2]。

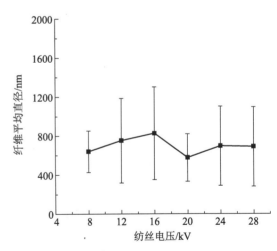

图 4-2　纤维平均直径与纺丝电压的关系[2]

4.2.2　给液速率

　　固定其他纺丝工艺参数(胶原蛋白/壳聚糖质量比 50/50，溶液浓度 8%，纺丝电压 16 kV，接收距离 110 mm)，采用不同的给液速率(0.48～0.96 mL/h，变化间隔 0.12 mL/h)，进行纺丝试验。图 4-3 为不同给液速率下得到的纳米纤维的扫描电镜照片。通过 Photoshop 图像处理软件处理，测算出纤维直径，每张照片上的直方图为各自的纤维直径分布情况。可以看出，给液速率为 0.48～0.96 mL/h 时都可以得到好的纳米纤维，纤维直径及其分布有些差异。图 4-4 所示为纤维平均直径与给液速率的关系。可以看出,随着给液速率增加,纤维直径呈增加趋势,这是因为在其他条件不变的情况下,随着给液速率增加,单位时间内通过电场的溶液质量增加,导致纤维直径增加[2]。

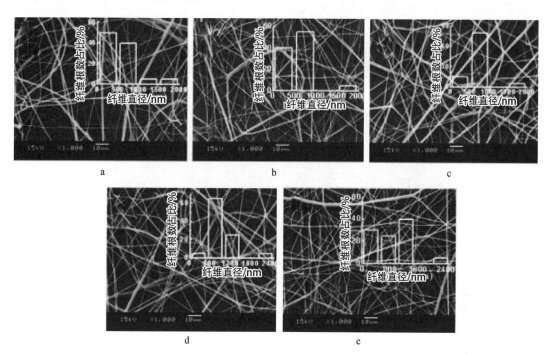

图 4-3　不同给液速率下胶原蛋白/壳聚糖复合纳米纤维的扫描电镜照片及纤维直径分布情况:
　　　　a. 0.48 mL/h;b. 0.60 mL/h;c. 0.72 mL/h;d. 84 mL/h;e. 0.96 mL/h[2]

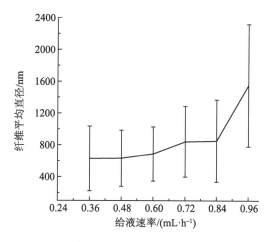

图 4-4　纤维平均直径与给液速率的关系

4.2.3　接收距离

固定其他纺丝工艺参数(胶原蛋白/壳聚糖质量比 50/50,溶液浓度 8%,给液速率 0.6 mL/h,纺丝电压 16 kV),采用不同接收距离(80~160 mm,变化间隔 20 mm),进行纺丝

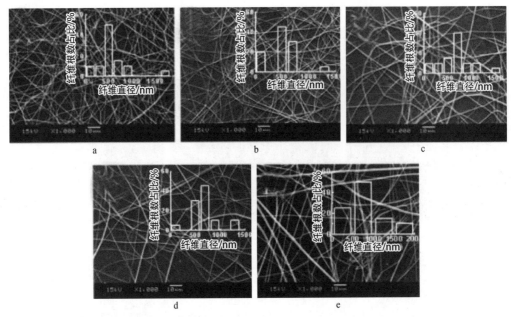

图4-5　不同接收距离下胶原蛋白/壳聚糖复合纳米纤维的扫描电镜照片及纤维直径
分布情况：a. 80 mm；b. 100 mm；c. 120 mm；d. 140 mm；e. 160 mm[2]

试验。图4-5为不同接收距离下得到的纳米纤维扫描电镜照片，通过Photoshop图像处理软件处理，测算出纤维直径，每张照片上的直方图为各自的纤维直径分布情况。可以看出，接收距离为80～180 mm时都可以得到好的纳米纤维，纤维直径及其分布有些差异。图4-6所示为纤维平均直径与接收距离的关系。可以看出，随着接收距离增加，纤维直径并没有呈现明显的变化。其原因可能是随着接收距离增加，虽然纤维成丝过程中的牵伸距离增加，但是在纺丝电压不变的情况下，电场强度会减弱，牵伸作用增强和电场强度减弱相互抵消，使得纤维直径变化不明显[2]。

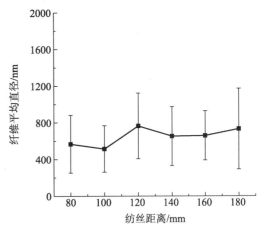

图4-6　纤维平均直径与接收距离的关系[2]

4.2.4　溶液浓度

　　固定其他纺丝工艺参数（胶原蛋白/壳聚糖质量比50/50，纺丝电压16 kV，接收距离110 mm，给液速率0.6 mL/h），采用不同的溶液浓度（6%～10%，变化间隔2%）进行纺丝试验。图4-7为不同溶液浓度下得到的纳米纤维的扫描电镜照片。通过Photoshop图像处理软件处理，测算出纤维直径及纤维直径分布情况。可以看出，溶液浓度为6%、8%和10%（g/100 mL）时都可以得到好的纳米纤维，纤维直径及其分布有所不同。图4-8为纤维平均直径与溶液浓度的关系。可以看出，随着溶液浓度增加，纤维直径呈增加趋势。这是因为在其他条件不变的情况下，随着溶液浓度增加，单位时间内通过电场的溶液质量增加，导致纤维直径增加[2]。

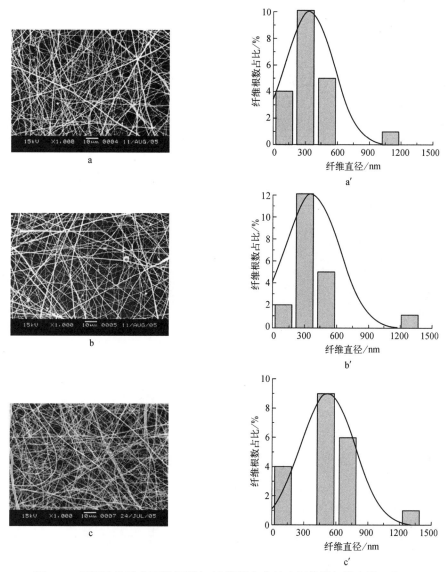

图 4-7　不同溶液浓度下胶原蛋白/壳聚糖复合纳米纤维的扫描电镜照片及纤维直径分布情况：a. 6%；b. 8%；c. 10%[2]

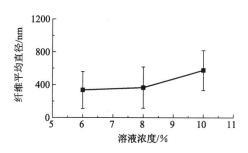

图 4-8　纤维平均直径与溶液浓度的关系[2]

4.2.5　壳聚糖含量

固定其他纺丝工艺参数(纺丝电压 16 kV,接收距离 110 mm,给液速率 0.6 mL/h,溶液浓度 8%),采用不同壳聚糖含量(即壳聚糖质量占胶原蛋白/壳聚糖共混物质量的百分比,分别为 20%、50%、80%),进行纺丝试验。图 4-9 所示为不同壳聚糖含量下胶原蛋白/壳聚糖复合纳米纤维的扫描电镜照片和纤维直径分布情况。可以看出,当壳聚糖含量为 20%、50%、80%时,都可以得到纳米纤维,但是随着壳聚糖含量的增加,溶液的可纺性和纤维成

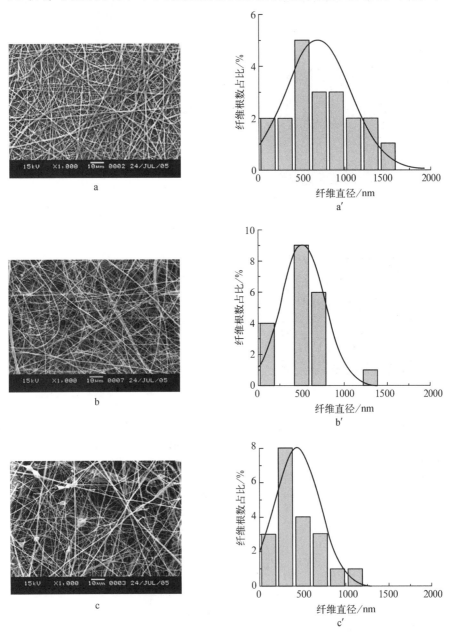

图 4-9　不同壳聚糖含量下胶原蛋白/壳聚糖复合纳米纤维的扫描电镜照片
及纤维直径分布情况:a. 20%;b. 50%;c. 80%[2]

丝效果有所下降,纤维直径及其分布也有差异。图4-10所示为纤维平均直径与壳聚糖含量的关系。可以看出,随着壳聚糖含量增加,纤维直径呈略微下降趋势。这可能是因为溶剂中的三氟乙酸易与壳聚糖中的氨基形成有机盐,随着混合体系中的壳聚糖含量增加,有机盐含量也增加,使得溶液中的电荷密度增加,导致溶液射流的拉伸强度增加。有文献报道[3],纺丝液中有少量有机盐存在,可

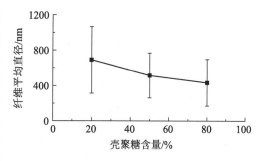

图4-10　纤维平均直径与壳聚糖含量的关系[2]

以使静电纺纤维直径减小。Subbish[4]等论述了纺丝液中的电荷密度增加导致射流弯曲不稳定性的原因,其结论也是导致纤维直径减小[2]。

4.3　胶原蛋白/壳聚糖复合纳米纤维的性能

4.3.1　纤维形貌

图4-11为壳聚糖含量为50%所制备的胶原蛋白/壳聚糖复合纳米纤维的电镜照片及数码照片,可以看出,纤维直径在纳米到微米范围。

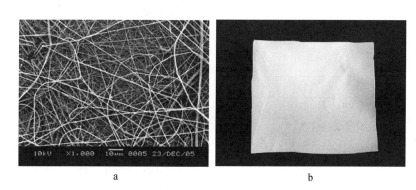

a　　　　　　　　　　　　b

图4-11　胶原蛋白/壳聚糖复合纳米纤维的扫描电镜照片(a)及数码照片(b)

4.3.2　红外光谱分析

通过红外光谱可以测定胶原蛋白/壳聚糖复合纳米纤维的化学结构,也可以研究它们之间是否存在分子间相互作用。确定两种高分子材料之间是否存在相互作用,可以通过两种材料分子之间是否有新的基团生成来确定它们之间是否发生化学反应。分子间是否生成氢键的相互作用则可以通过观察它们的主要基团的特征吸收峰频率是否发生变化加以分析,因为分子间特定的交互作用会影响局部的电荷密度,从而引起基团的特征吸收峰频率发生变化[5]。

4.3.2.1 溶剂对胶原蛋白和壳聚糖的影响

图 4-12 为胶原蛋白原材料和胶原蛋白从所用溶剂即六氟异丙醇/三氟乙酸(体积比为 9/1)混合物中的浇铸膜的红外光谱图。从图 4-12 中曲线 a 可以看出,胶原蛋白原材料分别在 1660、1550、1240 cm^{-1} 位置有特征吸收峰,它们分别代表酰胺基 I、II、III 的特征吸收峰。酰胺基 I 的特征吸收峰的出现主要是由于蛋白质的酰胺基中羰基(C═O)的伸缩振动;酰胺基 II 的特征吸收峰的出现主要是由于酰胺基化合物中 N—H 的弯曲振动和 C—N 的伸缩振动(分别贡献 60% 和 40%);酰胺基 III 的特征吸收峰的出现原因比较复杂,既有与酰胺基化合物相连的 C—N 的伸缩振动,也有 N—H 的平面弯曲振动,还有乙氨酸主链和脯氨酸侧链中—CH$_2$ 的摇摆振动[6]。在酰胺基 III 的特征吸收峰两侧的 1340、1160 cm^{-1} 位置出现了另外两个峰。在 1400 cm^{-1} 处的特征吸收峰由 COO$^-$ 的吸收所致。胶原蛋白浇铸膜和胶原蛋白原材料的红外光谱图十分相似,但是酰胺基 I、II、III 的特征吸收峰分别从胶原蛋白原材料的 1660、1550、1240 cm^{-1} 移动至胶原蛋白浇铸膜的 1640、1540、1290 cm^{-1},如图 4-12 中曲线 b 所示。COO$^-$ 的特征吸收峰也移动至 1390 cm^{-1},这意味着胶原蛋白和溶剂之间可能产生一定的相互作用,像分子间力。

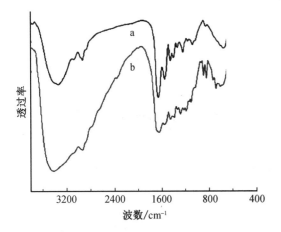

图 4-12 胶原蛋白的红外光谱:a—胶原蛋白原材料;b—胶原蛋白浇铸膜[8]

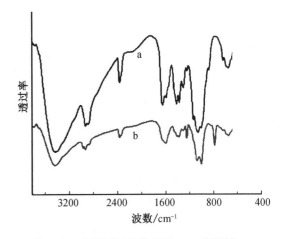

图 4-13 壳聚糖的红外光谱:a—壳聚糖原材料;b—壳聚糖浇铸膜[8]

图 4-13 为壳聚糖原材料和壳聚糖从所用溶剂即六氟异丙醇/三氟乙酸(体积比为 9/1)混合物中浇铸膜的红外光谱图。图 4-13 中曲线 a 为壳聚糖原材料的红外光谱,位于 1660、1600、1260 cm^{-1} 的特征吸收峰分别代表酰胺基 I 的特征吸收峰、N—H 基的弯曲振动吸收峰和酰胺基 III 的特征吸收峰,其中位于 1660、1600 cm^{-1} 的两个特征吸收峰部分重合。此外,酰胺基 II 的特征吸收峰未观察到,处于 1260 cm^{-1} 的酰胺基 III 的特征吸收峰强度也比较弱。这些都意味着壳聚糖是一个部分脱乙酰基的产物。图 4-13 中曲线 b 为壳聚糖浇铸膜的红外光谱,和壳聚糖原材料的红外光谱有些不同,酰胺基 I 的特征吸收峰和位于 1600 cm^{-1} 的特征吸收峰完全叠加在一起,显示为 1610 cm^{-1} 位置的一个宽峰;酰胺基 III 的特征吸收峰强度增强,在 1400 cm^{-1} 出现一个新的特征吸收峰,这应该是三氟乙酸与壳聚糖的酰胺基之间形成盐的结果[7]。盐的形成破坏了壳聚糖分子间的刚性和强烈的相互作用。和壳聚糖原材料相比,壳聚糖浇铸膜的红外光谱上,在 1160 cm^{-1} 出现了代表 C—O—C 吸

收的特征峰。这些变化意味着壳聚糖和溶剂之间也有类似分子间力的相互作用。

4.3.2.2 胶原蛋白/壳聚糖复合纳米纤维的红外光谱

为了考察溶剂是否残留在胶原蛋白/壳聚糖复合纳米纤维上而影响纤维应用,研究室研究了存放 1 d 的静电纺纳米纤维及浇铸膜的红外光谱(图 4-14),并与在真空干燥箱中存放 10 d 以上的纳米纤维的红外光谱进行比较(图 4-15)。结果发现未经过长时间真空放置的壳聚糖纳米纤维和胶原蛋白/壳聚糖复合纳米纤维及其浇铸膜的红外光谱在 1792 cm^{-1} 左右多出现一个特征吸收峰,其为含氟乙酰基团的特征吸收峰,说明纺丝结束收集的胶原蛋白/壳聚糖纳米纤维上存在三氟乙酸的残留。但是胶原蛋白纤维的红外光谱上,在 1792 cm^{-1} 未出现特征吸收峰,这说明在 1792 cm^{-1} 出现的特征吸收峰可能是三氟乙酸与壳聚糖的氨基之间形成的盐的特征吸收峰。随着纳米纤维在真空干燥箱中的存放时间延长,此处的特征吸收峰消失,这说明这种结合并不稳定,三氟乙酸已经脱去或转化。

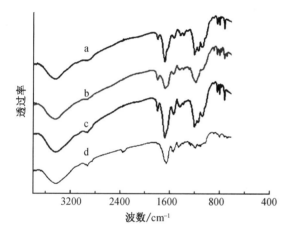

图 4-14 存放 1 d 的胶原蛋白和壳聚糖纳米纤维及浇铸膜的红外光谱:a—壳聚糖纳米纤维;b—胶原蛋白/壳聚糖浇铸膜;c—胶原蛋白/壳聚糖纳米纤维;d—胶原蛋白纳米纤维

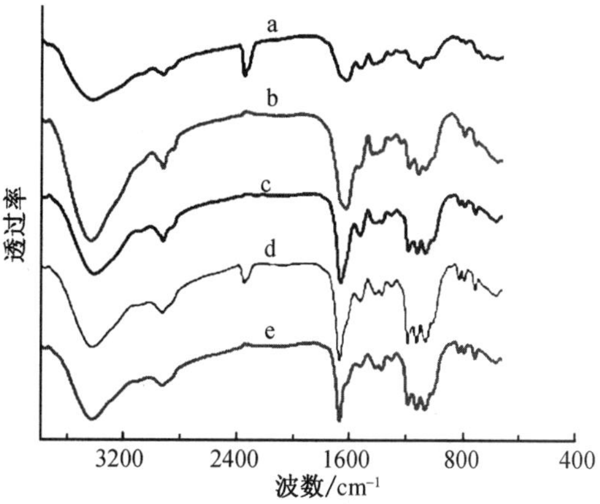

图 4-15 不同壳聚糖含量下胶原蛋白/壳聚糖纳米纤维(存放 10 d 以上)的红外光谱:a—0%;b—20%;c—50%;d—80%;e—100%[9]

和胶原蛋白原材料及胶原蛋白浇铸膜相比,胶原蛋白纳米纤维的红外光谱有些小变化。如图 4-15 中曲线 a 所示,胶原蛋白纳米纤维的酰胺基Ⅰ、Ⅱ、Ⅲ的特征吸收峰分别出现在 1640、1540、1250 cm^{-1},酰胺基Ⅲ的特征吸收峰的旁边即 1330 cm^{-1} 还有一个特征吸收峰。

和壳聚糖原材料及壳聚糖浇铸膜相比,壳聚糖纳米纤维的红外光谱也有变化。如图 4-15 中曲线 e 所示,在 1680、1540 cm^{-1} 分别出现代表酰胺基Ⅰ和Ⅱ的特征吸收峰,而酰胺基Ⅲ的特征吸收峰消失。酰胺基Ⅰ、Ⅱ的特征吸收峰出现,表明静电纺丝过程可能有利于三氟乙酸与壳聚糖分子中的—NH$_2$反应;酰胺基Ⅲ的特征吸收峰消失,说明壳聚糖分子之间及壳聚糖分子与溶剂分子之间可能形成新的相互作用,屏蔽了酰胺基Ⅲ的特征吸收峰。

由于胶原蛋白和壳聚糖分子中都存在—COOH、—NH$_2$及—CO—NH—,即使发生交联作用生成—CO—NH—,它们的红外光谱上的特征吸收峰的位置变化也不明显,因此比较难分辨。尽管不同壳聚糖含量的胶原蛋白/壳聚糖纳米纤维的红外光谱十分相似,但随着壳聚糖含量变化,相应纤维的红外光谱有明显变化。在 3400~3450 cm^{-1} 出现的特征吸收峰分别代表—OH、—NH₂和—CO—NH 基团上的 N—H 的振动吸收,随着壳聚糖含量改变,在 3400～3450 cm⁻¹ 出现的特征吸收峰也发生变化(表 4-1)。随着壳聚糖含量逐渐增加(0％、20％、50％、80％、100％),酰胺基Ⅰ的特征吸收峰从 1640 cm⁻¹ 移动至1680 cm⁻¹。酰胺基Ⅱ的特征吸收峰的强度也发生变化,但与壳聚糖含量不成比例,在壳聚糖含量为 20％ 时特别弱,这意味着 N—H 的弯曲振动和 C—N 的伸缩振动被抑制,原因可能是胶原蛋白和壳聚糖分子间形成了新的分子间力。此外,当壳聚糖含量为 20％ 时,在1260 cm⁻¹ 可以看到酰胺基Ⅲ的特征吸收峰和其附近 1320 cm⁻¹ 的另一个特征吸收峰,但当壳聚糖含量增加到 50％和80％时,1260 cm⁻¹ 处的酰胺基Ⅲ的特征吸收峰消失,只剩下 1320 cm⁻¹ 处的特征吸收峰。

表 4-1 胶原蛋白/壳聚糖纳米纤维的红外光谱上—OH 和—NH 的特征吸收峰随壳聚糖含量变化情况

壳聚糖含量/％	0	20	50	80	100
特征吸收峰位置/cm⁻¹	3423	3434	3412	3424	3423

以上这些变化说明,在静电纺纳米纤维的胶原蛋白和壳聚糖分子之间可能通过分子间力形成相互作用。胶原蛋白分子中的—OH 和—NH₂与壳聚糖分子中的—OH 和—NH₂都可以形成氢键。同时,胶原蛋白分子中的—C═O 与壳聚糖分子中的—OH 和—NH₂也可以形成氢键。此外,胶原蛋白分子和壳聚糖分子之间也可以形成离子键,因为这些分子可以和带相反电荷的分子通过离子键形成复合物,尤其是带阳离子的壳聚糖与可形成阴离子的胶原蛋白之间。这种相互作用可以形成聚阳离子-聚阴离子复合物[6]。由于胶原蛋白和壳聚糖的官能团与胶原蛋白和壳聚糖以离子键结合的官能团相同或相近,所以不能清晰地从其红外光谱得到这种信息。

4.3.3 X 射线衍射分析

材料的物相结构对材料性能起着决定性作用,理解材料的物相结构是全面理解某种材料的一个重要方面。X 射线衍射分析可确定材料由哪些相组成及各组成相的含量。

图 4-16 为胶原蛋白原材料及其在溶剂即六氟异丙醇/三氟乙酸共混物中溶解后浇铸膜的 XRD 谱图。可以看到,对于胶原蛋白原材料,在 7.5°左右有一个衍射峰,在 20.5°有一个较宽的峰;对于胶原蛋白浇铸膜,在 7.5°左右的衍射峰消失,只剩下在 20.5°的宽峰。这说明胶原蛋白经六氟异丙醇/三氟乙酸共混物处理后,其结晶行为受到了影响。

图 4-17 为壳聚糖原材料和壳聚糖浇铸膜的 XRD 谱图。可以看到,对于壳聚糖原材料,在 9.5°和 20.5°有两个衍射峰,它们分别对应结晶 1 和结晶 2[10];对于壳聚糖浇铸膜,在 9.5°的衍射峰消失,在 20.5°的衍射峰变为一个宽的弥散峰。这说明壳聚糖经六氟异丙醇/三氟乙酸共混物处理后,其结晶性能也受到影响。

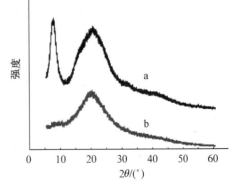

图 4-16 胶原蛋白原材料及其浇铸膜的 XRD 谱图:a—胶原蛋白原材料;b—胶原蛋白浇铸膜

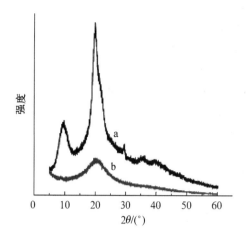

图 4-17　壳聚糖原材料及其浇铸膜的 XRD 谱图：a—壳聚糖原材料；b—壳聚糖浇铸膜

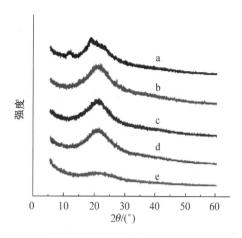

图 4-18　不同壳聚糖含量的胶原蛋白/壳聚糖复合纳米纤维的 XRD 谱图：a—100%；b—80%；c—50%；d—20%；e—0%[9]

图 4-18 为不同壳聚糖含量的胶原蛋白/壳聚糖复合纳米纤维的 XRD 谱图，可以看到，胶原蛋白/壳聚糖复合纳米纤维的 XRD 谱图上都只在 20.5°左右有一个宽的弥散峰，说明经过一系列处理后，聚合物都变成无定型相。原因可能是溶剂削弱了壳聚糖分子间的刚性和强烈的相互作用，也削弱了胶原蛋白分子间的相互作用，影响了它们的结晶行为。

4.3.4　力学性能

4.3.4.1　纤维单丝的力学性能

生物材料的力学性能会对它们的应用和其他性能产生很大影响，特别是作为仿生细胞外基质的组织工程支架材料，既是细胞的黏连基质，也是将细胞转载至体内特定部位的载体。因此，要求生物材料能提供暂时的力学支撑，保持组织形成的潜在空间。这种力学支撑要保持到工程化组织具有足够的力学承载性。另外，工程化组织的细胞必须表达适宜的基因物质，以保持组织的特异功能。所种植细胞的特异功能与特异的细胞表面受体（如整联蛋白）、周围细胞的相互作用及可溶性生长因子等密切相关。将各种信号分子如细胞黏连肽和整合生长因子加到生物材料中，可以调控细胞的功能，而力学刺激也是一种十分有用的调控方法。力学信号通过基质传导至细胞内部，有效调控各种组织的形成及细胞的基因表达。力学应力诱导的细胞形状和结构的变化，对控制细胞的很多功能（如生长、能动性、收缩和力学传导）具有重要作用。有时，重建组织在组织学上虽然与天然组织相似，但由于缺乏力学刺激，不能承受与天然组织相当的负荷。因此，在体外构建工程化组织的过程中，需施加适当的生理应力刺激。因而，要求组织工程支架材料有合适的力学性能。

众所周知，织物的力学性能不仅会受到织物组织的影响，还会受到单根纤维力学性能的影响，对于静电纺非织造材料，同样是这种情况。因此，为了更好地了解和预测静电纺纤维的力学性能，首先讨论胶原蛋白/壳聚糖纳米纤维单丝的力学性能。静电纺纤维单丝的直径在纳米至微米范围，而这种超小直径纤维的力学性能测试存在很大的困难和挑战。拉伸试验是一种简单又可靠的测量材料力学性能的方法，但是对于直径在纳米至微米范围的静电纺纳米纤维,困难也很大。目前对静电纺丝材料的研究,一般都集中在纺丝工艺和纤维的物理几何性能上,研究室尝试对纤维单丝的力学性能进行讨论。

通过对不同组分、不同直径的胶原蛋白和壳聚糖及其共混物超细纤维的拉伸性能测试,作出其应力-应变曲线,如图 4-19 所示。从图中 a～i 可以看出,纳米纤维单丝的拉伸性能随共混体系中壳聚糖含量的变化而变化。纯胶原蛋白纤维一般都在未出现屈服点以前就发生断裂,只有一例胶原蛋白纤维在出现屈服点以后断裂,并有较大的断裂延伸度(约 4%),所以静电纺胶原蛋白纤维属于一种脆性纤维。共混体系中加入 10% 壳聚糖,胶原蛋白/壳

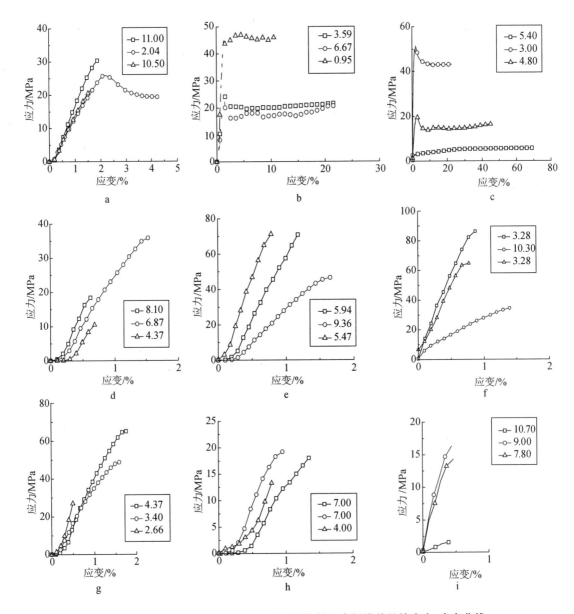

图 4-19　不同壳聚糖含量下胶原蛋白/壳聚糖纳米纤维单丝的应力-应变曲线:
　　　　a. 0%;b. 10%;c. 20%;d. 30%;e. 40%;f. 50%;g. 60%;h. 70%;i. 80%[11]
　　　　(图中数据代表纤维直径,单位: μm)

聚糖纳米纤维变得坚韧,其应力-应变曲线上出现了屈服点,纤维的断裂延伸度达到18%,断裂强度变化不大。这意味着壳聚糖在共混组分中充当增塑剂,削弱了胶原蛋白分子链间的相互作用,使得胶原蛋白分子链在张力作用下更容易伸长。随着共混组分中壳聚糖含量增加到20%,壳聚糖的增塑作用更明显,胶原蛋白/壳聚糖纳米纤维的断裂延伸度增加到46%,断裂强度的变化依旧不明显。当共混组分中壳聚糖含量增加到30%,纤维的应力-应变曲线又开始显示为脆性断裂,断裂延伸度大幅下降到1%左右,而断裂强度仍变化不大。原因可能是更多的壳聚糖在共混组分中形成独立相,阻断了胶原蛋白相的连续性。这种两相结构导致了纳米纤维的脆性力学行为。随着共混组分中壳聚糖含量增加到40%、50%和60%,胶原蛋白/壳聚糖纳米纤维的断裂强度大幅度提高到60 MPa以上,为纯胶原蛋白纤维的3倍多,但断裂延伸度依旧在1%左右。原因可能是胶原蛋白和壳聚糖在上述比例时,胶原蛋白和壳聚糖分子之间产生较强的相互作用或者发生如结晶或分子链取向等物理变化,故纤维的断裂强度大大提高。但是前文X射线衍射分析结果表明,静电纺丝过程并没有使胶原蛋白和壳聚糖的结晶度提高,反而下降。所以,此处的纤维断裂强度大幅度提高应是分子间相互作用的结果。当壳聚糖含量增加到70%时,壳聚糖作为一个连续相主宰着胶原蛋白/壳聚糖纳米纤维的力学性能,这时纤维的应力-应变曲线显示为更明显的脆性断裂,纤维的断裂延伸度和断裂强度都更小。在壳聚糖含量为80%时,纤维的断裂延伸度甚至降低到0.5%。当壳聚糖含量超过80%时,胶原蛋白/壳聚糖纳米纤维单丝的收集比较困难。因此,胶原蛋白/壳聚糖纳米纤维单丝的力学性能测试局限在壳聚糖含量为80%以内。

　　为了总结共混组分中胶原蛋白/壳聚糖质量比对胶原蛋白/壳聚糖纳米纤维单丝力学性能的影响,经归纳计算,得到纤维的平均断裂延伸度、平均断裂强度和平均弹性模量,作出纤维单丝的平均断裂延伸度与壳聚糖含量(图4-20)、平均断裂强度与壳聚糖含量(图4-21)及平均弹性模量与壳聚糖含量的关系曲线(图4-22)。

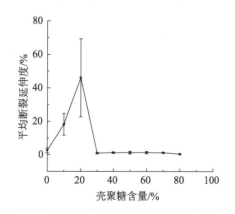

图4-20　胶原蛋白/壳聚糖纳米纤维单丝的平均断裂延伸度与壳聚糖含量的关系[11]

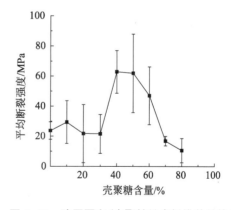

图4-21　胶原蛋白/壳聚糖纳米纤维单丝的平均断裂强度与壳聚糖含量的关系[11]

　　从图4-20可以看出,随着共混体系中少量壳聚糖的加入,胶原蛋白/壳聚糖纳米纤维的断裂延伸度增加,到壳聚糖含量达到20%时,纤维的断裂延伸度增加到最大,这说明少量壳聚糖在共混组分中充当增塑剂,削弱了胶原蛋白分子链间的相互作用,使得胶原蛋白分子链在拉力作用下更容易伸长。

图 4-21 显示了胶原蛋白/壳聚糖纳米纤维单丝的平均断裂强度与壳聚糖含量的关系。最大的平均断裂强度出现在共混组分中胶原蛋白与壳聚糖含量大致相等时,说明这时纳米纤维中的胶原蛋白分子和壳聚糖分子间可能产生了较强的相互作用。

图 4-22 显示了胶原蛋白/壳聚糖纳米纤维单丝的平均弹性模量与壳聚糖含量的关系。可以看出纯胶原蛋白纤维的弹性模量比较低,随着壳聚糖的加入,纤维的弹性模量增加,说明纯壳聚糖纤维比纯胶原蛋白纤维的刚性强。当共混组分中壳聚糖含量达到 40%～60%时,胶原蛋白/壳聚糖纳米纤维的平均弹性模量达到最大。因此,当共混组分中胶原蛋白和壳聚糖含量接近时,可能得到比纯胶原蛋白纤维和纯壳聚糖纤维力学性能更好的纤维。

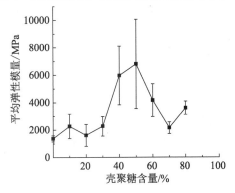

图 4-22 胶原蛋白/壳聚糖纳米纤维的平均弹性模量与壳聚糖含量的关系[11]

4.3.4.2 纤维膜的力学性能

通过对不同组分、不同厚度的胶原蛋白和壳聚糖及其共混物的纳米纤维薄膜的拉伸性能测试,作出应力-应变曲线(图 4-23)。和纳米纤维单丝的力学性能相比,两者有一些相似之处。纯胶原蛋白纤维膜比纯壳聚糖纤维膜有更好的拉伸力学性能;当共混组分中壳聚糖含量为 20%时,纤维膜的断裂延伸度最大。

从图 4-23 可以看出,胶原蛋白纤维膜显示既硬且韧的力学性能,其应力-应变曲线在约 4.5 MPa 处出现屈服点,断裂延伸度约为 12%。和胶原蛋白纤维膜不同,壳聚糖纤维膜的应力-应变曲线上没有出现屈服点,并且其断裂强度和断裂延伸度都大大降低,分别约为 0.5 MPa 和 7.4%。

当胶原蛋白中加入少量壳聚糖(20%)时,胶原蛋白/壳聚糖纳米纤维膜表现出柔韧的力学性能,断裂延伸度达到 75%左右。随着共混组分中壳聚糖含量增加到 50%,胶原蛋白/壳聚糖纳米纤维膜表现出和胶原蛋白纤维膜类似的力学性能,只是断裂延伸度较大,断裂强度较低,分别为 18%和 1.2 MPa 左右。当壳聚糖含量超过 50%达到 80%时,纤维膜的断裂延伸度和断裂强度分别下降到 10%、0.8 MPa 左右。

为了总结共混组分中胶原蛋白/壳聚糖质量比对胶原蛋白/壳聚糖纳米纤维膜力学性能的影响,经归纳计算,得到纤维膜的平均断裂延伸度、平均断裂强度和平均弹性模量,作出纤维膜的平均断裂延伸度与壳聚糖含量(图 4-24)和平均断裂强度与壳聚糖含量的关系曲线(图4-25)。

可以看出图 4-24 类似于图 4-20,即当壳聚糖含量占共混组分的 20%时,不论是纳米纤维单丝还是纤维膜,都表现出最大的断裂延伸度,但纤维膜比纤维单丝有更大的断裂延伸度。这很容易理解,当纤维膜受到拉伸时,即使纤维膜中的有些纤维被拉断,纤维膜依然可以保持其膜的状态,并在拉力作用下通过纤维滑脱继续伸长,直到断裂截面处的所有纤维被拉断或拔出,纤维膜才最终断裂。

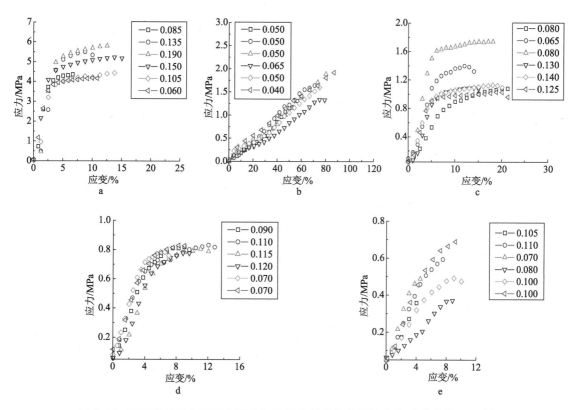

图 4-23 不同壳聚糖含量下胶原蛋白/壳聚糖纳米纤维膜的应力-应变曲线: a. 0%;
b. 20%; c. 50%; d. 80%; e. 100%[11] (图中数据代表纤维膜厚度, 单位: mm)

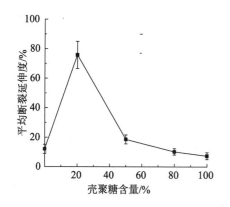

图 4-24 胶原蛋白/壳聚糖纳米纤维膜的平均
断裂延伸度与壳聚糖含量的关系[11]

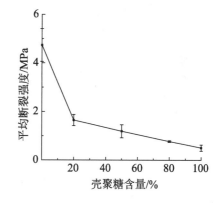

图 4-25 胶原蛋白/壳聚糖纳米纤维膜的平均
断裂强度与壳聚糖含量的关系[11]

从图 4-25 可以看出, 纤维膜的断裂强度随着纤维中壳聚糖含量的增加而持续降低, 尤其在壳聚糖含量为 20% 时, 纤维膜的断裂强度出现一个急剧的下降。这意味着壳聚糖含量对胶原蛋白/壳聚糖纳米纤维膜的力学性能有很大影响。这种趋势和纤维单丝的变化趋势不同。这种现象的出现, 可能是因为纳米纤维薄膜的断裂机理与纤维单丝的断裂机理不同, 同时和纤维长度有关。

首先看薄膜的断裂机理。薄膜拉伸断裂过程首先取决于纤维断裂过程,两者在一定程度上有相似之处,但薄膜是纤维的集合体,故两者又有相当大的区别。当薄膜受到拉伸时,纤维本身的皱曲减少,伸直度提高,表现出初始阶段的伸长变形。对于静电纺非织造物来说,它和织物有着相当大的区别,在纳米纤维薄膜的断裂过程中,同时存在纤维的断裂和滑脱。当纤维较长而与周围纤维相互抱合和纠缠时,由于周围纤维的纠结、挤压和摩擦作用,纤维不易滑脱,当这些作用超过纤维的负载极限时,纤维发生断裂。对于长度比较短的纤维,这些纤维承担的外力一般小于它的负载极限,拉伸时,它们会由于摩擦力小而被从薄膜中抽拔滑脱移动,但不被拉断,当薄膜沿这一截面断裂时,它们会被抽拔出来[12]。对于有些蓬松的非织造物来说,这可能是薄膜断裂的主要原因。

静电纺纤维薄膜的断裂机理是同时存在纤维的断裂和滑脱,同时考虑到薄膜的密实程度和单位面积上承载纤维的根数,就不难理解为什么薄膜的单位面积上的张力即断裂强度总是小于纤维单丝的断裂强度。此外,超细纤维的超分子结构也是影响其力学性能的一个方面[13],这也是造成超细纤维单丝与其组成的薄膜的力学性能不同的一个原因。同时,在静电纺纤维薄膜的断裂过程中,纤维除了断裂还有滑脱,这也在一定程度上解释了为什么薄膜的断裂延伸度大于纤维。

对于胶原蛋白/壳聚糖纳米纤维薄膜的断裂延伸度,其变化趋势和产生这种变化的原因与静电纺纤维单丝有相似之处,上面的描述也对纤维膜的断裂延伸度比纤维单丝的断裂延伸度大的原因做了解释,这里不再赘述。

对于胶原蛋白/壳聚糖纳米纤维薄膜的断裂强度随壳聚糖含量的增加而下降,与纳米纤维单丝的变化趋势不同。原因可能是纺丝过程中,随着壳聚糖含量的增加,纳米纤维薄膜的密实度下降,薄膜变得比较蓬松,薄膜横截面单位面积上的纤维根数减少,同时纤维长度变短。这些都使得纤维膜受到拉伸时,单位面积上承受张力的纤维根数减少,纤维之间的抱合力下降。同时,由于纤维长度变短,因纤维滑脱而不是纤维断裂导致整个薄膜断裂的趋势越来越强。虽然胶原蛋白/壳聚糖纳米纤维分子间仍然存在相互作用,但此时的薄膜断裂主要受纤维间相互作用的影响。

4.3.5 孔隙率

材料的孔隙率指材料中孔隙所占体积与材料总体积之比,一般以百分数表示。材料的孔隙率对材料的导热性、导电性、光学性能、声学性能、拉压强度和蠕变率等物理和力学性能都有很大影响[14]。对于生物材料来说,特别是作为组织工程支架的材料,更需要较高的孔隙率,应达到80%以上,必须具有很大的比表面积。这一方面有利于细胞的植入、黏附,另一方面有利于细胞营养成分的渗入与代谢产物的排出。此外,单位体积的物质质量小有利于组织修复,支架材料在生物降解后只产生少量的产物,对组织的影响小。Zoppi 等[15]用浸没沉淀法制备 PLA 多孔支架材料,进行非洲绿猴肾细胞(VERO)的培养,发现 VERO 细胞在多孔性的材料上生长,细胞形态表现为圆形,而在孔隙率低的表面上,细胞形态表现为扁平形。他们的试验结果表明,人工基质孔径和孔隙率可以影响细胞生长,甚至改变细胞的功能。

图 4-26 为胶原蛋白/壳聚糖纳米纤维膜的孔隙率与壳聚糖含量的关系。可以看出,随着胶原蛋白/壳聚糖纳米纤维膜中壳聚糖含量的增加,纤维膜的孔隙率增加。原因可能是随

着壳聚糖含量增加,纳米纤维薄膜的密实度下降,薄膜变得比较蓬松。

4.3.6　亲疏水性能

　　生物材料表面的亲水-疏水平衡是影响和调节蛋白质吸附的重要因素。同时,材料表面适当的亲水-疏水平衡有利于提高材料的抗凝血能力和细胞亲和性,也会影响细胞的行为。通常,疏水性表面对蛋白质的吸附能力较强。决定材料血液相容性的一个重要参数是界面自由能。超疏水性的表面,其界面自由能低,与血液中各成分的相互作用较小,显示出较好的抗凝血性。亲水表面,其

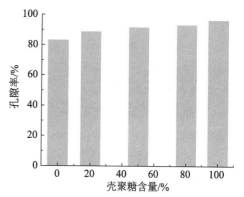

图 4-26　胶原蛋白/壳聚糖纳米纤维膜的孔隙率与壳聚糖含量的关系

界面自由能较高,但材料与血液间的亲和力使得界面自由能大大降低,从而减少了材料表面与血液中各组分的吸附及其他相互作用。因此,高度疏水与高度亲水对抗凝血均有利[16]。但是,材料表面的疏水性强,会严重影响其与细胞的亲和性。因此,综合考虑材料的血液相容性和细胞亲和性,纳米纤维基质需要具备一定的亲水-疏水平衡。材料表面的亲疏水性通过接触角评价。

　　图 4-27 为不同壳聚糖含量的胶原蛋白/壳聚糖纳米纤维膜与水的接触角随时间变化的关系。可以看出,只有胶原蛋白纤维膜存在接触角,大约为 65°;对于壳聚糖纤维膜和胶原蛋白/壳聚糖复合纤维膜,均是水滴一滴到膜表面就铺展开来。随着壳聚糖含量的增加,铺展时间减少:在壳聚糖含量为 20% 时,铺展时间为 2.5 s 左右;当壳聚糖含量增加到 50% 及以上时,铺展时间减少到 1 s 以内。这可能因为接触角不仅和纤维膜的材料有关,还和材料表面的粗糙程度及孔隙率有关。随着壳聚糖含量增加,纤维膜表面粗糙度及蓬松度都增加,孔隙率也增加。这都可能导致水滴在膜表面更易浸润而铺展开。由此看出,胶原蛋白/壳聚糖纳米纤维膜都有很好的亲水性。

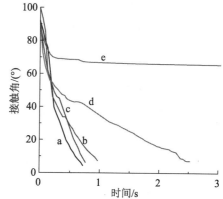

图 4-27　不同壳聚糖含量的胶原蛋白/壳聚糖纳米纤维膜的水接触角与时间的关系:a—100%; b—80%;c—50%;d—20%;e—0%

4.4　胶原蛋白/壳聚糖复合纳米纤维的交联

　　胶原蛋白/壳聚糖纳米纤维的耐水性差,在水溶液中,由于有一定的水溶性而难以保持纳米纤维形态,同时,其力学性能也不够强。因此,在作为生物材料特别是组织工程支架材料使用的过程中,为了长时间保持胶原蛋白/壳聚糖纳米纤维形态,同时改善纳米纤维膜的力学性能,需要对胶原蛋白/壳聚糖纳米纤维薄膜进行交联处理。

4.4.1 交联

图 4-28 为滴了一滴水然后晾干的胶原蛋白/壳聚糖纳米纤维膜的扫描电镜照片(纤维膜中壳聚糖含量为 50％),可以看出,在浸水以后,纤维膜不再保持纤维形态,只有模糊的纤维影像存在。考虑到纤维膜的力学性能也需要加强,因此对胶原蛋白/壳聚糖纳米纤维膜进行交联是必要的。

文献报道,有些物理和化学方法被运用于交联胶原蛋白或壳聚糖及它们的混合物。物理方法包括热脱水处理和紫外线辐射等[17-18],但是效果都不好。许多化学试剂如甲醛、戊二醛、碳二酰亚胺等被用于交联胶原蛋白或壳聚糖及它们的混合物。戊二醛-甲苯的饱和溶液和 1-(3-二甲氨基丙基)-3-乙基碳二亚胺(EDC)在 N-羟基琥珀酰亚胺(NHS)和 2-N-吗啉乙磺酸(MES)缓冲溶液的交联剂,

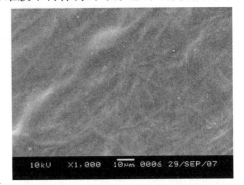

图 4-28 滴了一滴水的胶原蛋白/壳聚糖纳米纤维扫描电镜照片[11]

也被用来对胶原蛋白/壳聚糖乙酸溶液进行交联[19-20]。其中,戊二醛是应用最广泛的,因为戊二醛的交联效果好,价格比较便宜,交联时间短,工艺比较简单。尽管有报道其他交联剂的毒性比较低,但是它们的交联效果不能和戊二醛相比[21],并且戊二醛的毒性可以通过降低戊二醛的浓度和经过一定处理加以改善[22]。研究室选择戊二醛作交联剂,由于胶原蛋白/壳聚糖纳米纤维膜接触水以后,不能保持纤维状态,因此在密闭干燥器中选取 25％的戊二醛水溶液进行蒸气交联。

将经过不同时间交联的胶原蛋白和壳聚糖纳米纤维膜分别浸入 37 ℃去离子水中浸泡不同时间,根据其水溶性选择交联最佳时间,结果归纳于表 4-2 和表 4-3。

表 4-2 胶原蛋白纳米纤维膜的耐水性能

浸泡时间/d (37 ℃)	交联时间				
	6 h	12 h	1 d	2 d	3 d
1	Y	Y	Y	Y	Y
2		Y	Y	Y	Y
3		Y	Y	Y	Y

注:Y 表示纤维膜在浸泡处理后仍能保持良好的纤维形态。

表 4-3 壳聚糖纳米纤维膜的耐水性能

浸泡时间/d (37 ℃)	交联时间				
	6 h	12 h	1 d	2 d	3 d
1	Y	Y	Y	Y	Y
2			Y	Y	Y
3			Y	Y	Y

注:Y 表示纤维膜在浸泡处理后仍能保持良好的纤维形态。

　　从以上两表可以看出,交联 12 h 就可以保证胶原蛋白纤维膜在水中浸泡 3 d 仍保持纤维形态,交联 1 d 可以保证壳聚糖纤维膜在水中浸泡 3 d 仍保持纤维形态。所以,交联 1 d 就可以保证壳聚糖和胶原蛋白纳米纤维膜在水中浸泡 3 d 都不溶于水,仍能保持良好的纤维形态。为了更好地保证交联效果,最终选定交联时间为 2 d。

4.4.2　交联后纤维性能

4.4.2.1　形貌

　　为了考察胶原蛋白/壳聚糖纳米纤维膜交联后的耐水性,拍摄了交联后未浸水和浸水 4 d 的纤维膜的扫描电镜照片,如图 4-29 所示。可以看出,由于交联剂即戊二醛水溶液中含有水,所以交联后的胶原蛋白/壳聚糖纳米纤维膜中的纤维有些溶胀,尤其是纯胶原蛋白纤

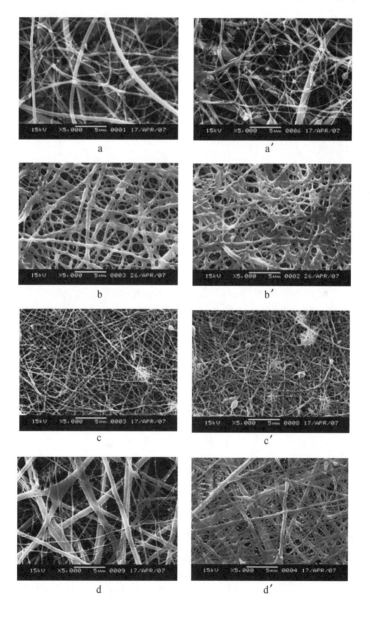

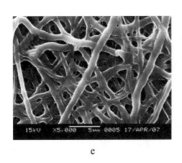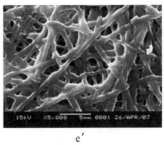

e   e′

图 4-29　不同壳聚糖含量的胶原蛋白/壳聚糖纳米纤维膜的扫描电镜照片：a、a′.
100%；b、b′. 80%；c、c′. 50%；d、d′. 20%；e、e′. 0%(a、b、c、d、e 代表交联后未
浸水的纤维膜；a′、b′、c′、d′、e′代表交联后浸水 4 d 后的纤维膜)[11]

维膜和含胶原蛋白较多的纤维膜。交联后纤维膜的耐水性能大幅度提高。在水中浸泡 4 d 以后，除了纯胶原蛋白纤维膜的溶胀较多以外，其余纤维膜均变化不大或只有很小一点溶胀。所以，交联作用很明显地满足了纤维膜保持纳米纤维结构，可以满足仿生组织细胞外基质的需要。

4.4.2.2　力学性能

一般来说，材料经过交联，其力学性能会发生很大变化。本小节讨论交联前后的胶原蛋白/壳聚糖纳米纤维膜的力学性能。

图 4-30 为不同壳聚糖含量的胶原蛋白/壳聚糖纳米纤维膜交联前后的力学性能比较。从图 4-30a 可以看出，交联后，纤维膜的平均断裂强度都有不同程度的提高。但是，交联后纤维膜的平均断裂延伸度表现为纯胶原蛋白纳米纤维膜和纯壳聚糖纳米纤维膜增加，复合纳米纤维膜都减小，如图 4-30b 所示。原因可能是，交联剂戊二醛增加了胶原蛋白分子之间的相互作用，加上胶原蛋白纤维膜比较致密，故其断裂强度增加；同时，由于交联时胶原蛋白纤维膜的收缩最大，也由于其三螺旋结构，因此平均断裂延伸度也上升。对于壳聚糖纤维薄膜，通过戊二醛交联后，分子之间和纤维之间的相互作用增强，使得纤维的断裂和纤维之间的滑脱变得不容易，导致其平均断裂延伸度稍有增加。对于复合纳米纤维膜，壳聚糖的加入阻碍了共混组分的连续相，同时，胶原蛋白-戊二醛-壳聚糖之间强烈的相互作用使得这种两相结构稳定下来，故断裂延伸度降低。和断裂强度一样，交联后复合纤维膜的平均弹性模

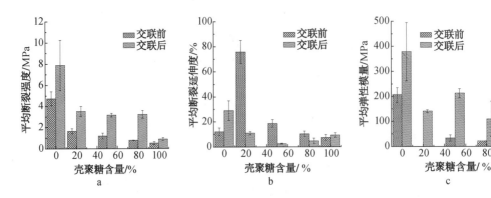

图 4-30　胶原蛋白/壳聚糖纳米纤维膜交联前后的力学性能比较：
a. 平均断裂强度；b. 平均断裂延伸度；c. 平均弹性模量

量也得到不同程度的提升,如图 4-30c 所示。因此,交联后,胶原蛋白/壳聚糖纳米纤维膜的某些力学性能得到提升。

4.5　胶原蛋白/壳聚糖复合纳米纤维的生物相容性

生物相容性是指医用生物材料与肌体之间因相互作用所产生的各种复杂的物理、化学和生物学反应,以及肌体对这些反应的忍受程度[23-24]。研究室采用体外细胞培养法评价胶原蛋白/壳聚糖纳米纤维仿生材料的生物相容性。

4.5.1　内皮细胞的黏附和增殖

图 4-31 所示为内皮细胞在胶原蛋白/壳聚糖纳米纤维支架上的黏附情况。可以看出,内皮细胞可以黏附到各种比例的胶原蛋白/壳聚糖纳米纤维支架上,虽然随着胶原蛋白/壳聚糖质量比的变化,黏附效果有所差异,但都优于作为对照的盖玻片和培养板。

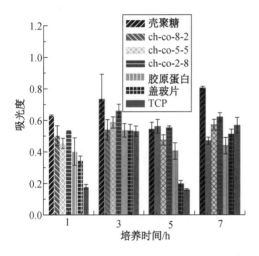

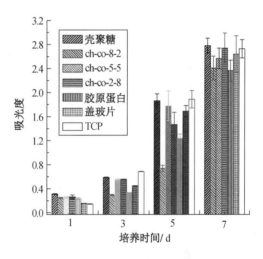

图 4-31　内皮细胞在胶原蛋白/壳聚糖纳米纤维支架上的黏附情况[11](ch-co-x-y 代表壳聚糖/胶原蛋白质量比为 x/y,细胞种植密度为 4.25×10⁴个/cm²)

图 4-32　内皮细胞在胶原蛋白/壳聚糖纳米纤维支架上的增殖情况[11](ch-co-x-y 代表壳聚糖/胶原蛋白质量比为 x/y,细胞种植密度为 4×10³个/cm²)

MTT 比色法是一种检测细胞存活和生长的简便方法。研究室利用此方法测定内皮细胞在胶原蛋白/壳聚糖纳米纤维支架上的增殖情况。细胞增殖试验的种植密度为 $4×10^3$ 个/cm²。通过考察细胞在不同支架上 1、3、5 和 7 d 的生长情况,研究细胞在支架上的增殖情况,如图 4-32 所示。可以看出,随着纤维支架中胶原蛋白/壳聚糖质量比的变化,内皮细胞增殖结果有所差异,但其在各种质量比的胶原蛋白/壳聚糖纳米纤维支架上都能很好地增殖。

在不同质量比的胶原蛋白/壳聚糖纳米纤维支架上种植内皮细胞,种植密度为 $5×10^3$ 个/cm²,培养 3 d,经过处理,拍摄扫描电镜照片,观察内皮细胞在纳米纤维支架上的形貌,如图 4-33 所示。可以看出,内皮细胞在支架上都可以很好地黏附、生长和增殖,并且可以观察到有些支架上的细胞已长入支架的内部,形成立体迁移和生长。

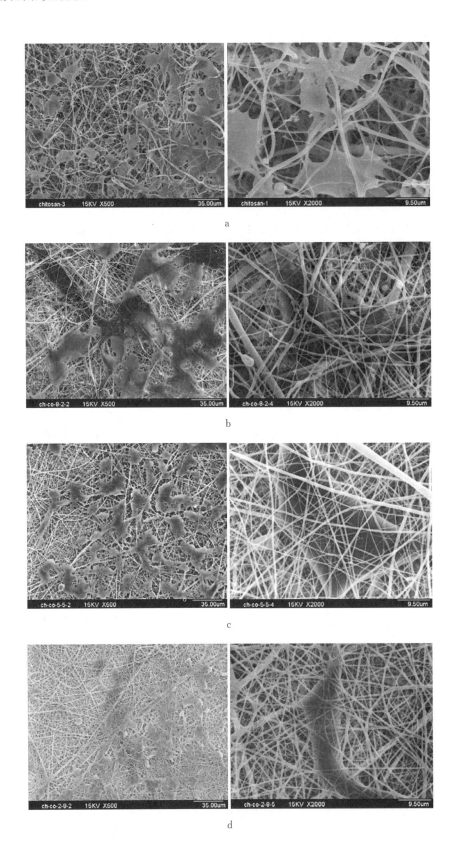

a

b

c

d

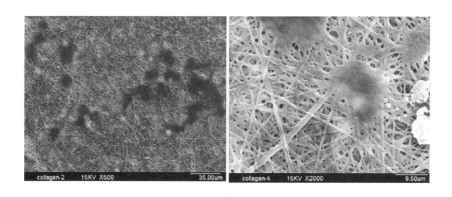

e

图 4-33　不同壳聚糖含量的胶原蛋白/壳聚糖纳米纤维支架上的内皮细胞
扫描电镜照片：a. 100%；b. 80%；c. 50%；d. 20%；e. 0%[11]

4.5.2　平滑肌细胞的增殖

和内皮细胞相似，平滑肌细胞在胶原蛋白/壳聚糖纳米纤维材料上也有很好的增殖行为。图 4-34 和图 4-35 反映了平滑肌细胞在不同胶原蛋白/壳聚糖配比的纳米纤维材料上的增殖情况，可以看出平滑肌细胞都可以很好地黏附、生长和增殖，并且细胞可以长入纤维材料的内部，形成立体迁移和生长。

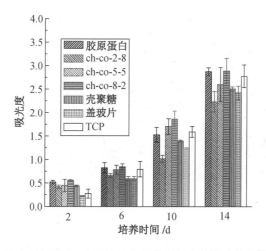

图 4-34　平滑肌细胞在胶原蛋白/壳聚糖纳米纤维材料上的增殖情况[11]（ch-co-x-y 代表
壳聚糖与胶原蛋白的质量比为 x/y，细胞种植密度为 3×10^4 个/cm²）

a

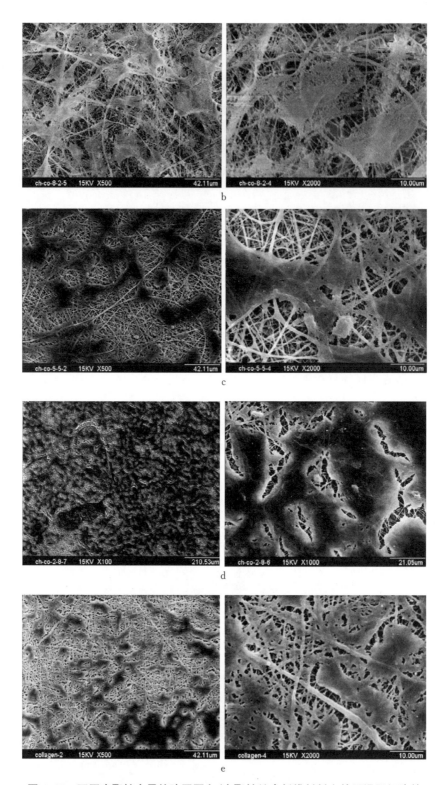

图 4-35　不同壳聚糖含量的胶原蛋白/壳聚糖纳米纤维材料上的平滑肌细胞的扫描电镜照片：a. 100%；b. 80%；c. 50%；d. 20%；e. 0%[11]

4.6　胶原蛋白/壳聚糖复合纳米纤维用于皮肤修复与再生

意外损伤和外科手术都会造成皮肤创伤。任何原因造成的皮肤连续性破坏及缺失性损伤,都必须及时予以闭合,否则会产生创面的急慢性感染及相应的并发症。目前为止,修复治疗效果最好的方法是自体组织移植[25],但是存在"二次手术损伤"和供体来源有限的问题,限制了其应用。因此,人们试图通过仿生材料替代自体组织来修复受损皮肤。研究室用胶原蛋白/壳聚糖复合纳米纤维仿生材料进行皮肤损伤的修复与再生。

4.6.1　皮肤细胞的培养

用蚕丝蛋白/壳聚糖(质量比为 80/20)纳米纤维和细胞培养板作为参照,研究老鼠皮肤成纤维细胞与角质细胞在胶原蛋白/壳聚糖复合纳米纤维上的生长行为。从图 4-36 可以看出,无论是成纤维细胞还是角质细胞,它们在胶原蛋白/壳聚糖复合纳米纤维和蚕丝蛋白/壳聚糖复合纳米纤维上的增殖情况都优于细胞培养板。同时,在相同条件下,胶原蛋白/壳聚糖复合纳米纤维上的细胞增殖情况比蚕丝蛋白/壳聚糖复合纳米纤维上的细胞增殖情况好。图 4-37 显示了两种细胞在纤维材料上培养 7 d 后的黏附情况,可以看出细胞紧紧地贴附在材料上,比细胞培养板有更好的铺展面积,材料与细胞有很好的相互作用。

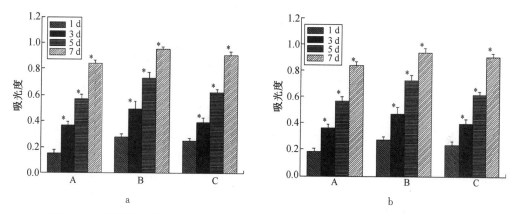

图 4-36　成纤维细胞(a)和角质细胞(b)在纳米纤维材料上的增殖情况:A—空白对照;B—胶原蛋白/壳聚糖纳米纤维组;C—丝素蛋白/壳聚糖纳米纤维组(* $p < 0.05$,细胞增殖在不同天数时有显著性差异)

4.6.2　皮肤修复与再生

在小鼠背部切一个 $(2 \times 1.5) cm^2$ 的皮肤损伤缺损部位,作为试验组,植入纳米纤维材料,研究胶原蛋白/壳聚糖纳米纤维材料对皮肤修复与再生的作用,丝素蛋白/壳聚糖纳米纤维和空白处理作为参照组。

从图 4-38 和图 4-39 可以看出,经过 14 d 的修复,伤口逐渐缩小,皮肤损伤逐渐修复。在修复过程中,3 d 时,伤口表面很干净,没有感染迹象,伤口边缘有轻微的收缩,三种材料的修复效果没有显著差异(图 4-38a)。用苏木精-伊红组织染色后发现伤口处暴露大量毛

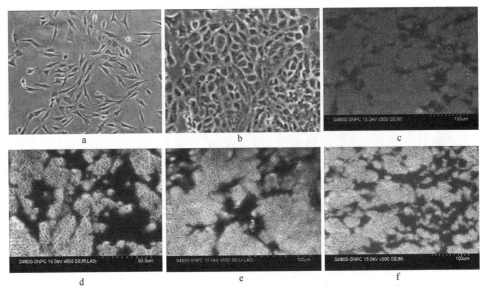

图 4-37　细胞在纤维材料上培养 7 d 后的黏附情况. 空白对照组：a. 成纤维细胞；b. 角质细胞. 胶原蛋白/壳聚糖纳米纤维组：c. 成纤维细胞；d. 角质细胞. 丝素蛋白/壳聚糖纳米纤维组：e. 成纤维细胞；f. 角质细胞（细胞种植密度为 1×10^5 个/cm²）

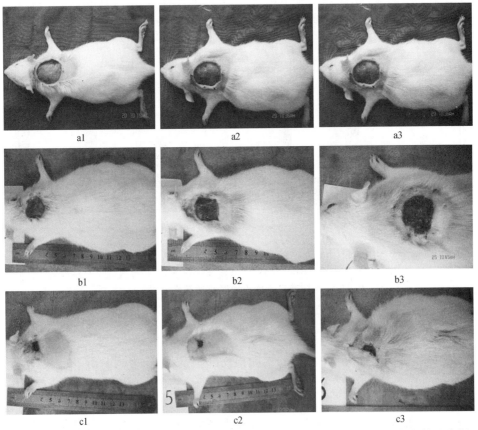

图 4-38　不同材料对小鼠皮肤损伤的修复. 试验组：a1、b1、c1（胶原蛋白/壳聚糖纳米纤维），a2、b2、c2（丝素蛋白/壳聚糖纳米纤维）；空白对照组：a3、b3、c3；修复时间：a1、a2 和 a3 为 3 d，b1、b2 和 b3 为 7 d，c1、c2 和 c3 为 14 d

细血管,较多的中性粒细胞侵入伤口处,伤口表面有较多坏死组织(图4-39a)。7 d时,用胶原蛋白/壳聚糖纳米纤维处理的伤口表面很干净,没有感染迹象,伤口边缘强烈收缩;用丝素蛋白/壳聚糖纳米纤维处理的伤口表面的洁净度相对较差,但也没有感染迹象,这两组皮肤伤口都有较大程度的修复。空白对照组的伤口依然较差,修复效果最差(图4-38b)。用苏木精-伊红组织染色显示,伤口处的暴露毛细血管和中性粒细胞减少(图4-39b)。14 d时,用胶原蛋白/壳聚糖纳米纤维和丝素蛋白/壳聚糖纳米纤维处理的伤口表面很干净,没有感染迹象,已经长痂,伤口边缘剧烈收缩,互相接近,伤口进一步变小,接近完全修复。空白对照组的修复效果较差,伤口面积比较大(图4-38c)。组织分析显示,两种材料组中伤口暴露毛细血管和中性粒细胞进一步减少,上皮组织形成。结果显示胶原蛋白/壳聚糖纳米纤维和丝素蛋白/壳聚糖纳米纤维都有较好的皮肤损伤修复效果。

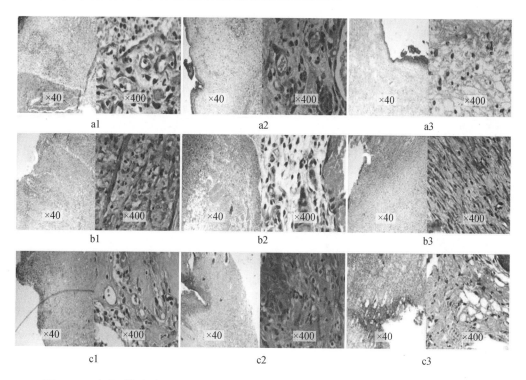

图4-39 小鼠受损修复组织的苏木精-伊红染色.试验组: a1、b1和c1(胶原蛋白/壳聚糖纳米纤维),a2、b2和c2(丝素蛋白/壳聚糖纳米纤维);空白对照组: a3、b3、c3;修复时间: a1、a2和a3为3 d,b1、b2和b3为7 d,c1、c2和c3为14 d

参考文献

[1] 刘海峰.改性壳聚糖-明胶网络及其在组织工程中的应用[D].天津:天津大学,2003.

[2] Chen Z G, Wei B, Mo X M, et al. Diameter control of electrospun chitosan-collagen fibers [J]. Journal of Polymer Science: Part B: Polymer Physics, 2009, 47(19): 1949-1955.

[3] Zeng J, Chen X S, Xu X Y, et al. Ultrafine fibers electrospun from biodegradable polymers [J]. Journal of Applied Polymer Science, 2003, 89(4): 1085-1092.

[4] Subbiah T, Bhat G S, Tock R W, et al. Electrospinning of nanofibers [J]. Journal of Applied Poly-

mer Science，2005，96(2)：557-569.

[5] Kaminska A，Sionkowska A. Effect of UV radiation on the infrared spectra of collagen［J］. Polymer Degradation and Stability，1996，51(1)：19-26.

[6] Sionkowska A，Wisniewski M，Skopinska J，et al. Molecular interactions in collagen and chitosan blends［J］. Biomaterials，2004，25(5)：795-801.

[7] Hasegawa M，Isogai A，Onabe F，et al. Dissolving states of cellulose and chitosan in trifluoroacetic acid［J］. Journal of Applied Polymer Science，1992，45(10)：1857-1863.

[8] Chen Z G，Mo X M，He C L，et al. Intermolecular interactions in electrospun collagen-chitosan complex nanofibers［J］. Carbohydrate Polymers，2008，72(3)：410-418.

[9] Chen Z G，Wang P W，Wei B，et al. Electrospun collagen-chitosan nanofiber：a biomimetic extracellular matrix for endothelial cell and smooth muscle cell［J］，ACTA Biomaterialia，2010，6(2)：372-382.

[10] Samuels R J. Solid state characterization of the structure of chitosan films［J］. Journal of Polymer Science Part B：Polymer Physics，1981，19(7)：1081-1105.

[11] Chen Z G，Wei B，Mo X M，et al. Mechanical Properties of Electrospun Collagen-Chitosan Complex Single Fibers and Membrane［J］. Materials Science and Engineeing C-Materials for Biological Applications，2009，29(8)：2428-2435.

[12] 姚穆，邵礼宏，周锦芳，等. 纺织材料学［M］. 北京：中国纺织出版社，1990.

[13] Arinstein A，Burman M，Gendelman O，et al. Effect of supramolecular structure on polymer nanofibre elasticity［J］. Nature Nanotechnology，2007，2(1)：59-60.

[14] 刘培生. 多孔材料引论［M］. 北京：清华大学出版社，2004.

[15] Zoppi R A，Contant S，Duek E A R，et al. Porous poly(L-lactide) films obtained by immersion precipitation process：morphology，phase separation and culture of VERO cells［J］. Polymer，1999，40(12)：3275-3289.

[16] 吉岩，常津，许晓秋，等. 诊疗用聚氨酯导管的抗凝血研究进展［J］. 化学工业与工程，2001，18(1)：44-50.

[17] Bottoms E，Cater C W，Shuster S. Effect of ultra-violet light on skin collagen［J］. Nature，1963，199(488)：192-193.

[18] Fujimori E. Ultraviolet light-induced change in collagen macromolecules［J］. Biopolymers，1965，3(2)：115-119.

[19] Wang X H，Li D P，Wang W J，et al. Cross-linked collagen/chitosan matrix for artificial livers［J］. Biomaterials，2003，24(19)：3213-3220.

[20] Shanmugasundaram N，Ravichandran P，Reddy P N. Collagen-chitosan polymeric scaffolds for the in vitro culture of human epidermoid carcinoma cells［J］. Biomaterials，2001，22(14)：1943-1951.

[21] Sung H W，Huang D M，Chang W H，et al. Evaluation of gelatin hydrogel crosslinked with various crosslinking agents as bioadhesives：In vitro study［J］. Journal of Biomedical Materials Research，1999，46(4)：520-530.

[22] Goissis G，Marcantonio J E，Marcantonio R，et al. Biocompatibility studies of anionic collagen membranes with different degree of glutaraldehyde cross-linking［J］. Biomaterials，1999，20(1)：27-34.

[23] 牛旭峰. 聚(D,L乳酸)基仿生细胞外基质的骨组织工程基质材料研究［D］. 重庆：重庆大学，2006.

[24] 李玉宝. 生物医学材料［M］. 北京：化学工业出版社，2003.

[25] Ben-Bassat H，Chaouat M，Segal N，et al. How long can cryopreserved skin be stored to maintain adequate graft performance［J］. Burns，2001，27(5)：425-431.

第五章 胶原蛋白／壳聚糖／P(LLA-CL)复合纳米纤维及其在小血管组织再生中的应用

5.1 引言

胶原蛋白是哺乳动物中含量最丰富的结构蛋白,是由两条 α_1 和一条 α_2 共三条肽链形成的三螺旋的特殊蛋白质。胶原蛋白含有细胞黏附序列及细胞特定黏附信号,可引导细胞对支架材料的位点识别,有助于保存细胞的表型及活性,同时它也是细胞外基质的重要组成成分,因此成为人们最感兴趣的生物材料之一。壳聚糖来源于甲壳素,是一种来源丰富的多聚糖,经常用来替代糖胺聚糖。壳聚糖和胶原蛋白都具有良好的生物相容性且可生物降解,因此在组织工程领域得到了广泛应用。

尽管研究表明胶原蛋白/壳聚糖支架材料显示出良好的细胞活力,然而这种支架的力学强度不足,故不能作为血管支架[1-3]。P(LLA-CL)为 L-乳酸和 ε-己内酯的共聚物,具有可生物降解及良好的力学性能[4-7]。因此,P(LLA-CL)是一种优良的可供选择用作血管支架的材料。然而,P(LLA-CL)属于合成材料,它缺乏与细胞结合的天然整合蛋白结合位点[8]。因此,提出假设:胶原蛋白/壳聚糖/P(LLA-CL)混合制备的静电纺纳米纤维结构将具有很好的细胞相容性,同时具有良好的力学性能,可作为血管支架材料而得到广泛应用。

另一方面,作为组织工程的血管支架,应具备良好的抗凝血性能,确保在新的血管组织生成之前,移植的血管支架能保持良好的血流通畅性,不会引起严重的血栓从而阻塞血液流通。因此,必须对支架进行处理,使之具有抗凝血性能。

5.1.1 胶原蛋白

有报道称,胶原蛋白作为一种生物材料被广泛应用于医疗器械及组织工程支架中[9]。1986 年,Weinberg 等[10]利用胶原蛋白作为细胞支架,将内皮细胞接种于混有平滑肌细胞的胶原网格中,构建了血管支架模型。但由于胶原蛋白的力学强度低,所以该血管支架管壁的抗压性能差,不能承受体内血液流动产生的爆发力。Ziegler 等[11]设计了一种由血管平滑肌细胞、Ⅰ型胶原蛋白和内皮细胞组成的血管共培养模型,试验结果表明,在没有平滑肌细胞和流动切应力的情况下,胶原蛋白仍然可以维持内皮细胞的生长,这个现象表明细胞外基质对体内细胞的分化起到了重要作用。

5.1.2　壳聚糖

　　壳聚糖由仅次于纤维素的第二大天然资源甲壳素[β-(1→4)-2-乙酰胺基-2-脱氧-D-葡萄糖]经脱乙酰化制备而成,是一种无毒性、无刺激性、非常安全的机体用材料。除了良好的生物相容性及可生物降解性,壳聚糖还具有促进伤口愈合和防腐抗菌等功能,因此是一种理想的生物医用材料。Fujita 等[12]发现壳聚糖水凝胶支架材料具有诱导新生血管发生和促进侧支循环形成的能力。

　　蛋白和多糖具有良好的生物相容性、可降解性,因此它们已经在组织工程领域得到应用。然而,作为血管支架,其力学强度还达不到要求[1, 3]。鉴于天然高分子材料的力学性能不足,人们开始关注力学性能较好的合成材料,利用可降解聚合物制备血管支架,为临床治疗提供一种新的思路。

5.1.3　乳酸-己内酯共聚物

　　乳酸-己内酯共聚物[P(LLA-CL)]属于可降解的嵌段共聚物,包括 L-乳酸段和 ε-己内酯段。这种聚合物拥有非常好的力学性能,具备作为血管支架材料的特性。然而,P(LLA-CL)是合成聚合物,缺少天然的整合蛋白结合位点,因此细胞不能很好地在其上面相互作用[8]。

5.1.4　肝素钠

　　肝素钠是一种含有硫酸酯的黏多糖,能够刺激血管的内皮细胞黏附与增殖,同时能够抑制平滑肌细胞的过度增殖[13]。由于肝素钠具有优异的抗凝血性及良好的化学反应活性,其成为人们首选的作为提高材料抗凝血性的化合物[14-16]。

5.2　血管支架

　　组织工程支架是细胞附着和代谢的场所,其形态结构和功能直接影响新形成组织的形态和功能。组织工程支架的设计关键是针对再生组织的结构和功能确定。工程化的支架通常模仿体内的天然细胞外基质。细胞外基质蛋白在控制细胞的生长和功能中起关键作用[17-18]。

　　人体的血管壁由内膜、中膜和外膜组成,如图 5-1 所示。其中,内膜由基底膜及附着于其上的单层内皮细胞构成;中膜由弹性蛋白包围的多层平滑肌细胞构成,它是三层膜中最厚的;外膜由成纤维细胞为主的 I 型胶原蛋白组成[19]。人体的血管之

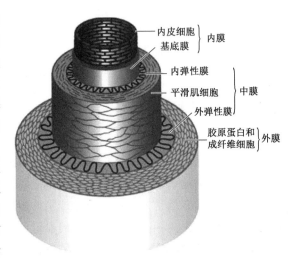

图 5-1　人体血管结构示意图[19]

所以具有一定的弹性、抗张强度等力学性能,归功于血管壁上的弹性蛋白及胶原蛋白。

构建血管支架,要尽可能地模拟人体的血管结构和功能。生物相容性良好的支架材料为细胞提供黏附结合的位点,促进细胞增殖;合适的支架孔径、孔隙率为细胞提供活动的空间,便于细胞迁移和渗入支架;支架材料必须有很好的力学性能,支撑血管修复与再生;支架植入体内后要有良好的抗凝血性能,防止血栓形成,保证血液流动畅通。

作为人造血管,其力学强度除了要维持血液正常流动所带来的冲击外,管壁还需要具备良好的内部联通性,以保证各种生物活性分子的传递、运输和释放顺利进行。

5.3　胶原蛋白/壳聚糖/P(LLA-CL)复合纳米纤维的制备及性能

5.3.1　制备

首先将一定质量的壳聚糖溶于六氟异丙醇(HFP)和三氟乙酸(TFA)的共混溶剂中,将一定质量的胶原蛋白和P(LLA-CL)分别溶于HFP中并搅拌至完全溶解;然后,将上述三种溶液按照一定比例混合并搅拌均匀,采用静电纺丝的方法制备胶原蛋白/壳聚糖/P(LLA-CL)复合纳米纤维。

对于静电纺纤维支架,由于支架中含有胶原蛋白和壳聚糖,之前的研究发现它们在水介质中会溶解,而用戊二醛进行交联处理后则不溶于水[2]。

通过扫描电镜观察得到纤维形貌,如图5-2所示。从整体上看,胶原蛋白、壳聚糖及P(LLA-CL)按不同质量比复合,经过静电纺丝过程,均能得到形貌较好的纤维,没有串珠。

在P(LLA-CL)中加入胶原蛋白和壳聚糖,纤维微观形貌发生改变,纤维直径随着胶原蛋白和壳聚糖的加入量改变而改变,从图5-2f可以看出,P(LLA-CL)纤维的平均直径为(1144 ± 155)nm,远大于其他纤维的平均直径。当胶原蛋白/壳聚糖/P(LLA-CL)质量比为20/5/75时,纤维平均直径减小为(409 ± 120)nm。当胶原蛋白/壳聚糖/P(LLA-CL)质量比为40/10/50时,纤维平均直径为(330 ± 46)nm。当胶原蛋白/壳聚糖/P(LLA-CL)质量比为60/15/25时,纤维平均直径为(226 ± 46)nm。胶原蛋白/壳聚糖(80/20)复合纳米纤维的平均直径为(389 ± 105)nm。这种现象说明三者混合进行静电纺丝时相互影响,导致纤维直径发生变化。原因是胶原蛋白和壳聚糖为极性较强的天然聚合物,将其加入P(LLA-CL)溶液中,会使溶液的极性增强,纺丝中分子间的排斥力增强,使得溶液从喷丝口喷出固化成丝时得到电场力足够的牵伸,故纤维直径越来越细。

图5-3所示为静电纺制备的胶原蛋白/壳聚糖/P(LLA-CL)小口径管状支架,胶原蛋白/壳聚糖/P(LLA-CL)质量比为20/5/75,支架的内径为3.5 mm,厚度为300 μm。

静电纺纳米纤维具有高比表面积和高孔隙率,但由于纤维无规堆积而成膜状,纤维膜的孔径受到很大影响,表现为纤维膜的孔径较小。很多文献报道已经证实,静电纺纤维支架的孔径与纤维直径有很大关系,纤维直径越大则纤维膜的孔径越大,反之则越小[20-21]。图5-4所示为不同质量比下胶原蛋白/壳聚糖/P(LLA-CL)纤维支架的孔径比较,其中P(LLA-CL)纤维支架的孔径为(2.2 ± 0.7) μm,与其他纤维支架的孔径有显著性差异($p<0.05$),胶原蛋白/壳聚糖/P(LLA-CL)质量比为20/5/75时纤维支架的孔径减小为(1.1±

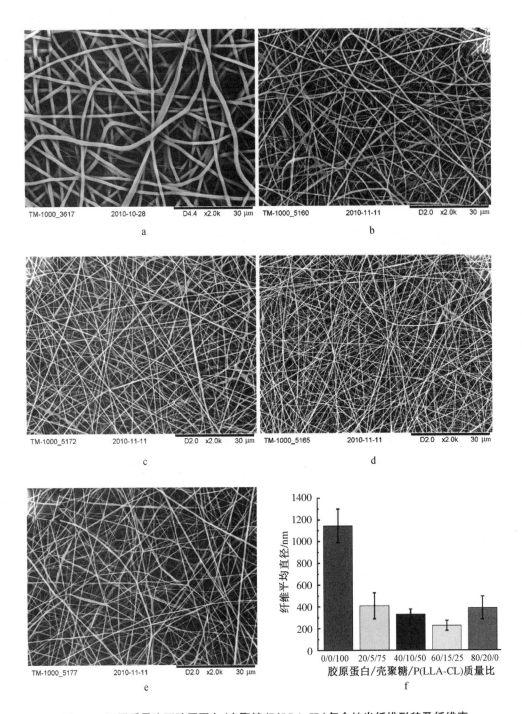

图 5-2　不同质量比下胶原蛋白/壳聚糖/P(LLA-CL)复合纳米纤维形貌及纤维直
　　　　径：a. 0/0/100；b. 20/5/75；c. 40/10/50；d. 60/15/25；e. 80/20/0；
　　　　f. 纤维直径

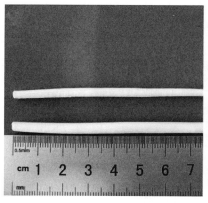

图 5-3　小口径管状支架

0.5) μm,胶原蛋白/壳聚糖/P(LLA-CL)质量比为 40/10/50 时纤维支架的孔径为 (0.8±0.4)μm,胶原蛋白/壳聚糖/P(LLA-CL)质量比为 60/15/25 时纤维支架的孔径最小[(0.6±0.1) μm],胶原蛋白/壳聚糖 (80/20)纤维支架的孔径为(0.7±0.1)μm。可以看出,纤维支架的孔径随着胶原蛋白和壳聚糖的加入量增多而减小,其变化趋势与纤维直径的变化趋势一致(图 5-2f),与文献报道的规律也一致。

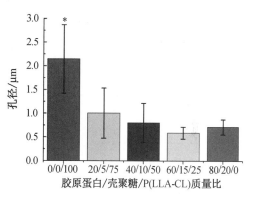

图 5-4　不同质量比下纤维支架的孔径比较

5.3.2　性能

　　P(LLA-CL)是一种完全疏水的合成聚合物。作为组织工程支架,支架材料的亲疏水性会直接影响细胞的生物活性及细胞在支架上的黏附、增殖与迁移[22-25]。胶原蛋白与壳聚糖为天然的高分子聚合物,是亲水性非常强的材料,将胶原蛋白和壳聚糖加入 P(LLA-CL),能够改善 P(LLA-CL)的疏水性能。研究室制备了不同质量比的胶原蛋白/壳聚糖/P(LLA-CL)纤维支架,并对这些支架进行接触角测试。

　　由于支架中含有胶原蛋白和壳聚糖,它们经静电纺丝后极易溶于水,所以利用戊二醛对支架进行交联处理,比较不同质量比下胶原蛋白/壳聚糖/P(LLA-CL)纤维支架在交联前后的接触角(表 5-1)。交联前,P(LLA-CL)纤维支架的接触角为 136°,交联之后接触角没有明显变化,这是因为戊二醛不会对 P(LLA-CL)起交联作用。在 P(LLA-CL)中加入少量的胶原蛋白/壳聚糖,纤维支架的接触角减小至 110°。随着胶原蛋白/壳聚糖的加入量增加,纤维支架的接触角越来越小,说明支架的亲水性逐渐增加。交联后,纤维支架的亲水性增加趋势与交联前一致。由于纤维相互交联在一起,水分子不容易渗入,所以相同质量比下纤维支架交联后的接触角比交联前稍大一些[26]。总体上,通过将亲水性的胶原蛋白和壳聚糖加入疏水性的 P(LLA-CL),改善了 P(LLA-CL)的亲水性能,这有利于细胞在支架上的黏附与增殖。

表 5-1　不同质量比下纤维支架在交联前后的接触角

胶原蛋白/壳聚糖/P(LLA-CL)质量比	接触角/(°)	
	交联前	交联后
0/0/100	136±1	134±1
20/5/75	110±1	112±2
40/10/50	105±3	111±1
60/15/25	99±1	103±2
80/20/0	80±4	93±2

　　作为血管支架,要求支架材料具有比较好的力学性能,用以支撑支架植入体内后承受血液流动所产生的压力。胶原蛋白和壳聚糖具有很好的生物相容性[26-28],但其力学性能较差,所以不能作为血管支架的材料。P(LLA-CL)是一种力学性能优良的合成聚合物,具有很强的力学性能[6],但其缺乏天然的整合蛋白位点与细胞结合[8]。研究室将胶原蛋白、壳聚糖与P(LLA-CL)按一定的质量比混合,取长补短,得到了力学性能较好且生物相容性良好的支架。

　　图 5-5 所示为不同质量比下胶原蛋白/壳聚糖/P(LLA-CL)纤维支架在湿态下的力学性能。从整体上看(图 5-5a),由于 P(LLA-CL)的加入,三种纤维支架的拉伸应力、应变及弹性模量都比胶原蛋白/壳聚糖(80/20)纤维支架提高很多。表 5-2 为纤维支架的力学性能测试结果,其中:P(LLA-CL)纤维支架的拉伸断裂强度为(13.6±1.8)MPa,断裂伸长率为(359±56)%,弹性模量为(3.8±1.1)MPa;胶原蛋白/壳聚糖(80/20)纤维支架的断裂强度为(0.4±0.1)MPa,断裂伸长率为(64±11)%,弹性模量为(1.1±0.2)MPa;胶原蛋白/壳聚糖/P(LLA-CL)质量比为 60/15/25 时纤维支架的力学性能得到很大的提高,断裂强度为(4.0±0.6)MPa,断裂伸长率为(69±6)%,弹性模量为(4.2±0.8)MPa;胶原蛋白/壳聚糖/P(LLA-CL)质量比为 40/10/50 时纤维支架的断裂强度为(8.6±1.2)MPa,断裂伸长率为(94±11)%,弹性模量为(6.2±0.5)MPa;胶原蛋白/壳聚糖/P(LLA-CL)质量比为 20/5/75 时纤维支架的断裂强度为(16.9±2.9)MPa,断裂伸长率为(112±11)%,弹性模量为(10.3±1.1)MPa。

表 5-2　不同质量比下胶原蛋白/壳聚糖/P(LLA-CL)纤维支架的力学性能测试结果

胶原蛋白/壳聚糖/P(LLA-CL)质量比	断裂强度/MPa	断裂伸长率/%	弹性模量/MPa
0/0/100	13.6±1.8	359±56	3.8±1.1
20/5/75	16.9±2.9	112±11	10.3±1.1
40/10/50	8.6±1.2	94±11	6.2±0.5
60/15/25	4.0±0.6	69±6	4.2±0.8
80/20/0	0.4±0.1	64±11	1.1±0.2

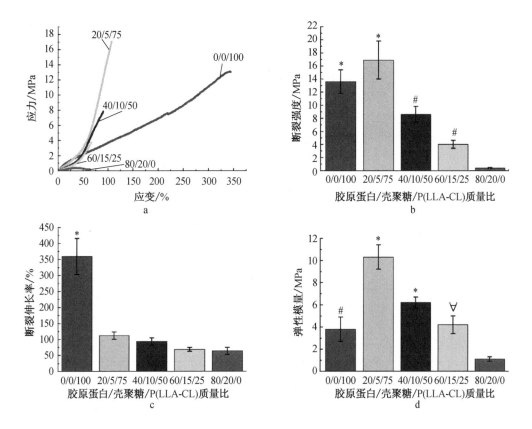

图 5-5　不同质量比下胶原蛋白/壳聚糖/P(LLA-CL)纤维支架力学性能：
a. 应力-应变曲线；b. 断裂强度；c. 断裂伸长率；d. 弹性模量

作为血管支架，爆裂强度是决定其能否成为血管移植物的一个非常重要的参数[29]，是评价血管支架适宜性的最重要的参数之一。研究室对不同质量比下溶液胶原蛋白/壳聚糖/P(LLA-CL)纳米纤维支架进行爆破强度测试。所有样品在 PBS 溶液中浸泡 12 h 再进行测试，测得各样品的厚度约为 300 μm，内径约为 3 mm。试验结果如图 5-6 和表 5-3 所示，可以看出，胶原蛋白/壳聚糖/P(LLA-CL) 纤维支架与 P(LLA-CL)纤维支架的平均爆破强度之间有显著性差异($p < 0.01$)。P(LLA-CL)纤维支架的

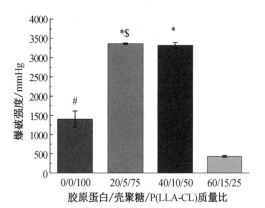

图 5-6　不同质量比下胶原蛋白/壳聚糖/P(LLA-CL)纤维支架的爆破强度

平均爆破强度为(1403 ± 210)mmHg。胶原蛋白/壳聚糖/P(LLA-CL)质量比为 40/10/50 时纤维支架的爆破强度为(3320 ± 72)mmHg。试验结果还表明，胶原蛋白/壳聚糖/P(LLA-CL)质量比为 20/5/75 时纤维支架可以承受的爆破强度高达 3365 mmHg，应当指出，此时支架并未破裂，但已经达到测试系统的最大值。然而，当胶原蛋白和壳聚糖所占比例很高时

(60/15/25),纤维支架的爆破强度下降至(432±24)mmHg。胶原蛋白/壳聚糖(80/20)纤维支架的力学性能较差,在PBS溶液中浸泡12 h后,由于支架吸收膨胀而破裂,未进行爆破性能测试。

大量文献报道了天然血管的爆破性能,也有大量文献报道了其他不同材料制备的血管支架的爆破强度,研究结果表明,人体的大隐静脉和乳内动脉的爆破强度分别为1680~2273、2031~4225 mmHg[29-30],胶原蛋白/壳聚糖/P(LLA-CL)质量比为20/5/75和40/10/50所制备的纤维支架能抵抗的爆破强度≥3320 mmHg,说明其具有作为血管支架的潜力。

表5-3　纤维支架的爆破强度与顺应性

胶原蛋白/壳聚糖/ P(LLA-CL)质量比	爆破强度/mmHg	顺应性/[%/(100 mmHg)]	管壁厚度/mm
0/0/100	1403±210	2.0±0.6	0.26±0.08
20/5/75	>3365±6	0.7±0.4	0.33±0.09
40/10/50	3320±72	0.8±0.4	0.31±0.07
60/15/25	432±24	—	0.33±0.06

支架的顺应性能也是评价其是否具有作为血管支架潜力的一个标准,如果移植的血管支架与自身血管之间的力学性能不匹配,会导致血管支架在体内形成血栓及内膜增生,最终导致临床上的失败[31]。因此,有必要对不同质量比制备的胶原蛋白/壳聚糖/P(LLA-CL)纳米纤维支架进行动态顺应性测试。

试验结果如图5-7及表5-3所示,可以看出,纤维支架的顺应性在0.7%～2.0%/(100 mmHg),其中胶原蛋白/壳聚糖/P(LLA-CL)质量比为0/0/100时纤维支架的顺应性为2.0%/(100 mmHg);胶原蛋白/壳聚糖/P(LLA-CL)质量比为20/5/75时纤维支架的顺应性为0.7%/(100 mmHg);胶原蛋白/壳聚糖/P(LLA-CL)质量比为40/10/50时纤维支架的顺应性为0.8%/100 mmHg;胶原蛋白/壳聚糖/P(LLA-CL)质量比为60/15/25时纤维支架在测试过程中未达到600次循环就已经破裂,因此未能测得其顺应性。

从图5-7可以看出,P(LLA-CL)纤维支架的顺应性明显大于其他纤维支架($p<0.05$),主要因为P(LLA-CL)是一种弹性高分子材料,P(LLA-CL)纤维支架具有很大的断裂强度,断裂伸长率高达360%,而且弹性模量较低。胶原蛋白/壳聚糖/P(LLA-CL)复合纤维支架的拉伸力学性能相对于P(LLA-CL)纤维支架有所下降,断裂伸长

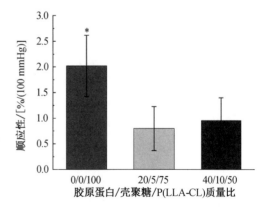

图5-7　不同质量比下胶原蛋白/壳聚糖/
P(LLA-CL)纤维支架的顺应性

率降低明显,弹性模量增加许多,刚度提升,所以顺应性下降。通过试验结果推测,影响支架顺应性的因素除了支架材料的特性,还有支架结构,如纤维直径、纤维膜孔径及孔隙率等。

根据文献报道,血管的动态顺应性有一个变化范围,由于存在个体差异,性别不同、年龄不同及血管种类不同,其顺应性测试值不一样,同时血管支架在植入体内后的不同阶段,其顺应性测试值也会发生变化[29, 32-36]。P(LLA-CL)纤维支架的顺应性测试值为2.0%/(100 mmHg),比较接近人体的股骨动脉血管的顺应性,其值为2.6%/(100 mmHg)[37]。胶原蛋白/壳聚糖/P(LLA-CL)(20/5/75及40/10/50)纤维支架的顺应性测试值为0.7%～0.8%/(100 mmHg),低于天然的动脉血管的顺应性。但是,根据文献资料,这两种纤维支架的顺应性接近天然的静脉血管(大隐静脉)的顺应性,其值为0.7%～1.5%/(100 mmHg)[30, 38-39]。除此之外,胶原蛋白/壳聚糖/P(LLA-CL)纤维支架的顺应性比标准的膨化聚四氟乙烯(ePTFE)移植物的顺应性高,后者的测试值为0.1%～0.9%/(100 mmHg)[37, 40-41]。

在进行组织工程支架设计时,主要考虑支架能促进细胞生长增殖,维持细胞的正常生理功能,同时能够保持细胞分化的正常状态[42]。为了测试细胞在不同质量比的胶原蛋白/壳聚糖/P(LLA-CL)纤维支架上的增殖和黏附情况,将PIEC种植于胶原蛋白/壳聚糖/P(LLA-CL)纤维支架上,将细胞-纤维支架在细胞培养箱中培养1、3、7 d,并用MTT法检测细胞活性,间接反映细胞的增殖速度。

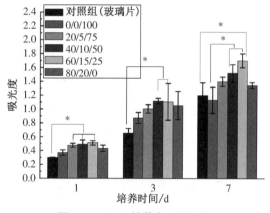

图5-8　PIEC培养在不同纤维支架上的增殖情况

细胞增殖情况如图5-8所示。随着培养时间的增加,细胞在纤维支架上整体呈现增长趋势,细胞数量在各个培养时间都在增多,说明纤维支架对细胞没有严重的毒害作用。具体地说,培养1 d,所有纤维支架的测量值相对于对照组(即玻璃片)都较高,胶原蛋白/壳聚糖/P(LLA-CL)三种纤维支架(质量比分别为20/5/75、40/10/50和60/15/25)与对照组有显著性差异($p<0.05$);培养3 d,胶原蛋白/壳聚糖/P(LLA-CL)纤维支架(质量比为40/10/50和60/15/25)与对照组相比,细胞增殖呈显著性增加($p<0.05$);培养7 d,胶原蛋白/壳聚糖/P(LLA-CL)纤维支架(质量比为60/15/25)上的细胞增殖明显高于对照组($p<0.05$)。质量比为40/10/50和60/15/25时,细胞在相应纤维支架上的增殖速度比其在P(LLA-CL)纤维支架上快很多($p<0.05$)。

细胞在不同纤维支架上的增殖结果表明,细胞在胶原蛋白/壳聚糖/P(LLA-CL)三种纤维支架上的增殖速度最快。出现这种现象的原因可能有以下几点:

首先,胶原蛋白和壳聚糖是天然的高分子物质,它们有很好的生物相容性,能够促进细胞黏附与增殖。其次,胶原蛋白和壳聚糖的加入改进了纤维的表面润湿性,所以含有胶原蛋白和壳聚糖的纤维支架明显比P(LLA-CL)纤维支架更适合细胞生长。再次,纤维支架结构会影响细胞在其上的增殖黏附,玻璃片上的细胞增长速度最慢,因为玻璃表面光滑，没有适合细胞攀爬黏附的位点，而纤维支架有更多位点供细胞黏附，而且纤维比表面积较大。另外，据文献报道，纤维直径对细胞的黏附增殖影响很大[43]，纤维直径越细，细胞越容易黏附在其上。最后，静电纺纤维是纳米纤维，所制备的支架能很好地仿生细胞外基质的物理结构，而且胶原蛋白和壳聚糖在化学成分上极大地模拟细胞外基质，可以说胶原蛋白/壳聚糖/P(LLA-CL)复合纳米纤维支架可以很好地模拟细胞外基质，更好地促进细胞的黏附、增殖。

细胞能在支架材料上很好地生长、增殖是组织工程支架必须具备的性能之一。将 PIEC 种植到不同纤维支架上培养 3 d，检查细胞在支架上能否保持良好的状态，对细胞在支架表面的形貌进行观察。

细胞-支架在培养箱中进行体外培养 3 d 后对细胞固定处理。一组样品用于扫描电镜观察，用梯度酒精脱水干燥后进行喷金再用于观察，结果如图 5-9 所示；另一组样品用于激光扫描共聚焦显微镜(LSCM)观察，细胞-支架固定后经通透染色再用于观察，结果如图 5-10 所示。可以看出，胶原蛋白/壳聚糖/P(LLA-CL)(60/15/25)纤维支架上的细胞数量比其他支架上多，细胞能很好地铺张扩散；玻片上的细胞数量最少，并且细胞都成收缩状，不能很好地铺展。这说明细胞在含有胶原蛋白和壳聚糖成分的支架上能很好地增殖，纳米纤维结构更利于细胞的黏附、增殖与铺展，且能保持良好的形貌。

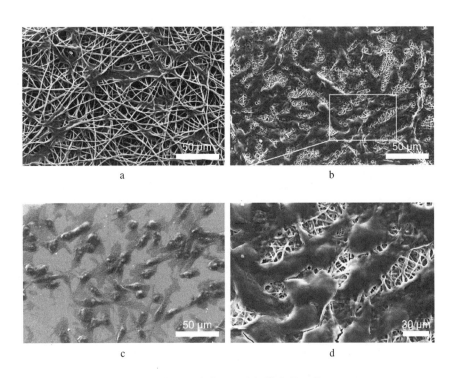

图 5-9　PIEC 在不同支架上培养 3 d 的扫描电镜照片：a. P(LLA-CL)
　　　　纤维支架；b. 胶原蛋白/壳聚糖/P(LLA-CL)(60/15/25)纤维
　　　　支架；c. 玻璃片；d. b 中方框部分的放大图

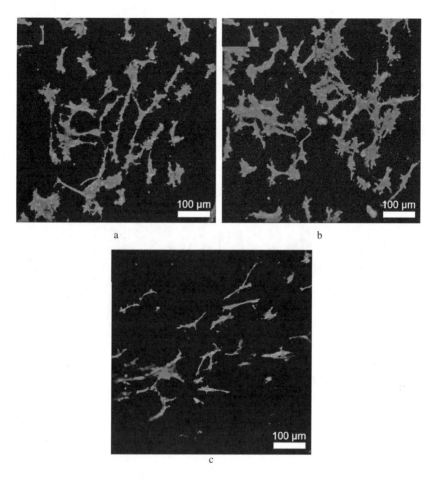

图 5-10　PIEC 在不同支架上培养 3 d 的共聚焦显微照片：a. P(LLA-CL)纤维支架；
b. 胶原蛋白/壳聚糖/P(LLA-CL)(60/15/25)纤维支架；c. 玻璃片

5.4　同轴静电纺负载肝素钠的胶原蛋白/壳聚糖/P(LLA-CL)复合纳米纤维的制备及性能

5.4.1　制备

如"5.3.1"一节所述,分别配制浓度为 8％的胶原蛋白、壳聚糖和 P(LLA-CL)溶液,再将三种溶液按照一定比例混合并搅拌均匀,形成壳层溶液。配制肝素钠/超纯水溶液作为芯层溶液,浓度为 5％、15％、30％。

纺丝过程中,壳/芯层溶液的流动力均由独立的注射泵提供,注射泵的推进速度分别为 1.0 mL/h(壳层)和 0.2 mL/h(芯层)。纺丝电压为 12 kV,接收距离为 12 cm。将静电纺得到的纳米纤维在室温下真空干燥 1 周,除去纤维上的残留溶剂。

以浓度为 8％的胶原蛋白/壳聚糖/P(LLA-CL)溶液作为壳层溶液,浓度为 15％的肝素钠溶液作为芯层溶液,采用同轴静电纺方法制备负载肝素钠的胶原蛋白/壳聚糖/P(LLA-

CL)纤维支架,其中胶原蛋白/壳聚糖/P(LLA-CL)质量比分别为 20/5/75、40/10/50 及 60/15/25,所得纤维支架分别标记为 20/5/75-15%、40/10/50-15%、60-15/25-15%。通过扫描电镜观察纤维支架的形貌,结果如图 5-11 所示。质量比为 60/15/25 时,支架中胶原蛋白和壳聚糖的含量特别高,而肝素钠分子结构中含羧基和磺酸基,有很强的极性且带电荷,所以当壳层和芯层溶液在喷丝口交汇时,溶液的极性很强,电荷密度非常高,得到的纤维较细,纤维直径为(584±189 nm)(图 5-13)。胶原蛋白/壳聚糖/P(LLA-CL)质量比为 40/10/50 时,纤维形貌较好且没有串珠,纤维直径为(744±198)nm(图 5-13)。胶原蛋白/壳聚糖/P(LLA-CL)质量比为 20/5/75 时,纤维形貌较好,纤维连续无串珠且表面光滑,纤维直径为(938±281 nm)(图 5-13),与质量比为 60/15/25 的纤维支架有显著性差异($p < 0.05$)。

图 5-11 纤维支架形貌:a. 60/15/25-15%;b. 40/10/50-15%;c. 20/5/75-15%

出现这些结果的原因:壳层溶液中 P(LLA-CL)的量增多,溶液的极性降低,纤维在沉积过程中被牵伸的程度减弱,所以纤维直径变大。另外,单独的肝素钠溶液不能纺丝,以胶原蛋白/壳聚糖/P(LLA-CL)溶液为载体,利用同轴静电纺,外层溶液包裹着内层溶液一起被拉伸,溶液中电荷之间存在排斥力,所以肝素钠附着纤维并分散在纤维表面及纤维内部。胶原蛋白/壳聚糖/P(LLA-CL)质量比为 20/5/75 时能更好地包裹肝素钠溶液。随着胶原蛋白和壳聚糖的含量增多,壳层溶液极性增大且电荷密度大,电荷之间的排斥力也比较大,所以肝素钠分散在纤维表面的量越来越多。

以浓度为 8% 的胶原蛋白/壳聚糖/P(LLA-CL)(40/10/50)溶液作为壳层溶液,改变芯层溶液中的肝素钠浓度(5%、15% 及 30%),制备三种纤维支架,分别标记为 40/10/50-5%、40/10/50-15%、40/10/50-30%。通过扫描电镜观察三种纤维支架的形貌,结果如图 5-12 所示。可以看出,肝素钠浓度为 5% 时纤维直径为(769±234)nm(图 5-13),纤维

图 5-12 三种纤维支架的形貌:a. 40/10/50-5%;
b. 40/10/50-15%;c. 40/10/50-30%

表面比较光滑,但纤维粗细不是很均匀。肝素钠浓度为15％时纤维直径为(744±198)nm,前面已经有详细介绍。肝素钠浓度为30％时纤维直径为(517±112)nm(图5-13),比上述两种纤维细很多($p<0.05$),并且纤维之间有黏结现象。

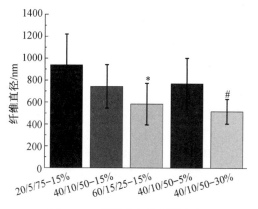

图 5-13　纤维支架的纤维直径

图 5-14　40/10/50-15％的透射电镜照片

分析纤维支架出现这些结果的原因,其主要影响因素是肝素钠的含量。肝素钠是亲水性物质,有很强的极性,并且带有大量电荷。肝素钠的含量越高,则纺丝液的极性增强,电荷密度增大,因此纺丝液从喷丝口喷出并在电场力的作用下得到足够的牵伸,纤维直径减小。同时,电荷密度增大,电荷之间的排斥力也增大,因此有大量的肝素钠分布在纤维表面。在纤维牵伸沉积过程中,六氟异丙醇迅速挥发,而纤维表面的肝素钠溶液中的水挥发较慢,导致部分纤维发生溶解粘连现象。

图 5-14 为 40/10/50-15％的透射电镜照片。可以清晰地看到,由于壳层与芯层溶液的密度不同,纤维出现很明显的明暗变化,即皮芯结构纤维。

5.4.2　性能

采用同轴静电纺制备负载肝素钠的胶原蛋白/壳聚糖/P(LLA-CL)纤维支架。由于肝素钠分布在纤维内部及表面,纤维支架的拉伸性能可能会有不同程度的改变。为此,对同轴静电纺纤维支架在湿态下的拉伸性能进行研究,同时研究湿态下纤维支架的缝合强力,以及管状支架的爆破强度、顺应性等力学性能。

图 5-15 为不同质量比的胶原蛋白/壳聚糖/P(LLA-CL)制备的负载肝素钠的三种纤维支架在湿态下的力学性能测试结果。从整体上看(图 5-15a),P(LLA-CL)含量越多的纤维支架,其断裂强度越大。胶原蛋白/壳聚糖/P(LLA-CL)质量比为 20/5/75 时,支架的断裂强度为(12±1.8)MPa;胶原蛋白/壳聚糖/P(LLA-CL)质量比为 40/10/50 时,支架的断裂强度变为(8.8±2.2)MPa;胶原蛋白/壳聚糖/P(LLA-CL)质量比为 60/15/25 时,支架的断裂强度为(2.5±1.1)MPa,与上述两种支架有显著性差异(* $p<0.05$)。

图 5-15b 中几种纤维支架的断裂伸长率都比较接近,没有显著性差异。胶原蛋白/壳聚糖/P(LLA-CL)质量比为 20/5/75 时,支架的断裂伸长率为(73±14)％;胶原蛋白/壳聚糖/P(LLA-CL)质量比为 40/10/50 及 60/15/25 时,支架的断裂伸长率分别为(74±16)％、(59±11)％。纤维支架的弹性模量如图 5-15c 所示,胶原蛋白/壳聚糖/P(LLA-CL)质量比

为 60/15/25 时,支架的弹性模量最小,为(2.2±1.0)MPa,与其他两种支架有显著性差异(*$p<0.05$)。胶原蛋白/壳聚糖/P(LLA-CL)质量比为 20/5/75 时,支架的弹性模量为(5.4±1.6)MPa;胶原蛋白/壳聚糖/P(LLA-CL)质量比为 40/10/50 时,支架的弹性模量为(5.7±1.1)MPa。

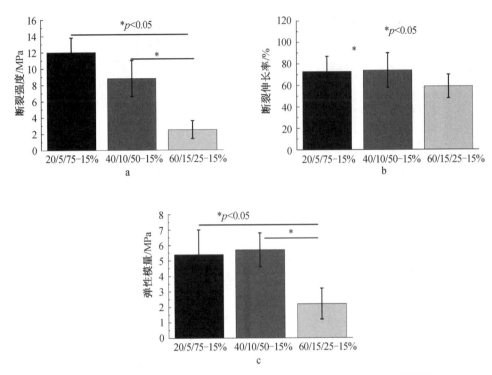

图 5-15　纤维支架的力学性能：a. 断裂强度;b. 断裂伸长率;c. 弹性模量

图 5-16 所示为不同肝素钠浓度、一定质量比的胶原蛋白/壳聚糖/P(LLA-CL)制备的纤维支架在湿态下的力学性能测试结果。图 5-16a 为三种支架的断裂强度测试结果。肝素钠浓度为 5% 时,支架的断裂强度为(7.8±0.9)MPa;肝素钠浓度为 15% 时,支架的断裂强度为(8.8±2.2)MPa;肝素钠浓度为 30% 时,支架的断裂强度为(8.8±2.5)MPa。三种支架之间没有显著性差异。图 5-16b 中,肝素钠浓度为 5% 时,支架的断裂伸长率最大,为(184±14)%,与其他两种支架有显著性差异(*$p<0.05$);而肝素钠浓度为 15%、30% 时,支架的断裂伸长率分别为(74±16)%、(87±7)%。对于同轴静电纺纤维支架的弹性模量(图 5-16c),总体上是肝素钠浓度越高,支架的弹性模量越大,肝素钠浓度为 30% 和 5% 所制备的两种支架有显著性差异(*$p<0.05$)。肝素钠浓度为 5% 时,支架的弹性模量为(2.5±0.3)MPa。肝素钠浓度为 15% 和 30% 时,支架的弹性模量分别为(5.7±1.1)MPa、(7.8±1.6)MPa。从整体上看,肝素钠浓度越高,则纤维支架的断裂强度及弹性模量越高,而断裂伸长率越低。

图 5-16 中,所有支架的胶原蛋白/壳聚糖/P(LLA-CL)质量比均为 40/10/50,则肝素钠浓度是影响三种支架力学性能的主要原因。低浓度的肝素钠溶液(5%),肝素钠的总量较少,电荷密度低,所以电荷之间的排斥力较小,那么肝素钠能比较好地分散在纤维内部,进行

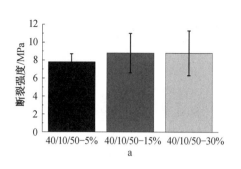
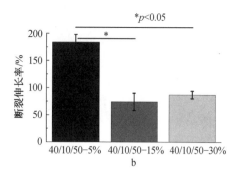

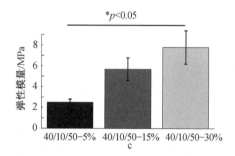

图 5-16　纤维支架的力学性能：a. 断裂强度；b. 断裂伸长率；c. 弹性模量

湿态力学性能测试时，水分子渗透进入纤维内部溶解肝素钠，使支架更柔软，因此支架的断裂伸长率较大、弹性模量较小。随着肝素钠浓度增加，纤维内部分布的肝素钠增多，纤维内部的分子链段活动的自由度下降，所以支架的断裂强度和弹性模量增加，断裂伸长率下降。但纤维内部能负载的肝素钠含量有一定的极限值，所以肝素钠浓度为 15% 和 30% 时，两种支架的力学性能没有显著性差别。

　　支架的缝合强度也是保证其成功植入体内的一个重要因素。对同轴静电纺制备的纤维支架进行湿态下的缝合强力测试，结果见表 5-4。其中，肝素钠浓度均为 15%，胶原蛋白/壳聚糖/P(LLA-CL)质量比分别为 20/5/75、40/10/50 及 60/15/25 时，纤维支架的缝合强力分别为 (1.8 ± 0.1)、(2.1 ± 0.2)、(0.9 ± 0.1)N。胶原蛋白/壳聚糖/P(LLA-CL)质量比为 40/10/50，肝素钠浓度为 5%、30% 时，纤维支架的缝合强力分别为 (3.8 ± 0.1)、(2.2 ± 0.1)N。试验结果表明，当胶原蛋白/壳聚糖/P(LLA-CL)质量比为 40/10/50 时，纤维支架

表 5-4　纤维支架的缝合强力

样品	厚度/mm	缝合强力/N
20/5/75-15%	0.25	1.8 ± 0.1
40/10/50-15%	0.25	2.1 ± 0.2
60/15/25-15%	0.25	0.9 ± 0.1
40/10/50-5%	0.25	3.8 ± 0.1
40/10/50-30%	0.25	2.2 ± 0.1

的缝合强力比其他两种质量比的支架高。另外，胶原蛋白/壳聚糖/P(LLA-CL)质量比为60/15/25的支架的缝合强力较低，其他两种支架的缝合强力都与天然血管的缝合强力非常接近，后者的缝合强力为1.7 N[44]。因此，三种支架都能够作为血管支架，满足其在外科手术过程中的使用要求。

图5-17所示为不同质量比的胶原蛋白/壳聚糖/P(LLA-CL)、一定肝素钠浓度所制备的纤维支架在湿态下的爆破强度。可以看出，两种纤维支架的爆破强度比较接近。胶原蛋白/壳聚糖/P(LLA-CL)质量比为20/5/75时，支架的爆破强度高达（3350±106）mmHg。胶原蛋白/壳聚糖/P(LLA-CL)质量比为40/10/50时，支架的爆破强度为（3000±72）mmHg。胶原蛋白/壳聚糖/P(LLA-CL)质量比为60/15/25时，支架在PBS溶液中浸泡6 h后，其力学性能太差，无法进行爆破试验。

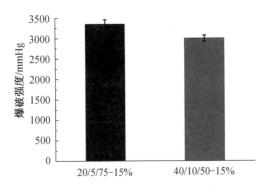

图5-17 不同质量比的纤维支架的爆破强度

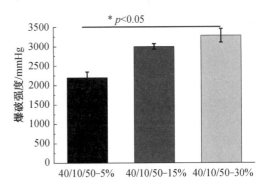

图5-18 不同肝素钠浓度下纤维支架的爆破强度

图5-18所示为不同肝素钠浓度、一定质量比的胶原蛋白/壳聚糖/P(LLA-CL)所制备的纤维支架在湿态下的爆破强度测试结果。可以看出，支架的爆破强度与肝素钠浓度有较大的关系，即肝素钠浓度越大，支架的爆破强度也越大。肝素钠浓度为5%时，支架的爆破强度最小，为（2200±150）mmHg，且与肝素钠浓度为30%的支架有显著性差异（$^*p<0.05$）。肝素钠浓度为15%时，支架的爆破强度为（3000±72）mmHg。肝素钠浓度为30%时，支架的爆破强度为（3 280±176）mmHg。

从图5-17及图5-18可以发现，负载肝素钠的胶原蛋白/壳聚糖/P(LLA-CL)纤维支架的爆破强度较大，其测试值基本高达3000 mmHg，但肝素钠浓度为5%的支架除外（其爆破强度为2200 mmHg）。人体的大隐静脉和乳内动脉的爆破强度分别为1680～2273、2031～4225 mmHg[29-30]，因此这些纤维支架都能满足使用要求。

对不同肝素钠浓度及不同质量比的胶原蛋白/壳聚糖/P(LLA-CL)所制备的纤维支架进行湿态下的动态顺应性测试，结果如图5-19所示。可以看出，两种纤维支架的顺应性差别不大。当胶原蛋白/壳聚糖/P(LLA-CL)质量比为20/5/75时，支架的顺应性为（1.1±0.3）%/（100 mmHg）；胶原蛋白/壳聚糖/P(LLA-CL)质量比为40/10/50时，支架的顺应性为（1.1±0.4）%/（100 mmHg）。胶原蛋白/壳聚糖/P(LLA-CL)质量比为60/15/25时，支架的力学性能太差，不能进行测试。

图5-20所示为不同肝素钠浓度、一定质量比的胶原蛋白/壳聚糖/P(LLA-CL)所制备

的纤维支架在湿态下的顺应性测试结果,胶原蛋白/壳聚糖/P(LLA-CL)质量比为40/10/50。可以看出,支架的顺应性受肝素钠浓度的影响较大,即肝素钠浓度越大,支架的顺应性越小。其中,当肝素钠浓度为5%时,支架的顺应性最大,为(1.8±0.2)%/(100 mmHg),且与肝素钠浓度为30%的支架有显著性差异(*$p<0.05$);当肝素钠浓度为15%时,支架的顺应性为(1.1±0.4)%/(100 mmHg);肝素钠浓度为30%时,支架的顺应性为(0.9±0.4)%/(100 mmHg)。从图5-19及图5-20可以发现,支架的顺应性在0.9%~1.8%/(100 mmHg)。根据文献报道,这些纤维支架的顺应性接近于天然静脉血管(大隐静脉)的顺应性[0.7%~1.5%/(100 mmHg)][30,38-39]。研究还发现这些支架的顺应性与爆破强度成反比,即支架的爆破强度越大,其顺应性越小。因此,设计血管支架时,不能一味追求高的爆破性能,还要兼顾支架的柔韧性,否则血管支架植入体内后会因力学性能不匹配而导致内膜增生,最终使血管堵塞。

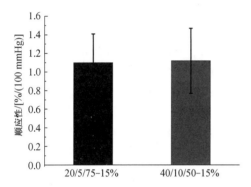

图5-19　不同质量比的纤维支架的顺应性

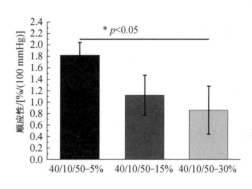

图5-20　不同肝素钠浓度下纤维支架的顺应性

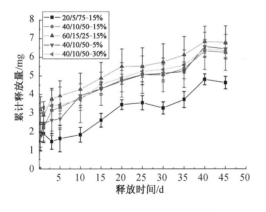

图5-21　肝素钠累计释放量

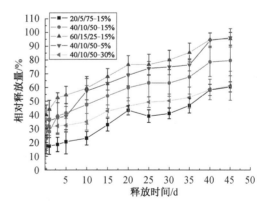

图5-22　肝素钠的相对释放量

　　肝素钠的释放量通过甲苯胺蓝检测。图5-21、图5-22所示分别为几种纤维支架中肝素钠的累计释放量和相对释放量。首先研究不同胶原蛋白/壳聚糖/P(LLA-CL)质量比下三种支架的缓释情况。整体上,三种支架的肝素钠释放量差异较大,尤其是20/5/75-15%支架的释放量与其他两种支架相差很明显。缓释6 h,对各支架的肝素钠释放量检测,发现胶原蛋白/壳聚糖/P(LLA-CL)质量比为60/15/25时,肝素钠的突释非常明显,累计释放量为3.2 mg,相对释放量为40%;另外两种支架[胶原蛋白/壳聚糖/P(LLA-CL)质量比分别为 20/5/75 和 40/10/50]的肝素钠累计释放量分别为 1.9、1.8 mg，相对释放量分别为 18%、23%。缓释 10 d 时，20/5/75-15%释放的肝素钠非常少，几乎可以忽略不计，另外两种支架则持续释放肝素钠，其中：60/15/25-15%的肝素钠累计释放量为 4.3 mg，相对释放量为 60%；40/10/50-15%的肝素钠累计释放量为 3.8 mg，相对释放量为 47%。缓释 45 d 时，20/5/75-15%、40/10/50-15%和 60/15/25-15%的肝素钠累计释放量分别为 4.6、6.3、6.8 mg，相对释放量分别为 60%、80%、95%。其次，研究不同肝素钠浓度的纤维支架的缓释情况，肝素钠浓度分别为 5%、15%、30%，胶原蛋白/壳聚糖/P(LLA-CL)质量比均为 40/10/50。从图 5-21 可以看出，三种支架在初期的肝素钠缓释行为差别很大，而后期的释放总量比较接近。缓释 6 h 时，40/10/50-30%有非常明显的肝素钠突释现象，肝素钠累计释放量高达 3.2 mg，相对释放量为 31%；40/10/50-5%和 40/10/50-15%的肝素钠累计释放量分别为 1.7、1.8 mg，相对释放量为 25%、22%。随后，40/10/50-30%的肝素钠释放量非常少，几乎不增加，而 40/10/50-5%和 40/10/50-15%的肝素钠释放量持续增加。缓释 10 d 时，三种支架的肝素钠累计释放量比较接近，40/10/50-5%、40/10/50-15%和 40/10/50-30%的肝素钠累计释放量分别为 3.9、3.8、3.7 mg，相对释放量差异较大（分别为 57%、47%、35%）。之后，三种支架持续释放肝素钠且释放量保持相近的增加趋势。缓释 45 d 时，40/10/50-5%、40/10/50-15%、40/10/50-30%支架的肝素钠累计释放量分别为6.5、6.3、6.4 mg，相对缓释量分别为 96%、80%、61%。

不同质量比的胶原蛋白/壳聚糖/P(LLA-CL)同轴静电纺纤维支架（芯层肝素钠浓度均为 15%），与不含肝素钠的相同质量比的共混支架比较内皮细胞增殖情况，如图 5-23 所示。随着时间的增加，细胞在支架上整体呈现增长趋势，细胞数量在各个培养时间点持续增多，说明各种支架的生物相容性都较好。具体地说，细胞-支架培养 1 d 时，所有支架的测量值略高于对照组（即玻璃片）；同质量比的支架中，不含肝素钠的共混支架略高于含肝素钠的同轴纺支架。细胞-支架培养 3 d 时，支架上的细胞都在培养 1 d 的基础上增多，但支架之间没有明显差别，同轴纺支架略高于同质量比的共混支架。培养 7 d 时，同轴纺支架中，胶原蛋白/壳聚糖/P(LLA-CL)质量比为 40/10/50 时细胞数量最多；胶原蛋白/壳聚糖/P(LLA-CL)质量比为 60/15/25 时，比同质量比共混支架低(* $p < 0.05$)。不同肝素钠浓度的胶原蛋白/壳聚糖/P(LLA-CL)同轴静电纺支架的细胞增殖情况如图 5-24 所示，胶原蛋白/壳聚

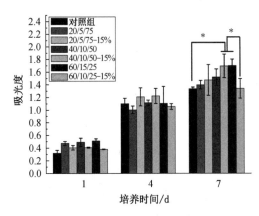

图 5-23 PIEC 在不同质量比的同轴纺支架和共混支架上培养的增殖情况

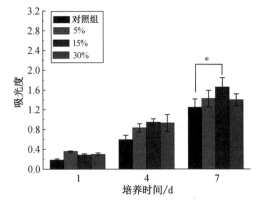

图 5-24 PIEC 在不同肝素钠浓度的同轴纺支架上培养的增殖情况

糖/P(LLA-CL)质量比均为40/10/50。可以看到,随着时间的增加,细胞在支架上整体呈现增长趋势,细胞数量在各个培养时间点都在增多,培养7 d时,肝素钠浓度为15%的支架上细胞数量最多,且与对照组有显著性差异($p<0.05$)。

　　细胞-支架在培养箱中进行体外培养4 d后对细胞固定处理,用梯度酒精脱水干燥后进行喷金,再利用扫描电镜观察,如图5-25所示。可以看出,b、c、d所示支架上细胞非常多,整个支架上细胞基本融合;a所示支架上细胞保持良好的形貌,在支架上铺展且部分融合;e所示支架上的细胞数目非常少,但细胞沿着纤维很好地伸展;f表明细胞在玻璃片上不能很好地铺展,并且细胞都呈收缩状。

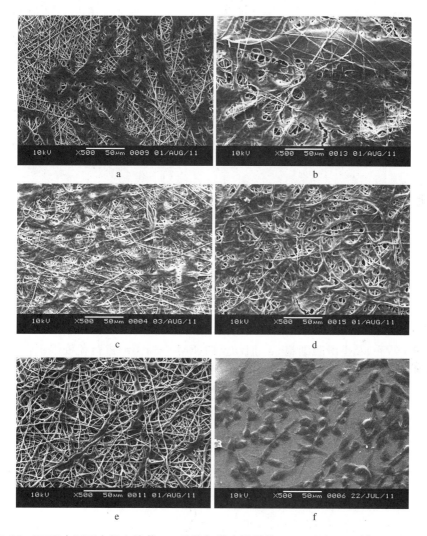

图5-25　PIEC在不同支架上培养3 d后的扫描电镜照片,a. 20/5/75-15%;b. 40/10/50-5%; c. 40/10/50-15%;d. 40/10/50-30%;e. 60/15/25-15%; f. 玻璃片

　　将同轴纺负载肝素钠的胶原蛋白/壳聚糖/P(LLA-CL)支架(20/5/75-15%)植入动物体内,模型动物为狗,植入位置为股动脉;对照组为自体股动脉血管。支架与对照组植入体内3个月之后取出,做石蜡切片,通过HE染色分析检测支架的内皮细胞及细胞外基质形

成情况,结果如图 5-26 所示。可以清楚地看到,支架植入 3 个月后,依然保持通畅,管腔的内壁有内皮细胞形成,管腔内未见血栓,但有内膜增生迹象;与自体股动脉血管相比,支架内的细胞数量较少,与自体血管还有一定差距。总体上,支架的血流畅通性较好。

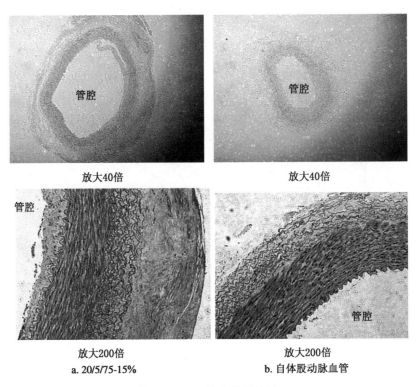

放大40倍 放大40倍

放大200倍 放大200倍
a. 20/5/75-15% b. 自体股动脉血管

图 5-26 HE 染色分析结果

同轴纺支架植入体内 3 个月后取出,管状支架做切片处理,并通过单克隆抗体如血管性血友病因子(vWF)及平滑肌细胞-α-肌动蛋白(SMC-α-actin)进行免疫组织化学染色分析,检测支架中的内皮细胞及平滑肌细胞,结果如图 5-27 所示。可以看到,支架及自体血管中,单克隆抗体免疫组织化学染色结果均呈现阳性,说明其中都有内皮细胞生长,也有平滑肌细胞生长;两者结构都较清晰,中膜能见到多层平滑肌结构。

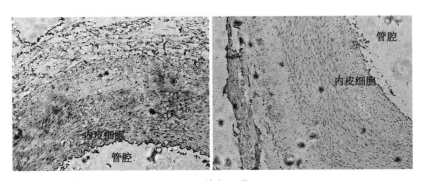

vWF, 放大200倍

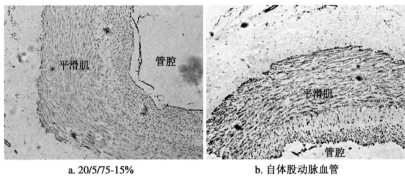

a. 20/5/75-15%　　　　　　　　b. 自体股动脉血管

SMC-α-actin，放大200倍

图 5-27　免疫组织化学染色分析结果

参考文献

[1] Chen R，Huang C，Ke Q F. Preparation and characterization of coaxial electrospun thermoplastic polyurethane/collagen compound nanofibers for tissue engineering applications [J]. Colloids Surf B Biointerfaces，2010，79 (2)：315-325.

[2] Chen Z G，Wang P W，Wei B. Electrospun collagen-chitosan nanofiber：a biomimetic extracellular matrix for endothelial cell and smooth muscle cell [J]. Acta Biomater，2010，6 (2)：372-382.

[3] Sionkowska A. Molecular interactions in collagen and chitosan blends. Biomaterials，2004，25 (5)：795-801.

[4] Mo X M，Xu C Y，Kotaki M. Electrospun p(Lla-Cl) nanofiber：A biomimetic extracellular matrix for smooth muscle cell and endothelial cell proliferation [J]. Biomaterials，2004，25 (10)：1883-1890.

[5] Xu C. Aligned biodegradable nanofibrous structure：A potential scaffold for blood vessel engineering [J]. Biomaterials，2004，25 (5)：877-886.

[6] Xu C，Inai R，Kotaki M. Electrospun nanofiber fabrication as synthetic extracellular matrix and its potential for vascular tissue engineering [J]. Tissue Engineering，2004，10：1160-1168.

[7] Mo X，Weber H J. Electrospinning p(Lla-Cl) nanofiber：A tubular scaffold fabrication with circumferential alignment [J]. Macromolecular Symposia，2004，217 (1)：413-416.

[8] Kim B S，Mooney D J. Development of biocompatible synthetic extracellular matrices for tissue engineering [J]. Trends Biotechnol，1998，16 (5)：7.

[9] Di Lullo G A，Sweeney S M，Korkko J. Mapping the ligand-binding sites and disease-associated mutations on the most abundant protein in the human，type I collagen [J]. J. Biol. Chem.，2002，277 (6)：4223-4231.

[10] Weinberg B C，Bell E. A blood vessel model constructed from collagen and cultured vascular cells [J]. Science，1986，231 (24)：397-400.

[11] Ziegler T，Alexander R W，Nerem R M. An endothelial cell-smooth muscle cell co-culture model for use in the investigation of flow effects on vascular biology [J]. Annals of Biomedical Engineering，1995，23 (3)：216-225.

[12] Fujita M，Ishihara M，Morimoto Y. Efficacy of photocrosslinkable chitosan hydrogel containing fibroblast growth factor-2 in a rabbit model of chronic myocardial infarction [J]. J. Surg. Res.，2005，126

(1)：27-33.

[13] Luong-Van E, Grondahl L, Chua K N. Controlled release of heparin from poly(Epsilon-Caprolactone) electrospun fibers [J]. Biomaterials, 2006, 27 (9)：2042-2050.

[14] Rogers C, Karnovsky M J, Edelman E R. Inhibition of experimental neointimal hyperplasia and thrombosis depends on the type of vascular injury and the site of drug administration [J]. Circulation, 1993, 88 (3)：1215-1221.

[15] Edelman E R, Nathan A, Katada M. Perivascular graft heparin delivery using biodegradable polymer wraps [J]. Biomaterials, 2000, 21：2279-2286.

[16] Tanaka M, Motomura T, Kawada M. Blood compatible aspects of poly (2-Methoxyethylacrylate) (PMEA)-relationship between protein adsorption and platelet adhesion on PMEA surface [J]. Biomaterials, 2000, 21：1471-1481.

[17] Hay E D. Extracellular matrix alters epithelial differentiation [J]. Current Opinion in Cell Biology, 1993, 5 (6)：1029-1035.

[18] Howe A, Aplin A E, Alahari S K. Integrin signaling and cell growth control [J]. Current Opinion in Cell Biology, 1998, 10 (2)：220-231.

[19] Sarkar S, Schmitz-Rixen T, Hamilton G. Achieving the ideal properties for vascular bypass grafts using a tissue engineered approach：A review [J]. Med. Biol. Eng. Comput. , 2007, 45 (4)：327-336.

[20] Pham Q P, Sharma U, Mikos A G. Electrospun poly(Epsilon-Caprolactone) microfiber and multilayer nanofiber/microfiber scaffolds：Characterization of scaffolds and measurement of cellular infiltration [J]. Biomacromolecules, 2006, 7 (10)：2796-2805.

[21] Ju Y M, Choi J S, Atala A. Bilayered scaffold for engineering cellularized blood vessels [J]. Biomaterials, 2010, 31 (15)：4313-4321.

[22] Altankov G, Grinnell F, Groth T. Studies on the biocompatibility of materials：fibroblast reorganization of substratum-bound fibronectin on surfaces varying in wettability [J]. Journal of Biomedical Materials Research, 1996, 30：385-391.

[23] Bartolo L D, Morelli S, Bader A. The influence of polymeric membrane surface free energy on cell metabolic functions [J]. Journal of Materials Science：Materials in Medicine, 2001, 2：959-963.

[24] Lampin M, Warocquier-Clerout R, Legris C. Correlation between substratum roughness and wettability, cell adhesion, and cell migration [J]. Journal of Biomedical Materials Research, 1997, 36：99-108.

[25] Wang H, Feng Y, Fang Z. Co-electrospun blends of Pu and Peg as potential biocompatible scaffolds for small-diameter vascular tissue engineering [J]. Materials Science and Engineering：C, 2012, 32 (8)：2306-2315.

[26] Chen J P, Chang G Y, Chen J K. Electrospun collagen/chitosan nanofibrous membrane as wound dressing [J]. Colloids and Surfaces A：Physicochemical and Engineering Aspects, 2008, 313 - 314：183-188.

[27] Chen Z, Wei B, Mo X. Mechanical properties of electrospun collagen - chitosan complex single fibers and membrane [J]. Materials Science and Engineering：C, 2009, 29 (8)：2428-2435.

[28] Chen L, Zhu C, Fan D. A human-like collagen/chitosan electrospun nanofibrous scaffold from aqueous solution：Electrospun mechanism and biocompatibility [J]. J. Biomed. Mater. Res. A. , 2011, 99 (3)：395-409.

[29] Konig G, McAllister T N, Dusserre N. Mechanical properties of completely autologous human tissue

engineered blood vessels compared to human saphenous vein and mammary artery [J]. Biomaterials, 2009, 30 (8): 1542-1550.

[30] L'Heureux N, Dusserre N, Konig G. Tissue-engineered blood vessels for adult arterial revascularization [J]. Nat. Med., 2006, 12 (3): 361-365.

[31] Isenberg B C, Williams C, Tranquillo R T. Small-diameter artificial arteries engineered in vitro [J]. Circ. Res., 2006, 98 (1): 25-35.

[32] L'Heureux N, McAllister T N, De La Fuente L M. Tissue-engineered blood vessel for adult arterial revascularization [J]. N. Engl. J. Med., 2007, 357 (14): 1451-1453.

[33] Kumar V A, Brewster L P, Caves J M. Tissue engineering of blood vessels: functional requirements, progress, and future challenges [J]. Cardiovasc. Eng. Technol., 2011, 2 (3): 137-148.

[34] L'Heureux N, Dusserre N, Marini A. Technology insight: The evolution of tissue-engineered vascular grafts—from research to clinical practice [J]. Nat. Clin. Pract. Cardiovasc. Med., 2007, 4 (7): 389-395.

[35] Wagenseil J E, Mecham R P. Vascular extracellular matrix and arterial mechanics [J]. Physiol. Rev., 2009, 89 (3): 957-989.

[36] Ravi S, Qu Z, Chaikof E L. Polymeric materials for tissue engineering of arterial substitutes [J]. Vascular, 2009, 17 (Suppl 1): S45-S54.

[37] Tai N R, Salacinski H J, Edwards A. Compliance properties of conduits used in vascular reconstruction [J]. Br. J. Surg., 2000, 87 (11): 1516-1524.

[38] Dobrin P B. Mechanical behavior of vascular smooth muscle in cylindrical segments of arteries in vitro [J]. Annals of Biomedical Engineering, 1984, 12: 497-510.

[39] Cambria R P, Megerman J, Brewster D C. The evolution of morphologic and biomechanical changes in reversed and in situ vein grafts [J]. Annals of Surgery, 1987, 205 (2): 167-174.

[40] McClure M J, Sell S A, Simpson D G. A three-layered electrospun matrix to mimic native arterial architecture using polycaprolactone, elastin, and collagen: A preliminary study [J]. Acta Biomater, 2010, 6 (7): 2422-2433.

[41] Roeder R, Wolfe J, Lianakis N. Compliance, elastic modulus, and burst pressure of small-intestine submucosa (sis), small-diameter vascular grafts [J]. J. Biomed. Mater. Res., 1999, 47 (1): 65-70.

[42] Lutolf M P, Hubbell J A. Synthetic biomaterials as instructive extracellular microenvironments for morphogenesis in tissue engineering [J]. Nature Biotechnology, 2005, 23: 47-55.

[43] Pham O P, Sharma U, Mikos A G. Electrospun poly(E-caprolactone) microfiber and multilayer nanofiber/microfiber scaffolds: Characterization of scaffolds and measurement of cellular infiltration [J]. Biomacromolecules, 2006, 7 (10): 2796-2805.

[44] Bergmeister H, Schreiber C, Grasl C. Healing characteristics of electrospun polyurethane grafts with various porosities [J]. Acta Biomater, 2013, 9 (4): 6032-6040.

丝素蛋白/P(LLA-CL)复合纳米纤维及其在神经组织再生中的应用

6.1 丝素蛋白和 P(LLA-CL)简介

6.1.1 丝素蛋白

蚕丝由丝素蛋白和丝胶蛋白两部分组成,其中丝胶蛋白包裹在丝素蛋白的外部,约占25%;丝素蛋白是蚕丝的主要组成部分,约占70%;杂质约占5%。丝素蛋白主要由甘氨酸(Gly,43%)、丙氨酸(Ala,30%)和丝氨酸(Ser,12%)等氨基酸组成。丝素蛋白除了碳、氢和氮三种元素外,还含有微量的铜、钾、钙、锶、磷、铁、硅等元素。这些元素与丝素蛋白的性能及蚕的吐丝机理等有紧密的联系[1]。

丝素蛋白属于一种天然的纤维蛋白质。随着基因技术和测试技术的快速发展,对于丝素蛋白分子链组成的认识日趋成熟,目前认为丝素蛋白是由三个亚单元组成的复合蛋白质,包括:(1)重链(H链)蛋白亚单元,H链主要由丙氨酸、甘氨酸和丝氨酸等组成,是由5263个氨基酸残基组成的长链状分子,平均相对分子质量为 $3.5×10^5$;(2)轻链(L链)亚单元,由262个氨基酸残基组成,平均相对分子质量为 $2.5×10^4$,重链和轻链之间通过二硫键相连;(3)P25蛋白,平均相对分子质量为 $2.5×10^4$,与L链的相对分子质量相近,但氨基酸组成完全不同,并且不与H链形成共价键结合,仅仅通过其他非共价键结合,作为丝素蛋白的微量成分存在[2]。组成重链的12个结构域形成蚕丝纤维的结晶区。但是,这些结晶区被无重复单元的主序列打散,所以纤维中只有少数有序的结构域。纤维中的结晶结构域由甘氨酸-丙氨酸- X 氨基酸的重复单元组成,X代表甘氨酸(Gly)、丝氨酸(Ser)、苏氨酸(Thr)和缬氨酸(Val)。在蚕丝纤维中,一个结晶结构域平均由381个氨基酸残基组成。每个结构域包含多个六缩氨酸组成的次级结构域。这些六缩氨酸包括 GAGAGS、GAGAGY、GAGAGA 或 GAGYGA,其中 G 为甘氨酸、A 为丙氨酸、S 为丝氨酸、Y 为酪氨酸。这些次级结构域以四缩氨酸结尾,比如 GAAS 或 GAGS。丝素蛋白重链中较少结晶形成的区域,也被称为连接区,长度在 42~44 个氨基酸残基,所有的连接区都有一个完全相同的 25 个氨基酸残基(非重复序列),这些氨基酸残基由结晶区所没有的带电荷的氨基酸组成。主序列是形成具有天然嵌段共聚物类似结构的疏水蛋白的主要原因[3]。

丝素蛋白分子构象主要有无规线团、α-螺旋、β-折叠,主要以 Silk Ⅰ型和 Silk Ⅱ型结晶形式。Silk Ⅰ型分子链主要以无规线团、α-螺旋构象存在；Silk Ⅱ型分子链主要以反平行β-折叠构象存在。在温度和溶剂影响下，Silk Ⅰ型易向 Silk Ⅱ型转变。Silk Ⅰ型是水溶性的，当 Silk Ⅰ型在甲醇或氯化钾溶液中时，可以观察到由无规线团、α-螺旋转变为β折叠结构。β折叠结构是由一侧为甘氨酸的氢和另一侧为丙氨酸的疏水性甲基形成的非对称结构，导致氢和甲基相互作用在晶区形成内折叠；强有力的氢键和范德华力产生的结构是热力学稳定的，氨基酸的分子内和分子间氢键垂直于分子链和纤维。由于β折叠是一种排列规整的结构，因而 Silk Ⅱ型不溶于水，同时不溶于多种溶剂，包括弱酸和碱性溶液及一些离子液体[4]。Valluzzi 等[5-6]报道在空气-水界面形成的超薄膜中观察到丝素蛋白的第三种结晶结构，被称为 Silk Ⅲ结晶形式，它的构象为 32-螺旋的六角型堆积，认为是 Silk Ⅰ型转变成 Silk Ⅱ型过程中的一种中间态。

由于丝素蛋白是一种自然界非常丰富的天然蛋白质，具有良好的生物相容性、生物可降解性、透气性、透湿性、无免疫原性等优点，近年来被广泛应用于组织工程领域，所制备的支架有水凝胶、多孔膜、多孔海绵、纤维等，主要应用于皮肤、骨、软骨、肌腱、神经导管、血管等组织的修复和再生[7]。

6.1.2 乳酸-己内酯共聚物

乳酸-己内酯共聚物为 L-乳酸和 ε-己内酯的共聚物[P(LLA-CL)]，通常以丙交酯和己内酯作为单体通过聚合获得。P(LLA-CL)有无规共聚物和嵌段共聚物。PCL 的玻璃化转变温度低($T_g=-60\ ℃$)，分子链柔顺，易于加工，但力学强度低，降解速率慢。PLLA 的玻璃化转变温度高($T_g=56\ ℃$)，力学强度高，刚性好，降解速率较快。因此，可以通过调节 L-乳酸和己内酯的摩尔比来控制 P(LLA-CL)的性能，使其具有更优异的生物可降解性能、力学性能及生物相容性。P(LLA-CL)可制备成纤维、纳米纤维支架、多孔支架、水凝胶、胶囊等，广泛用于外科手术缝合线、假体移植、药物载体及组织工程支架等生物医学领域[8-12]。目前，静电纺 P(LLA-CL)纳米纤维越来越受到人们的关注，尤其是作为血管支架的研究[13-15]。合成聚合物最大的缺点是缺少细胞结合位点[16]，丝素蛋白纳米纤维的力学性能差，两者结合可发挥其优点，同时克服其缺点，制备出既具有良好的生物相容性又具有更好的力学和化学性能的理想组织工程支架，用于软组织的修复和再生。

6.2 丝素蛋白/P(LLA-CL)复合纳米纤维的制备及性能

6.2.1 纺丝液浓度的影响

固定其他静电纺工艺参数(纺丝电压 10 kV，接收距离 13 cm，给液速率 1.2 mL/h)，配制质量体积比(g/mL)为 4%、6%、8%、10%和 12%的丝素蛋白/P(LLA-CL)共混溶液，溶剂采用六氟异丙醇，丝素蛋白与 P(LLA-CL)的质量比为 50/50，研究纺丝液浓度对纤维形貌及直径的影响。图 6-1 为不同纺丝液浓度下制备的静电纺纳米纤维的扫描电镜照片及纤维直径分布情况。可以发现，当纺丝液浓度为 4%时，有少量的纤维上有串珠；当纺丝液浓度从 6%增加到 12%，得到的都是无串珠的纤维。从纤维平均直径和标准偏差看，随着纺

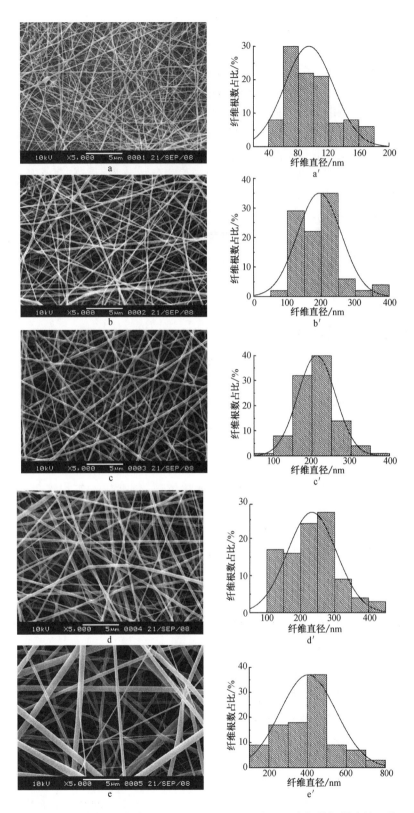

图 6-1 不同纺丝液浓度下丝素蛋白/P(LLA-CL) (50/50)纳米纤维扫描电镜照片及纤维
直径分布情况：a、a′.4%；b、b′.%；c、c′.8%；d、d′.10%；e、e′.12%

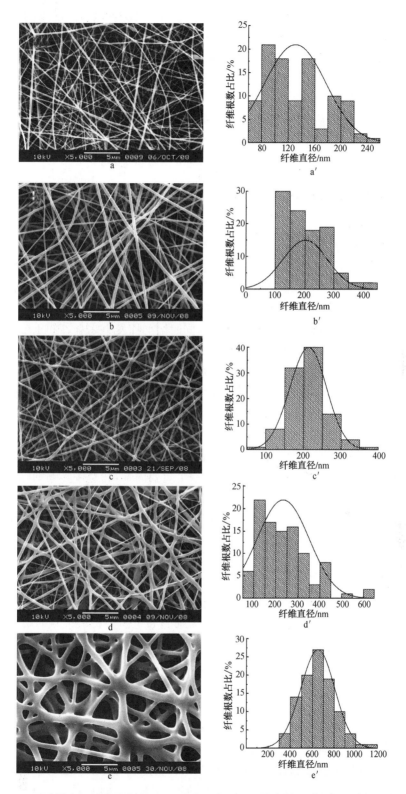

图 6-2　不同质量比下丝素蛋白/P(LLA-CL)纳米纤维扫描电镜照片及纤维直径分布情况：
a、a′. 100/0；b、b′. 5/25；c、c′. 50/50；d、d′. 25/75；e、e′. 0/100

丝液浓度从 4% 增加到 12%，纤维的平均直径从 94 nm 增大到 404 nm。在静电纺过程中，浓度增加导致溶剂的量减少，引起溶剂挥发所需时间及纤维成型所需时间，即纤维受电场力拉伸的时间变短，因此所得纤维直径增大。在尼龙[17]和聚醚砜[18]静电纺过程中，也有相似的现象。当纺丝液浓度为 12% 时，纤维平均直径和标准偏差显著增加，原因是更大的纺丝液浓度导致更多的聚合物分子之间相互缠结。纺丝液浓度分别为 6%、8% 和 10% 时，纤维平均直径相差不大；纺丝液浓度为 8% 时，纤维直径标准偏差最小。Christopherson 等[19]报道，纤维平均直径为 200 nm 左右时更有利于细胞黏附、增殖和迁移。因此，选择 8% 的纺丝液浓度作为丝素蛋白/P(LLA-CL)不同质量比的共混物的总浓度。

6.2.2　丝素蛋白/P(LLA-CL)质量比的影响

图 6-2 为不同质量比(100/0、75/25、50/50、25/75、0/100)的丝素蛋白/P(LLA-CL)纳米纤维的扫描电镜照片和纤维直径分布情况。纯的 P(LLA-CL)纳米纤维有更大的纤维直径和更宽的直径分布。从扫描电镜照片可以看出，纤维与纤维之间具有交联的网络结构。P(LLA-CL)的主链主要由饱和单键(—C—C—)构成，因为分子链可以围绕单键进行内旋转，具有较低的玻璃化转变温度，因而分子链段具有很好的柔顺性，使得其分子链较易移动，表现为很好的弹性，当纳米纤维堆积在铝箔上，同时溶剂挥发不完全，P(LLA-CL)分子链段相互移动并黏结在一起。随着丝素蛋白含量的增加，纤维直径从 646 nm 减小到 131 nm。其原因是丝素蛋白含量增加，纺丝液的导电性提高。丝素蛋白是典型的两性大分子电解质，由疏水嵌段和亲水嵌段组成：疏水嵌段是高度重复的序列，由短的侧链氨基酸(如甘氨酸、丙氨酸、丝氨酸)组成；亲水嵌段是更复杂的序列，由大的侧链氨基酸和带电荷的氨基酸组成[20]。因此，随着丝素蛋白的加入，离子增多，增加纺丝液的导电性。另一方面，纺丝液的电荷密度增加能增大静电场拉伸力，产生更细的纤维。

对于组织工程支架应用，纳米纤维直径是一个重要因素，它直接影响细胞在支架上的黏附、增殖及迁移性能，从而影响组织工程支架的构建。研究室发现可以通过控制纺丝液浓度和组分比例来调节丝素蛋白/P(LLA-CL)静电纺复合纤维的直径，以便构建理想的仿生细胞外基质组织工程支架。

6.2.3　纤维的表面化学性能

为了将静电纺纳米纤维更好地应用于生物医学领域，通过物理或化学的方法将生物活性分子和细胞识别配体固定在纳米纤维表面，为细胞和组织与材料接触时提供生物调节或仿生微环境。目前，在将生物活性分子(主要包括蛋白质、核酸和碳水化合物等)固定在纳米纤维上实现纳米纤维功能化方面，已经做了大量研究[21]。主要采用以下方法对纳米纤维进行功能化：

(1) 等离子处理，在纤维表面产生—COOH 或—NH$_2$，然后将多种细胞外基质蛋白质(如明胶、胶原、粘连蛋白和纤维蛋白原等)固载在处理后的纤维表面；(2)表面接枝；(3)物理吸附；(4)分子层层自组装；(5)共混静电纺，将一些生物活性分子，如各种蛋白质(明胶、胶原、粘连蛋白、丝素蛋白、纤维蛋白原等)与合成聚合物共混静电纺改善纤维的表面功能[22]。

大量研究表明，生物材料表面的功能基团(如—NH$_2$、—COOH、—OH 及—SO$_3$H)能控制细胞的生长或分化，诸如能促进人体的成骨细胞[23]、成纤维细胞[24]和间充质干细胞[25]

的黏附和分化等。除此之外,表面化学能调控细胞基质黏附的结构和分子组成及黏附斑激酶(FAK)信号[26]。Ren 等[27]研究发现不同的化学官能团对神经干细胞的生长影响不同。对细胞迁移的影响大小顺序为—NH₂>—COOH>—SH[—SO₃H]>—CH₃>—OH。有—SO₃H 的表面更有利于细胞分化成少突胶质细胞,而有—COOH、—NH₂、—SH 和—CH₃的表面有能力分化成神经元、形状胶质细胞和少突胶质细胞。因此,生物材料表面的功能基团对于细胞的黏附、迁移和分化都是非常重要的。

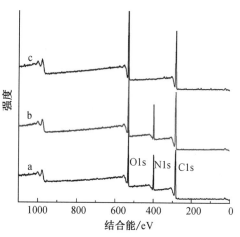

图 6-3　纤维的 XPS 谱图:a—丝素蛋白纳米纤维; b—丝素蛋白/P(LLA-CL)(50/50)纳米纤维; c—P(LLA-CL)纳米纤维

纳米纤维的表面化学(即表面的元素含量)可通过 X 射线光电子能谱(XPS)分析。图 6-3 所示为丝素蛋白、丝素蛋白/P(LLA-CL)(50/50)及 P(LLA-CL)所制备的三种纳米纤维的 XPS 能谱图。丝素蛋白纳米纤维、丝素蛋白/P(LLA-CL)纳米纤维的 XPS 能谱图上出现了三个峰,分别是 C1s(结合能为 285 eV)、N1s(结合能为 399 eV)和 O1s(结合能为 531 eV),而 P(LLA-CL)纳米纤维的 XPS 能谱图上没有出现 N1s 峰。从 XPS 能谱图可得出三种纳米纤维表面的氮、氧和碳元素含量(表 6-1)。在丝素蛋白纳米纤维表面,碳、氧和氮元素含量分别为 58.34%、24.07% 和 17.59%。在丝素蛋白/P(LLA-CL)(50/50)纳米纤维表面,碳、氧和氮元素含量分别 59.20%、25.61%和 15.19%。和丝素蛋白纳米纤维相比较,丝素蛋白/P(LLA-CL)(50/50)纳米纤维表面的碳和氧元素含量仅增加 0.86%和 1.54%,氮元素含量减少 2.4%。这些结果表明丝素蛋白主要分布在纤维表面。He 等[28]将胶原蛋白与 P(LLA-CL) 共混静电纺时也发现胶原蛋白主要分布在纤维表面。合成聚合物[如 PGA、PLLA、PLGA 和 P(LLA-CL)等]都是生物惰性的,不具有生物学功能,缺少细胞结合位点[16]。丝素蛋白是一种天然蛋白质,具备有生物活性功能的基团(如—NH₂、—COOH 和—OH),引入纤维能为细胞提供结合位点,促进细胞和材料的相互作用。

表 6-1　纤维表面的 C、O、N 元素含量

纤维种类	元素含量/%		
	C	O	N
丝素蛋白纳米纤维	58.34	24.07	17.59
P(LLA-CL)纳米纤维	65.90	34.10	0.00
丝素蛋白/P(LLA-CL)(50/50)纳米纤维	59.20	25.61	15.19

6.2.4　¹³C CP/MAS 核磁共振分析

近年来,由于蛋白质中各向同性¹³C 核磁共振(NMR)的化学位移对二级结构很敏感,固

态^{13}C CP/MAS NMR 成为分析聚合物包括多肽和蛋白质微细结构的有效手段。前面已经提到蚕丝的丝素蛋白的构象主要为无规线团(Silk Ⅰ)和β-折叠(Silk Ⅱ)。丝素蛋白的构象可以利用甘氨酸、丙氨酸及丝氨酸中^{13}C 的化学位移表征,尤其是丙氨酸中 C^β 的化学位移对丝素蛋白的构象特别敏感。为了更好地分析^{13}C NMR 谱,将文献报道的丝素蛋白的 Silk Ⅰ 和 Silk Ⅱ中主要氨基酸^{13}C 的化学位移列于表 6-2 中,将文献报道的 PCL 和PLLA 中各种^{13}C 的化学位移列于表 6-3 中。

表 6-2　丝素蛋白的主要氨基酸中^{13}C 的化学位移[29-30]

项目	丙氨酸(Ala)		甘氨酸(Gly)		丝氨酸(Ser)
	C^α	C^β	C^α	C^β	C^α
Silk Ⅱ	48.6～49.7	18.5～20.2	42.8～43.9	63.1～64.1	53.1～54.8
Silk Ⅰ	49.7～52.6	14.5～17.5	42.6～43.8	59.0～61.0	54.0～56.8

表 6-3　PCL 和 PLLA 中^{13}C 的化学位移[31-32]

项目	分子结构	碳	化学位移
PCL		1	175.0
		2	66.0
		3	29.8
		4,5	26.7
		6	34.8
PLLA		CH₃	16.7
		—CH—	69.0
		C=O	169.6

图 6-4 为丝素蛋白纳米纤维、P(LLA-CL)纳米纤维及丝素蛋白/P(LLA-CL)纳米纤维的^{13}C CP/MAS NMR 谱图。在 P(LLA-CL) 纳米纤维的^{13}C CP/MAS NMR 谱图上,171.0、169.7 分别为共聚物中两种羰基碳的化学位移;17.1、69.9 分别为左旋乳酸的甲基和亚甲基碳的化学位移;64.4、33.8 为己酯的 C2 和 C6 的亚甲基碳的化学位移;28.7 为 C3 的化学位移;25.5 为 C4、C5 的化学位移。在丝素蛋白的^{13}C CP/MAS NMR 谱图上,172.2、60.6、50.9、43.3 分别为丝素蛋白的羰基碳、丝氨酸的 C^β、丙氨酸的 C^α、甘氨酸的 C^α 的化学位移;16.8 为丙氨酸的 C^β 的化学位移。从表 6-4 可以看到,两种物质以不同比例共混后,172.3～170.0 为两种物质中羰基碳贡献的化学位移,没有出现双峰;16.5 为两种物质中甲基贡献的化学位移。同时发现有的碳的化学位移基本不变,而有的碳的化学位移发生不同程度的移动,如丝氨酸的 C^β、丙氨酸的 C^α 及 P(LLA-CL)中 PLLA 的亚甲基、C2、C4 和 C5。原因可能是两种物质在强极性的溶剂中共混,分子链之间会产生一定的相互作用,使得碳周围的化学微环境发生某种程度的变化,引起化学位移的变化。从丙氨酸的 C^β

和 C^α 的化学位移来看,共混后,丝素蛋白主要仍以无规线团构象存在。

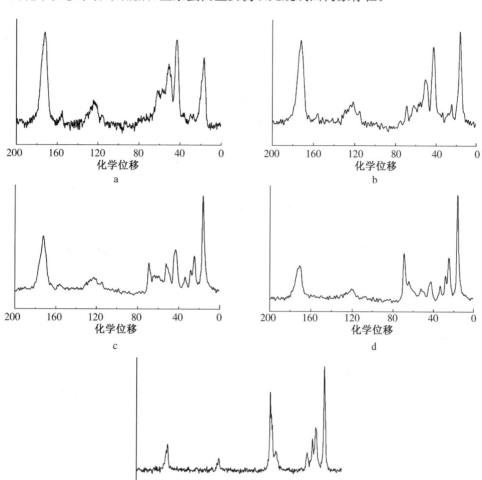

图 6-4　不同质量比下丝素蛋白/P(LLA-CL)纳米纤维的 ^{13} C CP/MAS NMR 谱图:
a. 100/0; b. 75/25; c. 50/50; d. 25/75; e. 0/100

表 6-4　不同质量比下丝素蛋白/P(LLA-CL)纳米纤维的 ^{13} C 的化学位移

丝素蛋白/P (LLA-CL) 质量比	C=O	C^α (Gly)	C^β (Ser)	C^α (Ala)	C^β (Ala), CH_3 (PLLA)	C(PLLA)	C2	C3	C4, C5	C6
100/0	172.2	43.1	60.6	50.9	16.8					
75/25	172.0	42.7	61.8	50.6	16.5	68.7	—	28.3	24.7	33.6
50/50	172.3	43.0	61.6	52.3	16.5	69.0	63.5	28.3	24.8	33.7
25/75	170.9	42.7	—	52.3	16.5	69.1	64.2	28.3	25.0	33.5
0/100	173.2, 169.5				17.1	69.9	64.4	28.6	25.5	33.8

为了改善丝素蛋白的力学性能,通常与其他合成高分子材料共混。有的合成高分子材料能诱导丝素蛋白的构象发生转变,如聚羟亚烃[33]、PLLA[34]。但是,有的聚合物与丝素蛋白共混并不能诱导丝素蛋白的构象发生转变,如乙烯醇[35]、聚丙烯酰胺[36]。丝素蛋白的构象转变机理主要是原有氢键作用发生削弱或部分破坏,形成新的氢键,使分子链重排转变为更稳定的β-折叠。对于丝素蛋白和P(LLA-CL)共混,也许P(LLA-CL)中的羰基与丝素蛋白分子中的—NH₂或—OH产生一定的氢键作用,但不足以使其构象转变。

6.2.5　纤维的亲疏水性

为了明确丝素蛋白含量对纳米纤维润湿性的影响,测量纳米纤维的接触角,如图6-5所示。丝素蛋白纳米纤维是超亲水性的,主要因为丝素蛋白有—NH₂、—COOH和—OH等亲水基团,并且丝素蛋白以易溶于水的无规线团构象存在。P(LLA-CL)纳米纤维的接触角为120°,表明其是疏水性的。随着丝素蛋白/P(LLA-CL)质量比从75/25增加到25/75,丝素蛋白/P(LLA-CL)纳米纤维的接触角从75.5°增加到87.9°,这说明丝素蛋白能明显改善丝素蛋白/P(LLA-CL)纳米纤维的亲水性。据文献报道,亲水性的表面更有利于细胞的黏附、增殖及细胞骨架的形成,而亲油性的表面更有利于蛋白质的黏附。吸附的蛋白质(如层黏蛋白、纤连蛋白和玻联蛋白

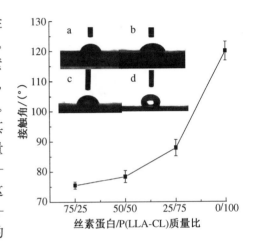

图6-5　不同质量比下丝素蛋白/P(LLA-CL)纳米纤维的接触角:a. 75/25;b. 50/50;c. 25/75;d. 0/100

等)是可调节细胞接触和延展的蛋白质。这些蛋白质中,特定的寡肽区域(细胞键合区域)的作用与配体的作用相似,可特别识别并与细胞表面的整联蛋白受体键合[37-38]。因此,支架材料表面的亲水、亲油平衡对于细胞的黏附、增殖和迁移是非常重要的。

6.2.6　纤维的力学性能

图6-6所示为不同质量比的丝素蛋白/P(LLA-CL)纳米纤维的应力-应变曲线(图中三根曲线表示测试三次)。表6-5总结了不同纳米纤维的平均断裂伸长率和断裂强度。从图6-6a可知,丝素蛋白纤维呈典型脆性断裂。丝素蛋白是一种天然蛋白质,由多种氨基酸形成多肽,然后通过分子间的氢键、范德华力等形成不同的构象,分子中的极性基团及氢键阻碍着链段的运动。纳米纤维的力学性能除了与材料本身性能有关,还与纤维的结构(如纤维直径、纤维长度、孔隙率、孔径等)有关。从试验结果看,丝素蛋白纳米纤维比其他纳米纤维短且很疏松,这也许是丝素蛋白应力、应变小的一个原因。因而丝素蛋白纳米纤维不适宜作为要求一定力学性能的组织工程支架,尤其是血管和神经导管等管状支架。显然,在丝素蛋白中加入一种合成聚合物以提高支架的力学性能是很有必要的。从图6-6b可知,随着共混体系中加入25%的P(LLA-CL),纳米纤维应力-应变曲线上出现了屈服点,屈服应变和屈服应力分别为(7.29±0.19)%、(3.55±0.69)MPa;屈服点后,纤维在不增加外力或外力增加不大的情况下能发生形变;然后,曲线再次上升,直到最后断裂。纤维的断裂伸长率达

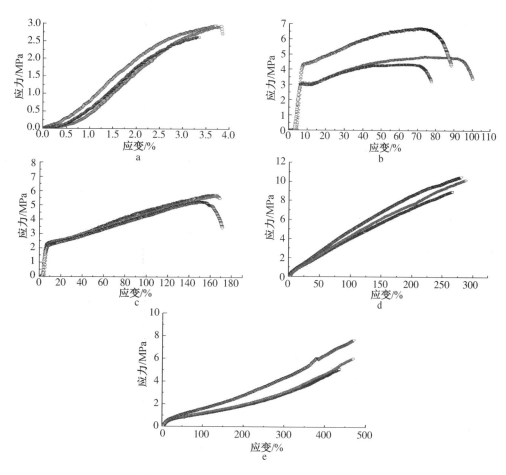

图6-6　不同质量比下丝素蛋白/P(LLA-CL)纳米纤维的应力-应变曲线：
a. 100/0；b. 75/25；c. 50/50；d. 25/75；e. 0/100

到(82.86±10.80)％，断裂强度为(5.00±0.44)MPa。因此，加入质量分数25％的P(LLA-CL)时，丝素蛋白/P(LLA-CL)纳米纤维呈韧性断裂，说明只要加入少量的P(LLA-CL)，就能大大提高纤维的力学性能。两种物质共混，两相间的相容性是影响共混纤维力学性能的重要因素，相容性太好则形成均相体系，得不到原有材料的优良性能；相容性太差则两相间的结合力太差，界面发生分离，起不到增韧的作用。丝素蛋白和P(LLA-CL)溶解在强极性的HFIP溶液中，由于强极性溶剂的作用，削弱了本身分子之间的作用力，使得各种物质分子溶解在溶剂中，由于P(LLA-CL)分子中的—COOH与丝素蛋白分子中的—NH₂或—OH能够形成氢键，两种物质具有一定的相容性，但是由于P(LLA-CL)主要由亲油性的烷基链段组成，而丝素蛋白由氨基酸的多肽组成，很难得到两者完全相容的体系。加入质量分数25％的P(LLA-CL)，看到两种物质共混后，每种物质保持有一定的力学性能，其中P(LLA-CL)起到了增韧的作用。P(LLA-CL)质量分数增加到50％，有类似的应力-应变曲线，但屈服应力减小到(2.26±0.09)MPa，平均断裂伸长率和断裂强度分别增加到(168.75±29.70)％、(5.62±1.61)MPa。P(LLA-CL)质量分数增加到75％，丝素蛋白分散在P(LLA-CL)中，屈服点消失，得到应变逐渐随应力增加的曲线，和P(LLA-CL)纳米纤维相比,弹性模量明显提高,断裂强度提高。丝素蛋白分散在 P(LLA-CL)中,主要起增强作用。P(LLA-CL)是一种很好的弹性体,其纳米纤维有较高的断裂伸长率。

表 6-5 不同质量比下丝素蛋白/P(LLA-CL)纳米纤维的力学性能

丝素蛋白/P(PLLA-CL)质量比	厚度/mm	断裂伸长率/%	断裂强度/MPa
100/0	0.050±0.005	3.85±0.30	2.72±0.60
75/25	0.082±0.006	82.86±10.80	5.00±0.44
50/50	0.075±0.004	168.75±29.70	5.62±1.61
25/75	0.078±0.008	279.67±34.98	10.60±2.45
0/100	0.088±0.005	458.83±19.35	6.29±1.30

从以上力学性能分析可知,丝素蛋白和 P(LLA-CL)共混制备纳米纤维,可以结合两者的优点,使纤维的力学性能得到明显改善,并且可以通过改变丝素蛋白和 P(LLA-CL)共混比例来调整纤维的力学性能,以满足不同支架材料的力学性能要求。

6.2.7 纤维的生物相容性

6.2.7.1 内皮细胞的黏附

细胞种植在支架上,首先是细胞在支架上的黏附。只有细胞稳固地黏附在支架表面,才能开始增殖、迁移、分化或者合成细胞外基质(ECMs)[39]。细胞在支架表面的黏附主要有非特异性黏附和特异性黏附[40]。非特异性黏附是由细胞通过自身重力,以及细胞和支架之间的范德华力、静电力等作用引起的,比较迅速;特异性黏附又称细胞识别,是由细胞通过与支架表面的一些生物活性分子(如细胞外基质蛋白、细胞膜蛋白、细胞骨架蛋白等)的相互识别引起的,黏附期较长[41-42]。图 6-7 所示为内皮细胞在不同质量比的丝素蛋白/P(LLA-CL)纳米纤维支架和盖玻片上的黏附情况。黏附试验种植内皮细胞的密度为$2.0×10^4$个/孔。可以看到,与盖玻片相比,纳米纤维支架具有更好的细胞黏附,这可能与纳米纤维支架的结构有关。大量研究发现,和其他形式的材料相比,多种细胞(如内皮细胞、软骨细胞、成纤维细胞、老鼠肾脏细胞、平滑肌细胞、神经干细胞和胚胎干细胞等)在各种纳米纤维支架上都能很好地黏附,并且和相同组成的微米纤维支架相比,细胞更容易在纳米纤维支架上黏附[39-43]。同时发现,丝素蛋白/P(LLA-CL)纳米纤维支

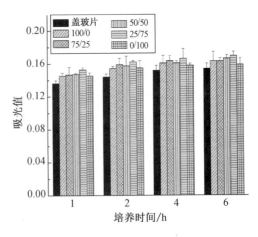

图 6-7 内皮细胞在不同质量比的丝素蛋白/P(LLA-CL)纳米纤维支架及盖玻片上的黏附情况

架比 P(LLA-CL)纳米纤维支架更有利于内皮细胞的黏附。其原因是 P(LLA-CL)缺少内皮细胞的识别位点,而且其亲水性差,而亲水性材料更利于细胞黏附[43]。不同质量比的丝素蛋白/P(LLA-CL)纳米纤维支架之间没有明显差异。

6.2.7.2　内皮细胞的增殖

增殖试验中,内皮细胞的种植密度为8000 个/孔。图6-8所示为内皮细胞在不同质量比的丝素蛋白/P(LLA-CL)纳米纤维支架和盖玻片上的增殖情况。与盖玻片相比,纳米纤维支架更有利于细胞增殖。培养 1 d 后,细胞在各纳米纤维支架上的增殖情况没有显著性差异。培养 3 d 后,细胞在丝素蛋白/P(LLA-CL)(25/75)纳米纤维支架上的增殖情况与盖玻片相比有显著性差异($p<0.05$)。培养 5 d后,细胞在丝素蛋白/P(LLA-CL)纳米纤维支架上的增殖情况与盖玻片相比有重要差异($p<0.01$ 和 $p<0.05$)。同时,细胞在丝素蛋白/P(LLA-CL)(25/75)纳米纤维支架上的增

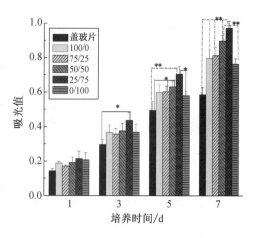

图 6-8　内皮细胞在不同质量比的丝素蛋白/P(LLA-CL)纳米纤维支架及盖玻片上的增殖情况

殖情况与 P(LLA-CL)纳米纤维支架相比也有显著性差异($p<0.05$)。培养 7 d 后,细胞在丝素蛋白和丝素蛋白/P(LLA-CL)纳米纤维支架上的增殖情况与盖玻片相比有明显的不同($p<0.01$),并且细胞在丝素蛋白/P(LLA-CL)(50/50 和 25/75)纳米纤维支架上的增殖情况明显高于P(LLA-CL)纳米纤维支架($p<0.01$)。这些结果表明丝素蛋白/P(LLA-CL)纳米纤维支架更能促进内皮细胞的增殖,当丝素蛋白/P(LLA-CL)质量比为25/75时,更有利于内皮细胞的生长。

6.2.7.3　内皮细胞形貌观察

将内皮细胞种植在不同质量比的丝素蛋白/P(LLA-CL)纳米纤维支架上培养 3 d,再经过处理,然后用扫描电镜观察内皮细胞在纳米纤维支架上的形貌。内皮细胞的种植密度为1.0×10^4个/孔。图 6-9 所示为内皮细胞在不同质量比的丝素蛋白/P(LLA-CL)纳米纤维支架上及盖玻片上培养 3 d 后的扫描电镜照片。内皮细胞在丝素蛋白纳米纤维支架上,其形貌主要呈扩散的梭形,还有少量圆形;内皮细胞在丝素蛋白/P(LLA-CL)(25/75)纳米纤维支架上培养,能更好地扩散,在纤维表面形成一个内皮细胞单层;内皮细胞在 P(LLA-CL)纳米纤维支架上培养,不能很好地铺展。He 等[44-45]报道了内皮细胞在 P(LLA-CL)纳米纤维支架上培养,其形貌呈圆形而不是扩散的,而内皮细胞在表面涂有胶原蛋白的 P(LLA-CL)纳米纤维支架上培养,其形貌呈扩散的多边形;并采用胶原蛋白和 P(LLA-CL)共混制备纳米纤维支架,发现内皮细胞在共混纳米纤维支架上有更好的扩散形貌。由此可见,内皮细胞在共混纳米纤维支架上能更好地扩散,有利于在纤维表面形成内皮细胞单层,而生物材料内皮化是阻止小直径血管支架血管内膜增生的理想方式之一。

6.2.7.4　体内组织相容性

本试验由广州迈普再生医学科技有限公司及广州金域医学检验中心协助完成,并提供试验数据。由于丝素蛋白纳米纤维的脆性大,易破裂,而 P(LLA-CL)纳米纤维的弹性较大,易发生蜷缩,这两种样品未植入动物体内进行试验。选用健康新西兰兔(其质量为 $2.0 \sim 2.5$ kg),采用 10%水合氯醛按 0.3 mL/(100 g)对兔子进行麻醉,将经过 γ 射线辐照灭菌处

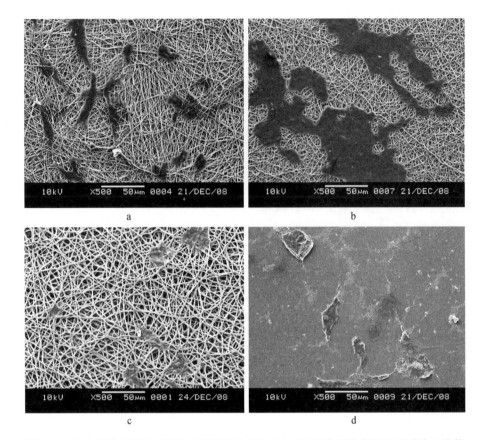

图 6-9 内皮细胞在不同质量比的丝素蛋白/P(LLA-CL)纳米纤维支架及盖玻片上培养
3 d 后的扫描电镜照片：a. 100/0；b. 25/75；c. 0/100；d. 盖玻片

理的一定尺寸的纳米纤维植入兔子的背部，在创缘外缝线打包固定。操作完成后，分笼饲养。

（1）植入区的 HE 染色。石蜡切片、常规二甲苯脱蜡、下行酒精水化至自来水冲洗，蒸馏水漂洗后，加入苏木精染色 4～5 min，自来水冲洗 1 min，加入 5% 冰醋酸分化液中分化 30～40 s，再用自来水冲洗冰醋酸分化液，放置于自来水中蓝化至细胞核呈现鲜艳的蓝色或 1 h 以上，加入伊红染色 2～3 min，上行梯度酒精（70%、80%、95%、100%）脱水，吹干或用滤纸吸干组织切片，中性树胶透明与封片。

（2）大体观察。试验动物在术后 1～5 h 后恢复活动，1 d 后进食正常，1 周后伤口基本愈合，伤口没有红肿、感染等并发症。

（3）纳米纤维形貌观察。植入前，三种质量比的纳米纤维都呈白色，整齐。植入 1 周后，三种质量比的纤维都呈白色，折叠。植入 2 周后，丝素蛋白/P(LLA-CL)（75/25）纤维呈白色，折叠，质地未变；其余两种质量比的纤维为白色，折叠，质地未变，有淤血。植入 4 周后，三种质量比的纤维都呈白色，折叠，质地未变，被一层薄膜包裹。植入 12 周后，丝素蛋白/P(LLA-CL)（75/25）纤维折叠，面积稍有减少；丝素蛋白/P(LLA-CL)（50/50）纤维折叠成约 1 cm 的扁豆状；丝素蛋白/P(LLA-CL)（25/75）纤维有一点点折叠，面积基本未变。

（4）组织学观察。对三种质量比的丝素蛋白/P(LLA-CL)纳米纤维植入兔体内 2 周后进行组织学观察，如图 6-10 所示。a 为丝素蛋白/P(LLA-CL)（75/25）纳米纤维，左图右下角均质红染的条带为植入物,周围为新生纤维组织(×50);右图左侧及下方均质红染的条带为植入物,周围为新生纤维组织(×50)。从图中可知,植入物与周围新生组织结合相对紧密,局部可见较多浆细胞浸润,新生毛细血管明显增多,植入物周围可见异物巨细胞,新生组织以成纤维细胞为主,伴有少量浆细胞浸润,表明植入物与周围新生组织相容性良好。b 为丝素蛋白／P(LLA-CL)(50/50)纳米纤维,左图下方红染均质的条带为植入物,其上为新生纤维组织(×50);右图带状均质红染为植入物,其周围为新生纤维组织(×25)。从图中可观察到植入物表面可见较多纤维细胞覆盖,与周围新生组织结合紧密;周围新生组织可见大量成纤维细胞增生,可见少量浆细胞,说明植入物与周围新生组织相容性良好。c 为丝素蛋白／P(LLA-CL)(25/75)纳米纤维,左图新生纤维组织,可见较多毛细血管增生(×25);右图表皮及真皮层结构,未见炎细胞浸润(×25)。从图中可知,皮下组织内未见植入物,可见大量增生的纤维组织及增生的毛细血管,局部可见纤维组织胶原化,组织间隙未见明显的炎细胞及异物巨细胞浸润,可能是切片时没有切到植入物,而从周围组织的组织切片 HE 染色图看,丝素蛋白／P(LLA-CL)(25/75)纳米纤维具有良好的组织相容性。

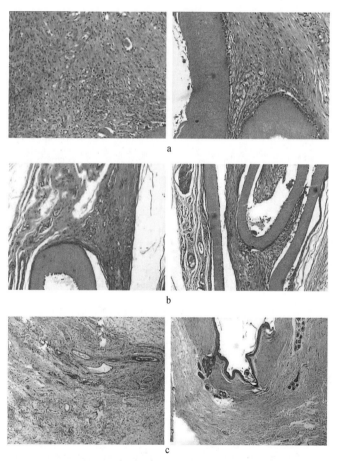

图 6-10　不同质量比的丝素蛋白/P(LLA-CL)纳米纤维植入动物体内 2 周后的
组织切片 HE 染色图: a. 75/25; b. 50/50; c. 25/75

　　作为组织工程支架材料,最终要植入人体,用以修复或替代人体组织或器官。因此,组织工程支架材料的体内组织相容性是首先要考虑的问题。体内组织相容性主要指生物材料与人体组织相互接触后,在生物材料与人体组织界面之间会发生一系列相互作用,最后被人体组织接受的性能[46]。良好的组织相容性是组织工程支架材料应用于临床的前提。评价材料组织相容性最常用的方法是体内植入法。体内植入法主要有皮下植入、肌肉植入、骨内植入等。本试验采用皮下植入法。生物材料植入体内后,周围组织会对其排异,引起局部炎症反应,材料将被纤维结缔组织包裹而与周围组织隔离,并且各种炎性细胞不断侵入,进行防御。在局部炎症的反应过程中,在炎症早期,主要有中性粒细胞和单核细胞浸润,主要表现为急性炎症;在炎症后期,主要有巨噬细胞、淋巴细胞和浆细胞浸润,表现为慢性炎症[47-48]。从以上的组织学分析(HE 染色)结果看,不同质量比的丝素蛋白/P(LLA-CL)纳米纤维仅引起体内很轻微的炎症反应,表现出良好的体内组织相容性。

6.3　丝素蛋白/P(LLA-CL)复合纳米纤维的降解性能

6.3.1　纤维形貌

为了对静电纺纳米纤维的降解过程有一个更直观的了解,利用扫描电镜对降解前和降解不同时间的纳米纤维进行观察。图 6-11 为不同质量比的丝素蛋白/P(LLA-CL)纳米纤维的扫描电镜照片,其中 a～c 经过甲醇蒸气处理,使丝素蛋白的构象转变成不溶于水的 β-

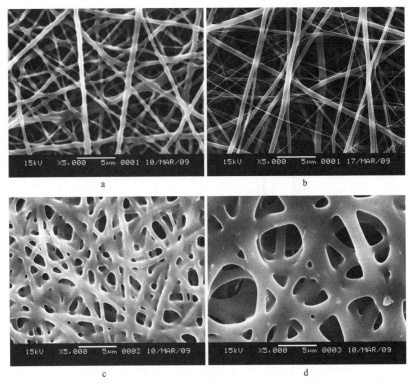

图 6-11　不同质量比的丝素蛋白/P(LLA-CL)纳米纤维的扫描电镜照片:
a. 100/0; b. 50/50; c. 25/75; d. 0/100

折叠结构。由于 P(LLA-CL)是一种弹性体,其静电纺纳米纤维比较容易黏结在一起。

图 6-12 为不同质量比的丝素蛋白／P(LLA-CL)纳米纤维在 37 ℃ PBS 溶液中降解 1 个月的扫描电镜照片。和降解前相比,纤维有些溶胀。宏观观察发现纳米纤维和降解前没有什么区别。图 6-13 为不同质量比的丝素蛋白／P(LLA-CL)纳米纤维在 37 ℃ PBS 溶液中降解 3 个月的扫描电镜照片,和降解 1 个月的纳米纤维相比,丝素蛋白质量比为 100％和 50％时,纤维形貌变化不大;丝素蛋白质量比为 25％时,纤维溶胀比降解 1 个月时厉害,纤维变形更大;丝素蛋白质量比为 0 时,即 P(LLA-CL)纳米纤维,看不到纤维形貌,形成平整表面,并且宏观上已经变成透明状。

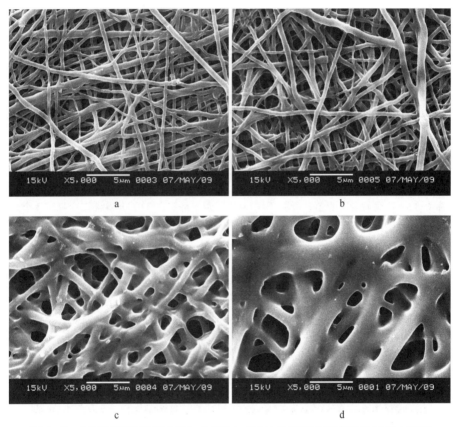

图 6-12　不同质量比的丝素蛋白/P(LLA-CL)纳米纤维在 37 ℃ PBS 溶液中降解
1 个月的扫描电镜照片:a. 100/0; b. 50/50; c. 25/75; d. 0/100

图 6-14 所示为不同质量比的丝素蛋白／P(LLA-CL)纳米纤维在 37 ℃ PBS 溶液中降解 6 个月的扫描电镜照片。和降解 1、3 个月相比,丝素蛋白质量比为 100％时,即丝素蛋白纳米纤维,有少量的纤维发生断裂,并且纤维表面有一些晶状小颗粒;丝素蛋白质量比为 50％时,有较多的纤维发生断裂;丝素蛋白质量比为 25％时,由于溶胀,纤维和孔几乎被覆盖,看不到纤维形貌;丝素蛋白质量比为 0 时,即 P(LLA-CL)纳米纤维,宏观上已经成为黏性体,因此未使用 SEM 观察其形貌。

从以上利用扫描电镜对静电纺纳米纤维降解过程的观察,发现丝素蛋白纳米纤维和丝素蛋白／P(LLA-CL)（50/50）纳米纤维在降解过程中主要表现为纤维断裂,而丝素蛋白／

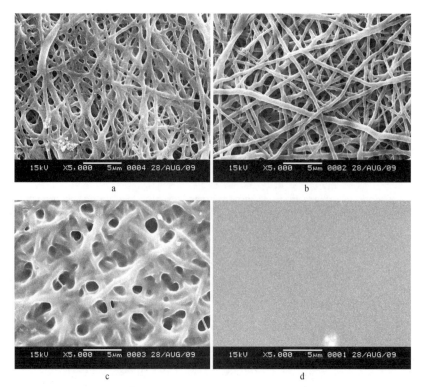

图 6-13　不同质量比的丝素蛋白/P(LLA-CL)纳米纤维在 37 ℃ PBS 溶液中降解 3 个月
的扫描电镜照片：a. 100/0；b. 50/50；c. 25/75；d. 0/100

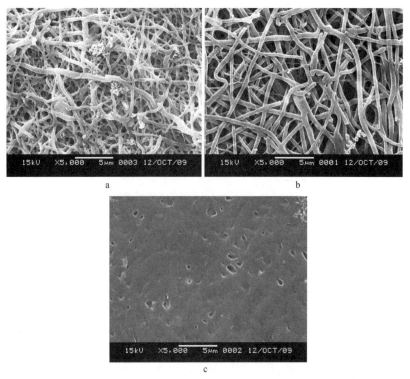

图 6-14　不同质量比的丝素蛋白/P(LLA-CL)纳米纤维在 37 ℃ PBS 溶液中降解
6 个月的扫描电镜照片：a. 100/0；b. 50/50；c. 25/75

P(LLA-CL)（25/75）纳米纤维和P(LLA-CL)纳米纤维主要表现为纤维溶胀。P(LLA-CL)是一种具有很好弹性的聚合物,其玻璃化转变温度(T_g)在0℃以下,根据文献报道,当T_g低于或接近降解温度37℃时,在降解过程中,聚合物分子链容易运动。因此,纤维趋于溶胀在一起,减小表面张力[49-50]。对于丝素蛋白/P(LLA-CL)（25/75）纳米纤维,由于P(LLA-CL)的含量大,丝素蛋白主要作为分散相分散在P(LLA-CL)中,其降解过程也主要表现为纤维溶胀。用甲醇处理后的丝素蛋白纳米纤维具有较高的结晶度,属于排列比较规整的β-折叠结构,在降解过程中,由于结晶区的聚合物分子链是坚固和不动的,纤维在作用力比较弱的位置断裂。因此,丝素蛋白纳米纤维和丝素蛋白/P(LLA-CL)（50/50）纳米纤维的降解过程主要表现为纤维断裂。

6.3.2 纤维失重及相对分子质量

聚合物水解表现出来的失重主要是聚合物在降解过程中由于键断裂产生可溶性的齐聚物或单体从聚合物基体扩散到降解液中引起的材料质量减少。图6-15所示为丝素蛋白、丝素蛋白/P(LLA-CL)（50/50）、丝素蛋白/P(LLA-CL)（25/75）和P(LLA-CL)所制备的纳米纤维在37℃PBS缓冲液中降解1～6个月的失重情况。丝素蛋白纳米纤维在PBS溶液中基本不降解,降解6个月,质量仅减少5.5%。

经过甲醇处理后,丝素蛋白主要呈β-折叠结构,虽然丝素蛋白中含有大量的亲水基团(如—COOH、—NH₂、—OH等),但是丝素蛋白分子的规整、折叠结晶结构阻止了水分子渗透到分子链的内部。其次,蛋白质水解主要是由肽键(酰胺键)断裂导致的,在中性环境中,肽键的水解是很困难的。Golsalves等[51]研究脂肪族聚酯-酰胺的降解性能时发现,在水解降解过程中,主要是分子中酯键的断裂,引起聚合物的降解。P(LLA-CL)纳米纤维的降解速率比丝素蛋白纳米纤维快得多。P(LLA-CL)为PLLA和PCL的共聚物,其分子链上混杂的不同链段导致其呈无规结构,使得P(LLA-CL)的降解速率比PLLA和PCL的降解

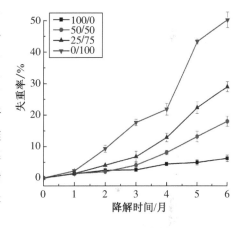

图6-15 不同质量比的丝素蛋白/P(LLA-CL)纳米纤维在37℃PBS缓冲液中降解1～6个月的失重情况

速率大[52]。P(LLA-CL)纳米纤维降解3个月,失重率为21.3%,宏观上表现为变得透明,扫描电镜照片显示已经不存在纤维结构;随着降解时间的增加,纤维变得很黏,降解6个月,失重率达到50.2%。丝素蛋白/P(LLA-CL)（50/50）纳米纤维、丝素蛋白/P(LLA-CL)（25/75）纳米纤维的降解速率明显下降,降解3个月,失重率分别为7.8%和10.2%;降解6个月,失重率分别为20.6%和28.9%,其中包括很少量的丝素蛋白失重。假设丝素蛋白/P(LLA-CL)（50/50）纳米纤维、丝素蛋白/P(LLA-CL)（25/75）纳米纤维中P(LLA-CL)的降解速率与纯的P(LLA-CL)的降解速率一致,按照比例计算,降解3个月,两种共混纤维中P(LLA-CL)的失重率分别为10.7%、16.0%,降解6个月,失重分别为25.1%和37.5%。通过比较可知,丝素蛋白的加入使得P(LLA-CL)的降解速率降低。

在试验过程中发现,降解后丝素蛋白/P(LLA-CL)（50/50）纳米纤维、丝素蛋白/

P(LLA-CL)(25/75)纳米纤维中的 P(LLA-CL),用色谱级的四氢呋喃不能完全溶解,因而测出来的相对分子质量不准确。只能通过凝胶渗透色谱(GPC)得到单一组分的 P(LLA-CL)纳米纤维降解不同时间后的相对分子质量变化。图 6-16 和图 6-17 所示分别为 P(LLA-CL)纳米纤维降解不同时间后的质均相对分子质量和相对分子质量多分散指数的变化情况。降解 1 个月,相对分子质量从降解前的 34.5 万下降到 11.9 万,多分散指数略有减小;降解 3 个月,相对分子质量下降到 2.4 万;降解 3 个月以上,相对分子质量减小得比较慢。降解前和降解 1 个月的 P(LLA-CL)纳米纤维的多分散指数较小,降解 3 个月,其多分散指数增加到 3.69;降解 6 个月,其多分散指数又减小。原因是在降解过程中酯键断裂导致低相对分子质量物质的生成,相对分子质量连续减少,使得多分散指数变大,相对分子质量分布变宽。另一方面,在降解过程中只有少部分降解的齐聚物碎片溶解在降解液中。因此,失重总是滞后于相对分子质量的减少。

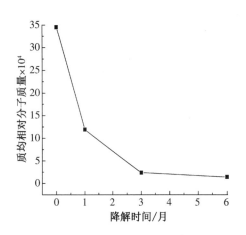

图 6-16　P(LLA-CL)纳米纤维的质均相对分子质量随降解时间变化情况

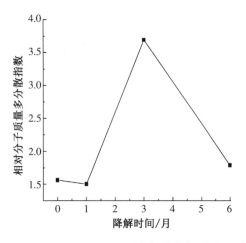

图 6-17　P(LLA-CL)纳米纤维的相对分子质量多分散指数随降解时间变化情况

6.3.3　降解液的 pH 值

将静电纺纳米纤维在含有 0.2 mg/mL 叠氮化钠的 PBS 缓冲液(pH 值为 7.4±0.1)中于 37 ℃恒温水浴条件下降解,并且每个月更换一次 PBS 缓冲液。因此,降解液的 pH 值为本月降解下来的齐聚物引起的,而不是累积的。图 6-18 所示为丝素蛋白纳米纤维、丝素蛋白/P(LLA-CL)(50/50)纳米纤维、丝素蛋白/P(LLA-CL)(25/75)纳米纤维和 P(LLA-CL)纳米纤维在 37 ℃ PBS 缓冲液中降解 1～6 个月的降解液的 pH 值随时间变化曲线。可以看出丝素蛋白纳米纤维的降解液的 pH 值随时间变化的幅度很小。主要是因为丝素蛋白纳米纤维在 PBS 溶液中基本不降解,其次丝素蛋

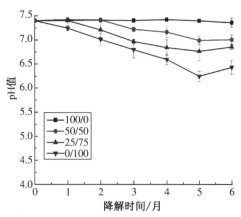

图 6-18　不同质量比的丝素蛋白/P(LLA-CL)纤维在 37 ℃ PBS 缓冲液中降解 1～6 个月的降解液的 pH 值变化情况

白的降解产物主要是一些溶于水的多肽和氨基酸,这些产物对降解液的 pH 值影响不大,且 PBS 缓冲液具有缓和酸或碱的作用。P(LLA-CL)纳米纤维的降解液的 pH 值随着时间增加而减小,降解 5 个月时,pH 值最低(5.88)。原因是 P(LLA-CL)在降解过程中产生可溶性的齐聚物或单体,它们从纤维基体扩散到降解液中,齐聚物中的—COOH 引起降解液的酸性增加。P(LLA-CL)是疏水性的聚合物,开始降解时,主要是表面降解,少量的水溶性齐聚物从基体中扩散到降解液中,随着降解时间增加,水分子不断地渗透到纤维内部,引起整个基体降解,并且降解产生的齐聚物会起到自动催化的作用,加快基体降解,纤维相对分子质量及结晶度降低,基体中的齐聚物不断地扩散到降解液中。因此,随着降解时间的增加,pH 值降低得更多。降解 5 个月后,出现一个相对平稳期,pH 值略有上升。对于丝素蛋白/P(LLA-CL) (50/50)纳米纤维和丝素蛋白/P(LLA-CL)(25/75)纳米纤维,随着降解时间的增加,降解液的 pH 值也逐渐下降,降解 6 个月后,pH 值约为 7,比 P(LLA-CL)纳米纤维的降解液的 pH 值高。从失重来看,丝素蛋白/P(LLA-CL)(50/50)纳米纤维和丝素蛋白/P(LLA-CL) (25/75)纳米纤维的失重率比 P(LLA-CL)纳米纤维的失重率小得多,也就是说溶解在降解液中的齐聚物或单体的量更少。

作为体内组织工程支架材料,降解产物对体内环境的影响是非常重要的。pH 值降低会在体内诱发炎性组织反应。因此,丝素蛋白和 P(LLA-CL)共混可以降低降解过程中酸性的增加。丝素蛋白的降解产物主要是多肽和氨基酸,分子中的—NH₂、—OH 等能与齐聚物或单体中的—COOH 发生中和反应,可改善局部酸性产物过多的缺陷,减小材料对周围组织细胞的生长影响,降低非特异性无菌性炎症的发生率。

6.3.4　X-射线衍射分析

图 6-19 所示为丝素蛋白、丝素蛋白/P(LLA-CL)(50/50)、丝素蛋白/P(LLA-CL) (25/75)和 P(LLA-CL)所制备的纳米纤维降解不同时间的 XRD 谱图。丝素蛋白纳米纤维在 2θ 为 10.8°、19.9°、24.6°、29.6°处有衍射峰,这是丝素蛋白以 β-折叠构象存在的特征峰。丝素蛋白纳米纤维在 PBS 缓冲液中降解不同时间后,相应的峰强度没有发生明显变化。主要是因为丝素蛋白纳米纤维基本不降解,并且丝素蛋白仍保持 β-折叠结构。 P(LLA-CL)纳米纤维分别在 2θ 为 16.7°、18.9°、22.3°处有衍射峰,16.7°为 PLLA 的衍射峰,18.9°、22.3°为 PCL 的衍射峰[53];随着降解时间的增加,2θ 为 16.7°处的衍射峰强度明显下降。这说明 PLLA 随着降解时间的增加,其结晶结构可能被破坏,PLLA 链段和 PCL 链段上的酯基同时水解。P(LLA-CL)的 T_g(-13.62 ℃)较低,其在 37 ℃时处于高弹态,自由体积大,分子链容易运动,降解时间增加有助于结晶区降解,最后的结果为动力学降解机制,而且在水解过程中,随着链长的减小,分子链运动进一步增强,导致聚合物更快降解[54]。然而,从降解不同时间后的丝素蛋白/P(LLA-CL)(50/50)纳米纤维和丝素蛋白/P(LLA-CL)(25/75)纳米纤维的 XRD 谱图来看,16.7°的衍射峰强度没有发生明显变化,说明降解过程中 PLLA 链段的结晶结构没有破坏,降解可能主要发生在 PCL 链段。

6.3.5　红外光谱分析

图 6-20 所示为不同质量比的丝素蛋白/P(LLA-CL)纳米纤维降解前和降解 3 个月的 FTIR(傅里叶变换红外光谱)-ATR(衰减全反射)谱图。从图 6-20a 可知,丝素蛋白纳

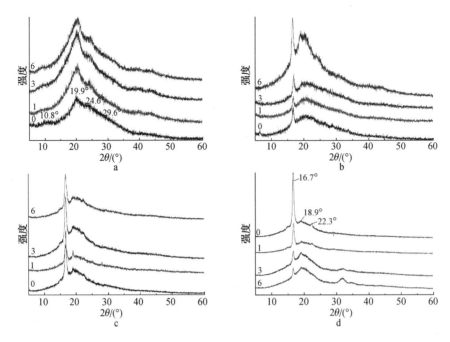

图6-19 不同质量比的丝素蛋白/P(LLA-CL)纳米纤维降解不同时间的 XRD 谱图：a. 100/0；b. 50/50；c. 25/75；d. 0/100（图中曲线 0、1、3、6 分别表示降解前、降解 1 个月、3 个月、6 个月）

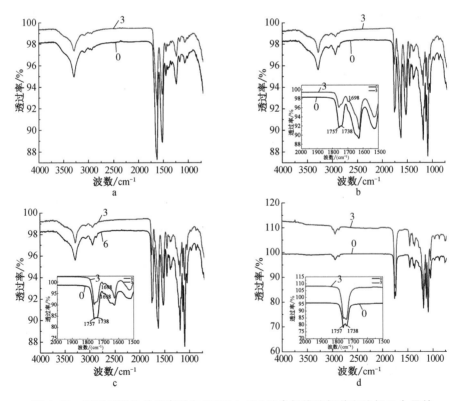

图 6-20 不同质量比的丝素蛋白/P(LLA-CL)纳米纤维降解前和降解 3 个月的 FTIR-ATR 谱图：a. 100/0；b. 50/50；c. 25/75；d. 0/100

米纤维降解前后的FTIR-ATR谱图没有明显不同,3285 cm^{-1}为—NH$_2$和—OH的特征吸收峰,1627 cm^{-1}为酰胺Ⅰ特征吸收峰,1523 cm^{-1}为酰胺Ⅱ特征吸收峰,1235 cm^{-1}为酰胺Ⅲ特征吸收峰,表明丝素蛋白的构象主要为β-折叠结构。如图6-20d所示,P(LLA-CL)纳米纤维降解前的FTIR-ATR谱图上,3069、2938 cm^{-1}为—CH$_3$或—CH$_2$的伸缩振动峰;在对应的酯基处出现了双峰,其中1756 cm^{-1}为PLLA链段中酯基的伸缩振动峰[55];1735 cm^{-1}为PCL链段中酯基的伸缩振动峰[55];1454、1359 cm^{-1}为—CH$_3$的C—H的非对称与对称弯曲振动峰;1184、1131、1090、1043 cm^{-1}主要是C—O的伸缩振动和C—C的骨架振动特征吸收峰。P(LLA-CL)静电纺纳米纤维降解3个月的FTIR-ATR谱图上,1756、1735 cm^{-1}的特征吸收峰强度发生变化,降解前,1756 cm^{-1}的特征吸收峰强度大于1735 cm^{-1}的特征吸收峰,而降解后,1756cm^{-1}的特征吸收峰强度小于1735 cm^{-1}的特征吸收峰。这说明PLLA链段中酯基含量降低,也就是说在降解过程中,PLLA链段结晶区发生明显水解。丝素蛋白/P(LLA-CL)(50/50)、丝素蛋白/P(LLA-CL)(25/75)纳米纤维的FTIR-ATR谱图上,1756、1735 cm^{-1}的特征吸收峰在降解前后没有发生明显变化。这些结果与XRD谱图结果一致。由于丝素蛋白分子之间存在氢键作用,—NH$_2$和—OH的伸缩振动峰向低波数移动,丝素蛋白和P(LLA-CL)共混后,很难根据这一点来判断丝素蛋白和P(LLA-CL)之间存在氢键作用。在丝素蛋白/P(LLA-CL)共混纳米纤维的FTIR-ATR谱图上,发现在1698 cm^{-1}出现一个新的特征吸收峰,并且降解3个月后,该特征峰的强度有所增强,原因可能是丝素蛋白和P(LLA-CL)之间存在一定的相互作用。

6.3.6　降解机理

P(LLA-CL)纳米纤维的降解主要有三个阶段,如图6-21所示。首先,水分子渗透到纤维表面,然后扩散进入酯键或亲水基团的周围,导致酯键开始水解,分子链断裂。通常认为PLLA具有更好的水解降解性能,而PCL具有更强的低相对分子质量物质的渗透能力。因此,

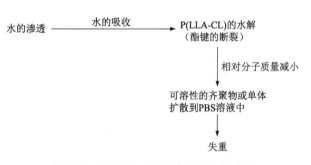

图6-21　P(LLA-CL)纳米纤维降解过程

利用这两种单体制备的共聚物通常具有更好的降解性能[52,56]。P(LLA-CL)纳米纤维为PLLA和PCL的共聚物,其T_g在零度以下。因此,在37 ℃ PBS缓冲液中,聚合物分子链容易运动,自由体积较大,且静电纺纳米纤维具有较大的比表面积。虽然P(LLA-CL)是疏水性的,且存在PLLA结晶区,但水分子仍然容易扩散到P(LLA-CL)基体中。XRD及FTIR分析结果表明,在降解过程中PLLA结晶区链段也容易被水解,由于水的扩散是比较均匀的,一开始酯键的断裂在大部分链段都有发生。因此,酯键的水解在开始阶段是均匀的。随着P(LLA-CL)的进一步降解,酯键不断断裂,形成可溶性齐聚物,纤维表面的可溶性齐聚物很容易扩散到降解液中,还有一部分来不及扩散则留在基体内部,由于—COOH的自催化作用,会进一步加大降解速率,并且这一过程的降解通常是不均匀的,容易导致较宽的相对分子质量分布。因而,可以看到,P(LLA-CL)纳米纤维降解3个月后,相对分子质量急剧下降,并且相对分子质量多分散指数高。随着进一步的降解,分子链上的酯键水解是无规则

的,每个酯键都可能被水解,分子链越长,被水解的部位越多,相对分子质量降低得越快。相对分子质量降低,端基数目增多,是加速降解的直接原因之一。

从以上结果看,在丝素蛋白/P(LLA-CL)纳米纤维的降解过程中,丝素蛋白的加入减慢了P(LLA-CL)的降解速率。原因可能包括:

(1) 丝素蛋白与P(LLA-CL)共同溶解在强极性HFIP溶剂中形成真溶液,将溶剂除去后,相界面大,以至于较弱的聚合物-聚合物的相互作用也能形成稳定的结构。同时,丝素蛋白分子中有—NH₂、—COOH、—OH,能与P(LLA-CL)中的酯基(—OCO)形成氢键,随着降解继续,相对分子质量减少,链端的—COOH增多,它们进一步与丝素蛋白形成氢键。这样,丝素蛋白分子与P(LLA-CL)形成交联点,其会阻碍分子运动,抑制水解的进行。同时,由于链端的—COOH与丝素蛋白分子形成氢键,链端的—COOH产生水解的自催化现象减少。在丝素蛋白/P(LLA-CL)纳米纤维的FTIR-ATR谱图上,发现有新的特征峰出现,这也许可以说明丝素蛋白与P(LLA-CL)之间存在一定的相互作用。

为了证明丝素蛋白/P(LLA-CL)纳米纤维的稳定性及丝素蛋白与P(LLA-CL)之间的相互作用,以丝素蛋白/P(LLA-CL)(25/75)纳米纤维为例,将未处理、甲醇处理、降解4个月的丝素蛋白/P(LLA-CL)纳米纤维和纯的P(LLA-CL)纳米纤维溶解在色谱级四氢呋喃(THF)中,在37℃下通过磁力搅拌溶解。图6-22中,a、b表示未处理和甲醇处理的丝素蛋白/P(LLA-CL)纳米纤维及纯的P(LLA-CL)纳米纤维的溶解情况;c、d表示降解4个月

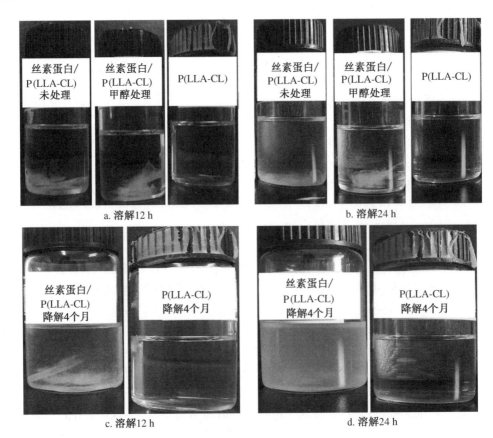

图 6-22 纳米纤维在 THF 中的溶解情况

的丝素蛋白/P(LLA-CL)纳米纤维和纯的 P(LLA-CL)纳米纤维的溶解情况。在溶解过程中,纯的 P(LLA-CL)纳米纤维在10 min 内完全溶解。加入丝素蛋白以后,未处理和甲醇处理的丝素蛋白/P(LLA-CL)纳米纤维溶解12 h 后,仍保持膜的形貌,24 h 后仍有絮状物质。降解4 个月的丝素蛋白/P(LLA-CL)纳米纤维溶解12 h 后,大部分能保持膜的形貌,说明丝素蛋白与 P(LLA-CL)之间有较强的作用,使得P(LLA-CL)很难溶解。

（2）纯的 P(LLA-CL)纳米纤维在37 ℃PBS 缓冲液中,由于分子链段的运动,很容易溶胀在一起,随着降解时间的增加,纤维形貌消失成为膜。Bajgai 等在研究 PCL/葡聚糖静电纺纤维膜和浇铸膜的降解试验中发现,由于水解自催化现象的发生,浇铸膜的降解速率大于静电纺纤维膜[57]。丝素蛋白/P(LLA-CL)静电纺纤维膜的纤维直径比 P(LLA-CL)静电纺纤维膜的纤维直径小得多,且具有更大的孔径和孔隙率,降解后的齐聚物更容易从基体中扩散到降解液中,减少了水解自催化现象的发生。

6.4　丝素蛋白/P(LLA-CL)复合纳米纤维用于神经组织再生

周围神经损伤是临床常见的致残性疾病。随着工农业生产机械化程度的不断提高和交通事业的快速发展,周围神经损伤的发生率每年呈快速上升趋势。受伤后的周围神经组织再生和功能恢复在临床上仍是一个挑战。目前,对于周围神经缺损,自体神经移植仍是修复的“金标准”,但存在再生速率慢、自体神经取材来源有限、供体与受体神经直径大小不匹配等缺点,同时切取自体神经时会造成供区损伤及一定的功能障碍。因此,寻找新的修复方法促进周围神经再生是亟待解决的难题。由于静电纺纳米纤维可仿生天然细胞外基质的结构和功能,并且取向纳米纤维的拓扑结构能为神经细胞和轴突的生长提供良好的接触引导,因此,研究室制备出取向丝素蛋白/P(LLA-CL)(25/75)复合纳米纤维用于神经组织再生。

6.4.1　取向丝素蛋白/P(LLA-CL)复合纳米纤维和神经导管的制备

采用质量体积分数为8％的丝素蛋白/P(LLA-CL)（25/75）共混溶液和4％的 P(LLA-CL)溶液进行静电纺试验,采用实验室自制的高速滚筒（直径为5 cm)作为接收装置制备取向纳米纤维。图 6-23 所示为试验装置,在旋转滚筒上包上铝箔,滚筒旋转速度为 3000 r/min。

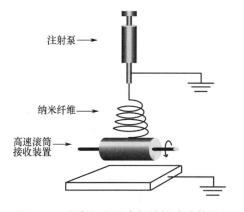

图 6-23　制备取向纳米纤维的试验装置

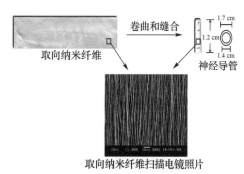

图 6-24　神经导管（NGC)的制备过程示意

神经导管的制备过程如图 6-24 所示。将纳米纤维膜沿垂直于纤维取向的方向卷曲,并用 8-0 显微缝线缝合,制备出具有取向性的纳米纤维神经导管。神经导管的长度为 1.2 cm,内径为 1.4 mm,管壁厚 0.3 mm。

6.4.2　神经导管桥接大鼠坐骨神经

用大鼠的坐骨神经缺损作为模型。所有大鼠经氯胺酮(100 mg/kg)腹腔注射麻醉后俯卧位,右侧后下肢及臀部脱毛后消毒,铺无菌洞巾。由股后外侧肌间隙分离显露梨状肌出口以下的坐骨神经。在 A 组和 B 组中,于神经远端分叉的近端切除一段长 7～8 mm 的神经,游离断端神经,制备 10 mm 神经缺损模型,分别用 P(LLA-CL)和丝素蛋白/P(LLA-CL)神经导管桥接,以 8-0 显微缝线缝合管壁与神经外膜;在 C 组中,切除一段长 10 mm 的神经,将其颠倒后进行原位神经移植(图 6-25)。

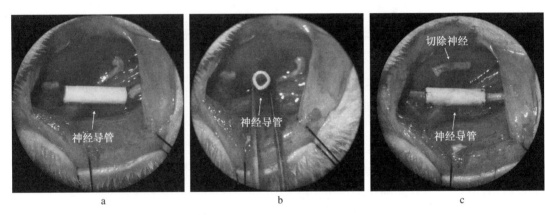

图 6-25　神经再生的动物试验(放大 10 倍):a、b. 移植前取向丝素蛋白/P(LLA-CL)神经导管的外形;c. 取向丝素蛋白/P(LLA-CL)神经导管桥接 10 mm 神经缺损

6.4.3　取向丝素蛋白/P(LLA-CL)复合纳米纤维的形貌

为了更好地比较两种取向纳米纤维对神经组织再生的影响,尽可能地使纤维直径相差不大。图 6-26 为丝素蛋白/P(LLA-CL)(25/75)和 P(LLA-CL)取向纳米纤维的扫描电镜照片,可以看到,P(LLA-CL)纳米纤维的取向度比丝素蛋白/P(LLA-CL)(25/75)纳米纤维更好,而且纤维直径略大,这主要是因为丝素蛋白的加入会使纤维直径明显减小。

6.4.4　大体观察

手术后所有老鼠存活,三组大鼠术后均出现患肢肿胀和明显的跛行。术后 1 周伤口基本愈合,无感染等并发症,说明神经导管植入后急性异物反应较小。术后 2 周,各组大鼠出现试验侧肢缺失神经营养现象,表现为足跟和足趾皮肤溃疡,小腿肌肉萎缩。术后 8 周,试验侧肢体溃疡愈合,小腿肌肉萎缩得到一定程度的恢复。图 6-27 为神经导管植入 8 周后显微镜观察结果(放大 10 倍)。可以看到,神经导管植入体内 8 周后,神经导管两端的神经都有纤维组织包绕,在神经导管周围形成一层血管网,与周围组织无粘连,周围组织没有明显的炎症反应(图 6-27a),说明丝素蛋白/P(LLA-CL)(25/75)纳米纤维神经导管具有很好的

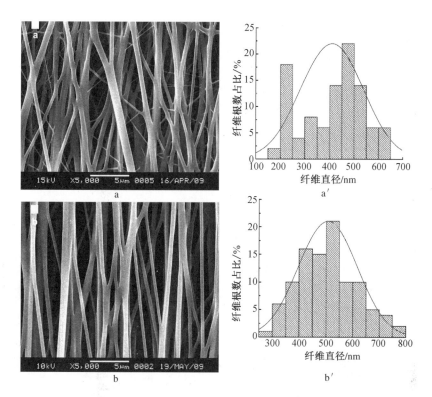

图 6-26 取向纳米纤维的扫描电镜照片和直径分布:a、a'. 丝素蛋白/P(LLA-CL)
(25/75)纳米纤维;b、b'. P(LLA-CL)纳米纤维

生物相容性。纵行剖开神经导管,发现神经导管结构完整,无坍塌和断裂(图 6-27b),说明
丝素蛋白/P(LLA-CL)(25/75)纳米纤维神经导管具有良好的力学性能,能够满足神经组织
再生的需要,再生神经的直径与自体神经基本一致,与神经导管无粘连,无神经瘤形成。

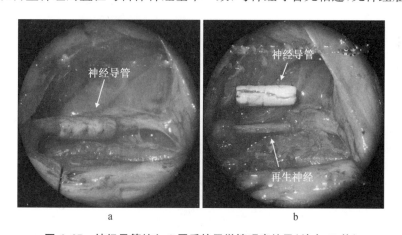

图 6-27 神经导管植入 8 周后的显微镜观察结果(放大 10 倍)

6.4.5 电生理检查

电生理检查中,神经传导速度(NCV)和远端复合动作电位的波幅(DCAMP)是评价再

生神经功能的客观指标。肌肉与神经恢复得越好，DCAMP 的值就越高，同样，再生的神经质量愈好，传导速率愈高，正常神经的传导速率一般为 50 m/s。图 6-28a 为各组再生神经在术后 4 周和 8 周的 NCV 情况。术后 4 周，丝素蛋白/P(LLA-CL)(25/75)组的 NCV 值比 P(LLA-CL)组的 NCV 值高（$n=6$，$p<0.05$）；术后 8 周，丝素蛋白/P(LLA-CL)(25/75)组的 NCV 值与 P(LLA-CL)组的 NCV 值有显著差异（$n=6$，$p<0.01$）。图 6-28b 为各组再生神经在术后 4 周和 8 周的 DCAMP 振幅。术后 4 周，丝素蛋白/P(LLA-CL)(25/75)组的 DCAMP 振幅与 P(LLA-CL)无明显差异（$n=6$，$p>0.05$）；术后 8 周，丝素蛋白/P(LLA-CL)(25/75)组的 DCAMP 振幅明显高于 P(LLA-CL)（$n=6$，$p<0.01$）。

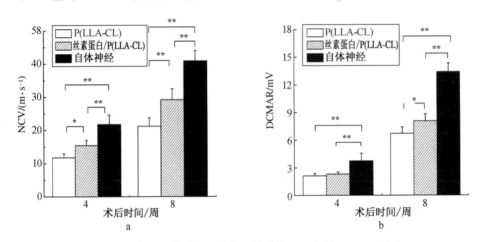

图 6-28　神经导管移植 4 周和 8 周后的 NCV(a)和 DCAMP(b)

电生理检查结果表明，丝素蛋白/P(LLA-CL)(25/75)组的神经恢复得更快，且再生神经的功能恢复较 P(LLA-CL)组快，但丝素蛋白/P(LLA-CL)(25/75)组的再生神经功能较自体神经组差。

6.4.6　组织形态学检查

髓鞘是包裹在神经细胞轴突外面的一层膜，由髓鞘细胞的细胞膜组成，通过髓鞘的数量、直径及结构排列紧密程度可评价神经再生质量。图 6-29 为神经导管植入 8 周后再生神

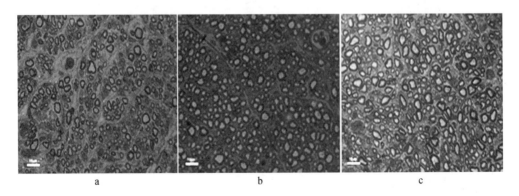

图 6-29　再生神经中间段的组织切片图：a. P(LLA-CL)组；
b. 丝素蛋白/P(LLA-CL)(25/75)组；c. 自体神经组

经横断面经甲苯胺蓝髓鞘染色的光学显微镜照片(放大400倍)。从图中可知,P(LLA-CL)组在髓鞘的周围有大量的结缔组织,髓鞘的大小很不均匀,且排列不规整,数量较少。丝素蛋白/P(LLA-CL)(25/75)组和自体神经组与P(LLA-CL)组相比较,再生的神经纤维更加密集,排列更加整齐,髓鞘化更明显,髓鞘结构更加有序。

再生神经数量是评价神经再生质量最直接的指标。图6-30比较了各组再生神经数量。术后4周,丝素蛋白/P(LLA-CL)(25/75)组的再生神经数量较P(LLA-CL)组多($n=6$,$p<0.05$),但较自体神经组少($n=6$,$p<0.01$)。术后8周,丝素蛋白/P(LLA-CL)(25/75)组的再生神经数量增幅较P(LLA-CL)组快($n=6$,$p<0.01$),但较自体神经组慢($n=6$,$p<0.01$)。

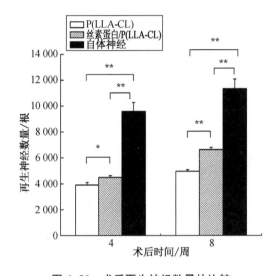

图6-30 术后再生神经数量的比较

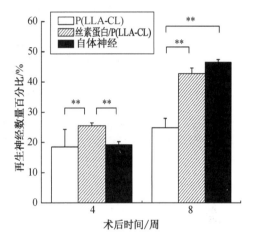

图6-31 术后再生神经数量百分比的比较

再生神经数量百分比是评价再生神经数量和成熟度的综合指标。图6-31比较了各组的再生神经数量百分比。术后4周,丝素蛋白/P(LLA-CL)(25/75)组的再生神经数量百分比较其他两组高($n=6$,$p<0.01$);术后8周,丝素蛋白/P(LLA-CL)(25/75)组的再生神经数量百分比仍较P(LLA-CL)组高,但与自体神经组无明显统计学差异($n=6$,$p>0.01$)。

再生神经直径是评价再生神经成熟度的指标。图6-32为8周后再生神经直径分布情况。术后8周,丝素蛋白/P(LLA-CL)(25/75)组和自体神经组的小直径神经(2～3 μm)数较P(LLA-CL)组少($n=6$,$p<0.01$),而大直径神经(3～4、4～5、5～6 μm)数较P(LLA-CL)组多($n=6$,$p<0.01$)。丝素蛋白/P(LLA-CL)(25/75)组和自体神经组中大直径神经(4～5、5～6、6～7 μm)数无统计学差异($n=6$,$p>0.05$)。

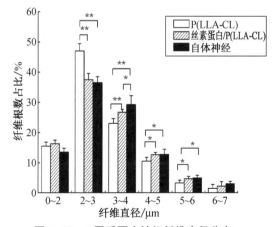

图6-32 8周后再生神经纤维直径分布

再生神经数量、再生神经数量百分比及再生神经直径这三项指标都表明丝素蛋白/P(LLA-CL)(25/75)组的再生神经数量和质量均较P(LLA-CL)组好。

6.4.7 免疫组织化学检查

在周围神经再生过程中,雪旺细胞具有重要作用,在基膜管内排列成细胞索,形成Bungner带,它参与形成髓鞘,分泌营养因子,引导神经再生等。S-100蛋白是雪旺细胞的标志性蛋白。图6-33和图6-34分别为8周后各组再生神经的横截面和纵切面中抗大鼠雪

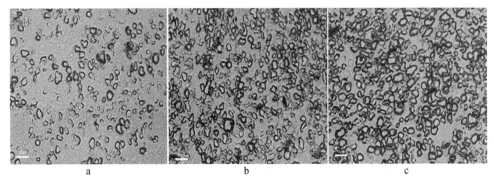

图6-33　8周后再生神经的横截面的免疫组织化学分析结果:a. P(LLA-CL)组;
b. 丝素蛋白/P(LLA-CL)(25/75)组;c. 自体神经组

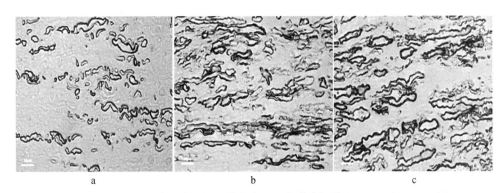

图6-34　8周后再生神经的纵切面的免疫组织化学分析结果:a. P(LLA-CL)组;
b. 丝素蛋白/P(LLA-CL)(25/75)组;c. 自体神经组

旺细胞标记物S-100免疫组织化学分析结果。S-100蛋白是一种钙结合蛋白,是周围神经系统中的雪旺细胞及中枢神经系统中的神经胶质细胞的标志性蛋白。两图表明丝素蛋白/P(LLA-CL)(25/75)组和自体神经组的S-100蛋白比P(LLA-CL)组多,并且统计分析结果显示丝素蛋白/P(LLA-CL)(25/75)组和自体神经组的S-100阳性面积百分比较P(LLA-CL)组高($n=6$,$p<0.01$)(图6-35),说明丝素蛋白/P(LLA-CL)(25/75)组的雪旺细胞较P(LLA-CL)组多。

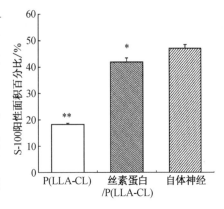

图6-35　S-100阳性面积百分比

6.4.8 透射电镜检查

髓鞘厚度是反映再生神经成熟度的指标,其值越大,再生效果越好。另外,神经细胞轴突长度也可作为修复的评价依据。图 6-36 为 8 周后各组再生神经的透射电镜照片。统计分析结果显示丝素蛋白/P(LLA-CL)(25/75)组的再生神经的髓鞘厚度较 P(LLA-CL)组厚($n=6$,$p<0.01$),但较自体神经组薄($n=6$,$p<0.05$)(图 6-37),说明丝素蛋白/P(LLA-CL)(25/75)组的再生神经较 P(LLA-CL)组成熟。

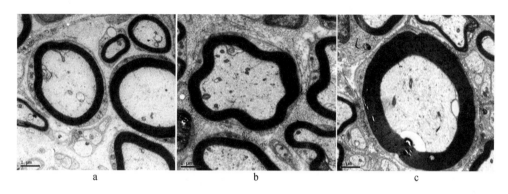

图 6-36　8 周后各组再生神经的透射电镜照片:a. P(LLA-CL)组;
　　　　　b. 丝素蛋白/P(LLA-CL)(25/75)组;c. 自体神经组

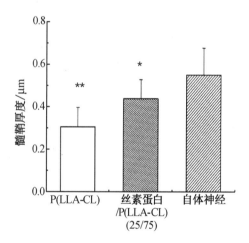

图 6-37　8 周后各组再生神经的髓鞘厚度

6.4.9 丝素蛋白/P(LLA-CL)复合纳米纤维促进神经组织再生

神经导管支架在周围神经修复过程中起着关键作用。周围神经损伤后,远端神经在一定条件下可以引导近端神经生长,而这种条件需要一个特定的微环境。用神经导管修复神经损伤可以为神经再生提供暂时固定并支持缺损神经的两端,引导神经元的轴突轴向生长,避免结缔组织增生影响正常再生神经的生长以及防止神经瘤的形成,为神经再生提供一个适宜的微环境。理想的神经导管支架应满足神经细胞生长的基本要求[58]:(1)良好的生物相容性;(2)良好的生物降解性,降解产物对周围组织不会引起炎症反应;(3)神经导管结构有利于再生轴突和雪旺细胞的黏附、增殖和迁移,并且使雪旺细胞在神经导管内有序排列;(4)管壁具有良好的通透性,能够从外界组织吸取营养物质;(5)良好的物理力学性能和柔韧性;(6)易加工成型。

静电纺纳米纤维具有仿生天然细胞外基质的结构和功能,具有高的孔隙率和比表面积。大量的研究表明静电纺纳米纤维能促进细胞的黏附、增殖和分化[59-62],且可通过转轴接收装置制备不同内径的纳米纤维神经导管支架,同时可采用高速旋转的接收装置制备取向排列的纳米纤维[63]。取向纳米纤维的拓扑结构通过"接触引导"机制能控制神经细胞的生长,使细胞沿着纤维方向拉伸和生长,引导轴突沿着纤维方向生长[64]。Ramakrishna 等将C17.2神经细胞分别在 PLLA 静电纺纳米纤维膜、PLLA 浇铸膜上进行培养,结果表明细胞在 PLLA 静电纺纳米纤维膜上更容易黏附和分化[65]。他们进一步将取向 PLLA 纳米纤维膜和取向微米纤维(平均直径 1.5 μm)比较,发现轴突更容易沿着取向纳米纤维(平均直径 300 nm)生长,且取向纳米纤维更能引导轴突定向生长和拉长[66]。Chew[67]等发现雪旺细胞在取向纤维上培养 7 d 后,细胞骨架与核沿着纤维方向迁移,出现了类似于 Bungner 带的结构,同时 PCR(聚合酶链式反应)结果显示试验组雪旺细胞的髓鞘特异性基因表达上调。为了更好地使神经导管有利于神经再生,本试验设计和制备的取向纳米纤维神经导管中的纳米纤维的取向方向与神经生长方向一致。

近年来,由丝素蛋白制备的支架主要有水凝胶、多孔膜、多孔海绵、纤维等,应用于皮肤、骨、软骨、肌腱、神经导管、血管等组织的修复和再生[68]。顾晓松等将丝素蛋白纤维与老鼠背根神经节及老鼠坐骨神经中提取的雪旺细胞共同培养,发现丝素蛋白与它们有很好的生物相容性。同时,丝素蛋白基神经导管用于老鼠体内桥接 10 mm 长的坐骨神经缺损,种植 6 个月后的周围神经修复结果表明,丝素蛋白支架能促进周围神经再生且接近自体神经移植结果[69-70]。由于再生丝素蛋白的脆性较大,其力学性能很难满足较长神经缺损的修复,并且研究室发现丝素蛋白静电纺纳米纤维很脆且取向度很低,无法通过卷曲方法得到神经导管支架。神经导管需要有一定的力学强度和一定的柔韧性,使其能够经受外科手术操作过程(如缝合)和病人恢复时肢体运动所施加的外力[71]。丝素蛋白与 P(LLA-CL)共混制备的取向纳米纤维的力学性能得到显著改善,同时具有很好的生物相容性。

在电生理检查中,从两组大鼠再生神经的神经传导速度(NCV)和远端复合动作电位波幅(DCAMP)来看,虽术后 4 周时丝素蛋白/P(LLA-CL)(25/75)神经导管大于 P(LLA-CL)神经导管,但无统计学差异;术后 8 周时丝素蛋白/P(LLA-CL)(25/75)神经导管大于 P(LLA-CL)神经导管,而且有显著的统计学差异。结合髓鞘神经数量统计结果来看,两组再生神经的髓鞘神经数量在术后 4、8 周都有显著的统计学差异。通过组织学和组织形态学评价,质量和数量的比较都表明丝素蛋白/P(LLA-CL)(25/75)神经导管比 P(LLA-CL)更能促进神经再生。

雪旺细胞是周围神经髓鞘的主要结构和功能细胞,对受损后的周围神经内源性修复起着重要作用。一方面,雪旺细胞分裂增殖形成索带,为神经生长提供附着面,引导神经生长;另一方面,雪旺细胞分泌神经生长因子、神经元营养因子、连接蛋白等活性物质,诱导、刺激和调控轴突再生和髓鞘的形成[72]。文献报道雪旺细胞中 S-100 蛋白与轴突直径和髓鞘形成密切相关[73]。在这项研究中,通过再生神经横截面和纵切面中抗大鼠雪旺细胞标记物

S-100 免疫组织化学分析评价再生神经的成熟度。S-100 阳性面积百分比显示丝素蛋白/P(LLA-CL)(25/75)神经导管更能促进雪旺细胞的增殖,可以进一步解释丝素蛋白/P(LLA-CL)(25/75)神经导管比 P(LLA-CL)组更能促进神经再生。

通过取向丝素蛋白/P(LLA-CL)(25/75)和 P(LLA-CL)纳米纤维神经导管用于大鼠坐骨神经再生试验,结果表明天然蛋白质(丝素蛋白)与合成材料[P(LLA-CL)]共混制备的纳米纤维神经导管比纯的 P(LLA-CL)纳米纤维神经导管更有利于神经修复和再生。其原因可能是丝素蛋白是由多种氨基酸组成的蛋白质,含有大量的—NH_2、—COOH 和—OH 等功能基团,丝素蛋白的加入能在纤维表面引进这些功能基团,为促进细胞和材料的相互作用提供细胞识别位点;其次,丝素蛋白的加入可以提高神经导管亲水性能,使材料达到亲水-疏水平衡,有利于细胞的黏附和增殖,并且有利于营养物质的输送;另外,丝素蛋白的加入改善了纤维的力学性能,使神经导管的强度增加。在以前的研究中主要用 PLA、PGA、PLGA 等生物降解型神经导管桥接神经缺损部位,虽然这些材料能适时地降解和吸收,但从再生神经的形貌、电生理和组织学检测、功能恢复等方面的结果来看,神经修复的总体效果不是很理想。其原因可能是 PLA、PGA、PLGA 等材料与细胞的亲和性较差,缺乏细胞识别位点,不利于雪旺细胞的黏附、增殖和迁移[74]。其次,这些材料的降解产物形成的酸性环境,容易引起周围组织的炎症反应。

虽然动物试验结果表明取向丝素蛋白/P(LLA-CL)纳米纤维比 P(LLA-CL)纳米纤维神经导管更能促进神经修复和再生,但是与自体神经相比还有一定差距。原因可能是缺少神经生长因子。神经生长因子是一类具有神经元营养,促进并诱导受损神经向靶区生长的生物活性因子,是调节神经再生的关键因素之一[74]。研究室将通过同轴静电纺在取向丝素蛋白/P(LLA-CL)纤维中加入神经生长因子,进一步促进神经再生。8 周试验结束时,两组神经导管的外观均无明显降解现象,比较两种材料的降解过程也许需要更长的试验周期。

参考文献

［1］柞蚕丝绸染整技术编写组. 柞蚕丝绸染整技术[M]. 北京:纺织工业出版社,1986.

［2］Zhou C Z, Confalonieri F, Medina N. Fine organization of *Bombyx mori* fibroin heavy chain gene [J]. Nucleic Acids Research,2000,28:2413-2419.

［3］Vepari C, Kaplan D L. Silk as a biomaterial [J]. Progress in Polymer Science,2007,32:991-1007.

［4］Valluzzo R, Gido S P, Zhang W P, et al. Trigonal crystal structure of bombyx mori silk incorporating a threefold helical chain conformation found at the air-water interface[J]. Macromolecules,1996,29:8606-8614.

［5］Valluzzi R, Gido S P, Muller W, et al. Orientation of silk Ⅲ at the air-water interface [J]. International Journal Biologic Macromolecules,1999,24:237-242.

［6］Nishibe T, Kondo Y, Muto A, et al. Optimal prosthetic graft design for small diameter vascular grafts [J]. Vascular,2007,15:356-360.

［7］Baker B M, Handorf A M, Ionescu L C, et al. New directions in nanofibrous scaffolds for soft tissue engineering and regeneration [J]. Expert Review of Medical Devices,2009,6:521-532.

［8］Kwon I K, Kidoaki S, Matsuda T. Electrospun nano-to microfiber fabrics made of biodegradable copolyesters:Structural characteristics, mechanical properties and cell adhesion potential [J]. Biomaterials,2005,26:3929-3939.

[9] Mo X M, Xu C Y, Kotaki M, et al. Electrospinning P(LLA-CL) nanofiber: structure characterization and properties determination [J]. Polymer Preprints (American Chemical Society, Division of Polymer Chemistry), 2003, 44: 128-129.

[10] Jeong S I, Kim B S, Lee M Y, et al. Morphology of elastic poly(L-lactide-co-caprolactone) copolymers and in vitro and in vivo degradation behavior of their scaffolds [J]. Biomacromolecules, 2004, 5: 1303-1309.

[11] Xu C Y, Inai R, Kotaki M, et al. Aligned biodegradable nanofibrous structure: a potential scaffold for blood vessel engineering [J]. Biomaterials, 2003, 25: 877-886.

[12] Hung H H, He C L, Wang H S, et al. Preparation of core-shell biodegradable microfibers for long-term drug delivery [J]. Journal of Biomedical Materials Research Part A, 2009, 90A: 1243-1251.

[13] Dong Y X, Thomas Y, Liao S S, et al. Degradation of electrospun nanofiber scaffold by short wave length ultraviolet radiation treatment and its potential applications intissue engineering [J]. Tissue Engineering, 2008, 14: 1321-1329.

[14] He W, Ma Z W, Teo W E, et al. Tubular nanofiber scaffolds for tissue engineered small-diameter vascular grafts [J]. Journal of Biomedical Materials Research Part A, 2008, 90A: 205-216.

[15] Mo X M, Xu C Y, Kotaki M, et al. Electrospun P(LLA-CL) nanofiber: a biomimetic extracellular matrix for smooth muscle cell and endothelial cell proliferation [J]. Biomaterials, 2004, 25: 1883-1890.

[16] Kim B S, Mooney D J. Development of biocompatible synthetic extracellular matrices for tissue engineering [J]. Trends Biotechnology, 1998, 16: 224-234.

[17] Huang C B, Chen S L, Lai C L, et al. Electrospun polymer nanofibres with small diameters [J]. Nanotechnology, 2006, 17: 1558-1563.

[18] Lin Y, Yao Y G, Yang X Z, et al. Preparation of poly(ether sulfone) nanofibers by gas-jet/electrospinning [J]. Journal of Applied Polymer Science, 2007, 107: 909-917.

[19] Christopherson G T, Song H J, Mao H Q. The influence of fiber diameter of electrospun substrates on neurals tem cell differentiation and proliferation [J]. Biomaterials, 2009, 30: 556-564.

[20] Wang Y Z, Kim H J, Novakovic G V, et al. Stem cell-based tissue engineering with silk biomaterials [J]. Biomaterials, 2006, 27: 6064-6082.

[21] Pham Q P, Sharma U, Mikos A G. Electrospinning of polymeric nanofibers for tissue engineering applications: a review [J]. Tissue Engineering, 2006, 12: 1197-1211.

[22] Yoo H S, Kim T G, Park T G. Surface-functionalized electrospun nanofibers for tissue engineering and drug delivery [J]. Advanced Drug Deliver Review, 2009, 61: 1033-1042.

[23] Scotchford C A, Gilmore C P, Cooper E, et al. Protein adsorption and human osteoblast-like cell attachment and growth on alkylthiol on gold self-assembled monolayers [J]. Journal of Biomedical Materials Research, 2002, 59: 84-99.

[24] Faucheux N, Schweiss R, Lutzow K, et al. Self-assembled monolayers with different terminating groups as model substrates for cell adhesion studies [J]. Biomaterials, 2004, 25: 2721-2730.

[25] Curran J M, Chen R, Hunt J A. Controlling the phenotype and function of mesenchymal stem cells in vitro by adhesion to silane-modified clean glass surfaces [J]. Biomaterials, 2005, 26: 7057-7067.

[26] Keselowsky B G, Collard D M, Garcia A J. Surface chemistry modulates focal adhesion composition and signaling through changes in integrin binding [J]. Biomaterials, 2004, 25: 5947-5954.

[27] Ren Y J, Zhang H, Wang X M, et al. In vitro behavior of neural stem cells in response to different chemical functional groups [J]. Biomaterials, 2009, 30: 1036-1044.

[28] He W, Yong T, Teo W E, et al. Fabrication and endothelialization of collagen-blended biodegradable polymer nanofibers: Potential vascular graft for blood vessel tissue engineering [J]. Tissue Engineering, 2005, 11: 1574-1588.

[29] Zhou P, Li G Y, Shao Z Z, et al. Structure of *Bombyx mori* silk fibroin based on the DFT chemical shift calculation [J]. Journal of Physics Chemistry B, 2001, 105: 12469-12476.

[30] ISHIDA M, ASAKURA T, YOKOI M, et al. Solvent and mechanical treatment induced conformational transition of silk fibroin studied by high resolution solid state 13C NMR spectroscopy [J]. Macromolecules, 1990, 23: 88-94.

[31] Wang J, Cheung M K, Mi Y. Miscibility and morphology in crystalline/amorphous blends of poly (caprolactone)/poly (4-vinylphenol) as studied by DSC, FTIR, and 13C solid state NMR [J]. Polymer, 2002, 43: 1357-1364.

[32] He Y, Xu Y, Wei J, et al. Unique crystallization behavior of poly(L-lactide)-poly(D-lactide) stereo complex depending on initial melt states [J]. Polymer, 2008, 49: 5670-5675.

[33] Yoo M K, Kweon H Y, Lee K G, et al. Preparation of semi-interpenetrating polymer networks composed of silk fibroin and poloxamer macromer [J]. International Journal of Biological Macromolecules, 2004, 34: 263-270.

[34] Freddi G, Tsukakaka M, Bertta S. Structure and physical properties of silk fibroin/polyacrylamide blend films [J]. Journal of Applied Polymer Science, 1999, 71: 1563-1571.

[35] Tsukada M, Freddi G, Crighton J S. Structure and compatibility of poly(vinyl alcohol)-silk fibroin (PVA/SA) blend films [J]. Journal of Polymer Science Part B: Polymer Physics, 2003, 32: 243-248.

[36] 张显华. SF/PLA共混非织造纤维网的制备与性能研究[D]. 苏州: 苏州大学, 2009.

[37] Bartolo D L, Morelli S, Bader A, et al. The influence of polymeric membrane surface free energy on cell metabolic functions [J]. Journal of Materials Science Materials in Medicine, 2001, 12: 959-963.

[38] Lampin M, Warocquier-Clerout R, Degrange L M, et al. Correlation between substratum roughness and wettability, cell adhesion, and cell migration [J]. Journal of Biomedical Materials Research, 1997, 36: 99-108.

[39] Grinnell F. Cellular adhesiveness and extracellular substrata [J]. International Review of Cytology, 1978, 53: 65-144.

[40] Mcguigan A P, Sefton M V. The influence of biomaterials on endothelial cell thrombogenicity [J]. Biomaterials, 2007, 28: 2547-2571.

[41] Weber N, Wendel H P, Ziemer G. Hemocompatibility of heparin-coated surfaces and the role of selective plasma protein adsorption [J]. Biomaterials, 2002, 23: 429-439.

[42] Woo K M, Jun J H, Chen V J, et al. Nano-fibrous scaffolding promotes osteoblast differentiation and biomineralization [J]. Biomaterials, 2007, 28: 335-343.

[43] Kim C H, Khil M S, Kim H Y, et al. An improved hydrophilicity via electrospinning for enhanced cell attachment and proliferation [J]. Journal of Biomedical Materials Research Part B: Applied Biomaterials, 2005, 16: 283-290.

[44] He W, Ma Z W, Yong T, et al. Fabrication of collagen-coated biodegradable polymer nanofiber mesh and its potential for endothelial cells growth [J]. Biomaterials, 2005, 26: 7606-7615.

[45] He W, Yong T, Teo W E, et al. Fabrication and endothelialization of collagen-blended biodegradable polymer nanofibers: potential vascular graft for blood vessel tissue engineering [J]. Tissue Engineering, 2005, 11: 1574-1588.

[46] Ruhaimi K A. Closure of palatal defects without a surgical flap: An experimental study in rabbits [J]. Journal of Oral and Maxillofacial Surgery, 2001, 59: 1319-1325.

[47] 龚非力. 医学免疫学[M]. 北京: 科学出版社, 2004.

[48] Chen Y H, Chang J Y, Hen Y C. An in vivo evaluation of a biodegradable genipin2cross2linked gelatin peripheral nerve guide conduit material [J]. Biomaterials, 2005, 26: 3911-3918.

[49] Liu Y J, Jiang H L, Li Y, et al. Control of dimensional stability and degradation rate in electrospun composite scaffolds composed of poly(D, L-lactide-co-glycolide) and poly(epsilon-caprolactone) [J]. China Journal of Polymer Science, 2008, 26: 63-67.

[50] Kim K, Yu M, Zong X H, et al. Control of degradation rate and hydrophilicity in electrospun non-wovenpoly(D, L-lactide) nanofiber scaffolds for biomedical applications [J]. Biomaterials, 2003, 24: 4977-4985.

[51] Golsaves K E, Chen X, Cameron J A. Degradation of nonalternating poly (ester-amides) [J]. Macromolecules, 1992, 25: 3309-3312.

[52] Dong Y X, Liao S S, Ngiam M, et al. Behaviors of electrospun resorbable polyester nanofibers [J]. Tissue Eng Part B, 2009, 15: 333-351.

[53] Tsuji H, Mizuno A, Ikada Y. Enhanced crystallization of poly- (l-lactide-co-e-caprolactone) during storage at room temperature [J]. Polymer Science 2000, 76: 947-953.

[54] Lam C X F, Savalani M M, Teoh S H, et al. Dynamics of in vitro polymer degradation of polycaprolactone-based scaffolds: accelerated versus simulated physiological conditions [J]. Biomedical Materials, 2008, 3: 1-15.

[55] 鲁玺丽, 蔡伟, 高智勇. 聚乳酸-聚己内酯嵌段共聚物的形状记忆效应[J]. 功能材料, 2006, 37: 1795-1804.

[56] Saha S K, Tsuji H. Effects of rapid crystallization on hydrolytic degradation and mechanical properties of poly(L-lactide-co-e-caprolactone) [J]. Reaction & Function Polymer, 2006, 66: 1362-1372.

[57] Baigai M P, Kim K W, Parajuli D C, et al. In vitro hydrolytic degradation of poly(3-caprolactone) grafted dextran fibers and films [J]. Polymer Degradation & Stability, 2008, 93: 2172-2179.

[58] 李驰, 张基仁. 应用神经导管修复周围神经缺损的研究进展[J]. 亚太传统医药, 2008, 4: 25-26.

[59] Xin X J, Hussain M, Mao J J. Continuing differentiation of human mesenchymal stem cells and induced chondrogenic and osteogenic lineages in electrospun PLGA nanofiber scaffold [J]. Biomaterials, 2007, 28: 316-325.

[60] Li C M, Vepari C, Jin H J, et al. Electrospun silk-BMP-2 scaffolds for bone tissue engineering [J]. Biomaterials, 2006, 27: 3115-3124.

[61] Badamia A S, Kreke M R, Thompson M S, et al. Effect of fiber diameter on spreading, proliferation, and differentiation of osteoblastic cellson electrospun poly(lactic acid) substrates [J]. Biomaterials, 2006, 27: 5681-5688.

[62] Kwon I K, Kidoaki S, Matsuda T. Electrospun nano- to microfiber fabrics made of biodegradable copolyesters: structural characterists, mechanical properties and cell adhesion potential [J]. Biomaterials, 2005, 26: 3929-3939.

[63] Huang Z M, Zhanf Y Z, Kotaki M, et al. A review on polymer nanofibers by electrospinning and their applications in nanocomposites [J]. Composite Science Technology, 2003, 63: 2223-2253.

[55] Seidlit S K, Lee J Y, Schimidt C E. Nanostructured scaffolds for neural applications [J]. Nanomedicine, 2008, 3: 183-199.

[64] Yang F, Xu C Y, Kotaki M, et al. Characterization of neural stem cells on electrospun poly (L-lactic

acid) nanofibrous scaffold [J]. Journal of Biomaterial Science Polymer Edition, 2004, 15: 1483-1497.

[65] Yang F, Murugan R, Wang S, et al. Electrospinning of nano/micro scale poly (L-lactic acid) aligned fibers and their potential in neural tissue engineering [J]. Biomaterials, 2005, 26: 2603-2610.

[66] Chew S Y, Mi R, Hoke A. The effect of the alignment of electrospun fibrous scaffolds on Schwann cell maturation [J]. Biomaterials, 2008, 29: 653-661.

[67] Li M, Ogiso M, Minoura N. Enzymatic degradation behaviour of porous silk fibroin sheet [J]. Biomaterials, 2003, 24: 357-365

[68] Yang Y M, Chen X M, Ding F, et al. Biocompatibility evaluation of silk fibroin with peripheral nerve tissues and cells in vitro [J]. Biomaterials, 2007, 28: 1643-1652.

[69] Yang Y M, Ding F, Wu J, et al. Development and evaluation of silk fibroin-based nerve grafts used for peripheral nerve regeneration [J]. Biomaterials, 2007, 28: 5526-5535.

[70] Li X Q, Su Y, CHEN R, et al. Fabrication and properties of core-shell structure P(LLA-CL) nanofibers by coaxial electrospinning [J]. Journal of Applied Polymer Science, 2009, 111: 1564-1570.

[71] Oudega M, Xu X M. Schwann cell transplantation for repair of the adult spinal cord [J]. Journal of Neurotrauma, 2006, 23: 453-467.

[72] Msta M, Alessi D, Fink D J. S100 is preferentially distributed in myelin-forming Schwann cells [J]. Journal of Neurocytology, 1990, 19: 432-442.

[73] 王永红,戴红莲,李世普. 神经导管生物材料的研究 [J]. 武汉理工大学学报,2009,31: 62-67.

第七章

静电纺纳米纱线增强三维支架用于骨组织工程

7.1 引言

　　纳米纤维在自然界中广泛存在,如动物体内的胶原蛋白纳米纤维和植物中的纤维素纳米纤维。在人体中,纳米纤维是构成细胞外基质的重要组成成分,其组成三维网络状结构,有利于细胞的黏附、增殖、迁移和分化,在组织形成过程中发挥了重要作用。天然骨组织的主要成分为无机的羟基磷灰石(HA)和有机的Ⅰ型胶原蛋白。在纳米尺寸下,长 $20\sim80$ nm、宽 $2\sim5$ nm 的 HA 晶体在长度为 300 nm 左右的胶原蛋白纳米纤维中规则排列。研究人员应用各种支架成型方法仿生天然骨组织的纳米结构,包括拉伸法、自组装法、模板合成法、相分离法和静电纺丝法等。在众多的纳米纤维制备技术中,静电纺丝技术的设备简单,可以大量制备纳米纤维,同时可通过改变接收装置和纺丝参数控制纳米纤维的形态和结构。它具有其他纳米纤维制备技术没有的优势。通过改变静电纺丝的接收装置,可以控制纳米纤维在接收装置上的分布,使多根纳米纤维形成纳米纱线。与静电纺纳米纤维相比,静电纺纳米纱线具有不同于纳米纤维的微米级形态,更便于操控,进一步加工制备成支架。本章将介绍纳米纱线增强三维支架和可注射水凝胶三维支架在骨组织工程中的应用。

7.2 纳米纱线制备和应用进展

7.2.1 纳米纱线的制备方法

　　单根静电纺纳米纱线是由很多根纳米纤维组成的,它的制备通常通过改变接收装置或接收部位的电场实现。制备静电纺纳米纱线最初的灵感来自平行纳米纤维的制备过程。制备高度平行的纳米纤维首先是用高速旋转的转轴收集装置,再发展到使用高速旋转的薄盘状接收装置。收集在薄盘边上的纳米纤维,就能得到束状纳米纱线。经过研究人员的不断努力,目前能制备纳米纱线的装置多种多样,包括高速旋转的薄盘状接收装置、相互平行的金属环状接收装置、针状接收装置、旋转的锥状接收装置、液体接收装置和水循环系统接收装置等[1]。在诸多纳米纱线的制备方法中,水循环系统接收装置制备纳米纱线是一种简便有效的方法[2]。这种方法具有其他方法无可比拟的优势,其产量较其他方法高,而且制备的纳米纱线是连续的。此外,采用此方法制备的纳米纱线支架可以呈现多种形态,比如三维海绵状支架和膜状支架。

7.2.2　纳米纱线在组织工程中的应用进展

纳米纱线在组织工程中的应用包括肌腱组织工程、软骨组织工程、神经组织工程、脂肪组织工程和骨组织工程等。Xu 等[3]采用水循环系统接收装置制备了 P(LLA-CL)和胶原蛋白复合纳米纱线膜状支架,其孔隙率在 86% 左右,孔径在 29 μm 左右。他们发现肌腱细胞在无规纳米纤维膜和平行纳米纤维膜表面上只能形成细胞层,但是在纳米纱线支架上培养一段时间后能迁移长入支架内部。原因是由于纳米纱线支架的孔径是微米级,能够使细胞顺利地迁移长入支架内部。Wu 等[4]发现内皮细胞和 MC3T3-E1 能够很快长入这种支架内部。这种支架在肌腱、皮肤、软骨和骨组织工程有很好的应用前景。苏[5]研究了细胞在三维纳米纱线支架上与脂肪块中的存活率,发现培养 1 周后细胞在脂肪块的中部和下部的存活率只有 10% 左右,而在三维纳米纱线支架各个部位的细胞存活率都在 97% 以上。培养 4 周后,脂肪块表层的细胞存活率为 20.8%,中部和下部的细胞存活率分别为 3.4% 和 5.1%,而在三维纳米纱线支架各个部位的细胞存活率都保持在 92% 以上。此结果表明,纳米纱线及纳米纱线支架的三维结构能有效地输送营养物质和氧气,有利于细胞的增殖。纳米纱线支架具有应用于修复大块组织缺损的可能。

在骨组织工程的应用中,纳米纱线除了应用模压法直接制备成三维支架用于骨组织修复外,还被作为造孔和改善支架力学性能的工具。Zuo 等[6]把 PCL 和 PLLA 纳米纱线通过切割制备成短纳米纱线,然后称取一定量的纳米纱线与骨水泥混合。虽然短纳米纱线的引入降低了骨水泥的挠曲强度和弹性模量,但是其弹性模量与天然皮层质骨的弹性模量很接近;而且短纳米纱线的加入能在骨水泥中形成连通的孔洞结构,随着短纳米纱线被降解,这些孔洞可以成为营养物质进入和代谢物排出的通道,有利于新组织的长入,进而利于组织的修复和再生。把收集到的纳米纱线放入模具内所制备的支架形状可以根据不同模具的选择而具备不同形状。Teo 等[2]用流动的矿化液对圆柱状纳米纱线三维支架进行矿化处理,制备了内外皆有无机矿化物存在的矿化纳米纱线支架,其耐压强度和弹性模量与未矿化的支架相比有显著提高,在骨组织工程具有良好的应用前景。Nguyen 等[7]研究了 PLLA/Ⅰ型胶原蛋白纳米纱线支架对人体骨髓干细胞的分化影响,体外试验 14 d 后,发现细胞长入纳米纱线支架,一些骨细胞相关基因的表达也比其在纳米纤维膜上显著提高;体外试验 28 d 后,发现纳米纱线支架表面存在钙结节。

7.3　纳米纱线增强三维支架

7.3.1　纳米纱线的制备及表征

本试验采用水循环系统接收装置[2](图 7-1a)。收集接收装置下层水面上的纳米纱线(图 7-1b),将其冷冻干燥后得到纳米纱线。如图 7-1c 和 d 所示,得到的纳米纱线具有较高的取向度。若使用的干燥方法不同,得到的纳米纱线的形态也不同。如图 7-1c 所示,使用冷冻干燥法对纳米纱线干燥,纱线与纱线之间没有粘连,能清晰观察到单根纳米纱线的形貌。收集的纳米纱线中含有水分,冷冻后,纳米纱线中的水会形成冰核,当冰核直接挥发后,会在纱线与纱线之间留下大量的间隙,干燥后得到的纳米纱线是蓬松的结构(图 7-1d)。纳米纱线直径在 12～20 μm,组成纳米纱线的纳米纤维直径为(516±35)nm,纳米纱线和纳米纤维的直径分布较均一。通过图 7-1e 可以观察到组成纳米纱线的纳米纤维保持了纤维的形貌和结构,并且纳米纤维通过水漩涡的拉伸作用,具有较高的取向度。

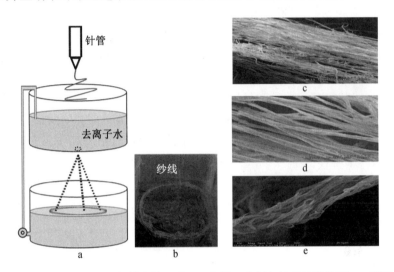

图 7-1　纳米纱线的制备装置及扫描电镜照片:a. 水循环法制备纳米纱线装置;b. 下层水面上的纳米纱线;c. 纳米纱线电镜照片;d. 纳米纱线高倍电镜照片;e. 单根纳米纱线电镜照片

7.3.2　纳米纱线增强三维支架的制备

把成束的纳米纱线切成长度为 1～2 mm 的短纳米纱线束,然后放入离心管中,加入50%的酒精;超声后放入−80 ℃冰箱冷冻过夜,再用冷冻干燥法去除水和酒精,得到短纳米纱线。称取一定质量的Ⅰ型胶原蛋白溶于适量的去离子水中,使Ⅰ型胶原蛋白溶液的浓度为 2 mg/mL,然后搅拌过夜,使胶原蛋白完全溶解。分别称取不同质量的 P(LLA-CL)纳米纱线,加入Ⅰ型胶原蛋白溶液中,1 mL 溶液中分别加入 2、4、6、8、10 mg 纳米纱线。混合均匀后放入 4 ℃冰箱中过夜,去除气泡。用 5 mL 针管吸取配制好的胶原蛋白溶液和加有纳米纱线的胶原蛋白溶液,分别注入 24 孔板的各个孔中,再放入−20 ℃冰箱中冷冻过夜;然后把冷冻好的样品放入预冻好的真空冷冻干燥仪中冷冻干燥 2 d。在冷冻干燥后的样品中加入 1.5 mL 以酒精为溶剂的 20 mmol/L 的碳化二亚胺(EDC),对样品进行交联。交联12 h 后,吸出交联液,用 PBS 浸泡清洗三遍后放入−20 ℃冰箱中冷冻过夜,然后放入真空冷冻干燥仪中冷冻干燥,得到三维支架。支架内 P(LLA-CL)短纳米纱线的含量分别为 0、2、4、6、8、10 mg/mL,相应的支架标记为 Y0、Y2、Y4、Y6、Y8、Y10。

7.3.3　纳米纱线对三维支架的影响

如图 7-2a 所示,在纯Ⅰ型胶原蛋白三维支架中,没有观察到纳米纱线的存在。图7-2

(b)～(f)中,可观察到纳米纱线在支架中分布较均匀,没有出现明显的缠结现象,还观察到随着纳米纱线加入量的增加,相同面积内纳米纱线的数量和其在支架内的分布密度增加。

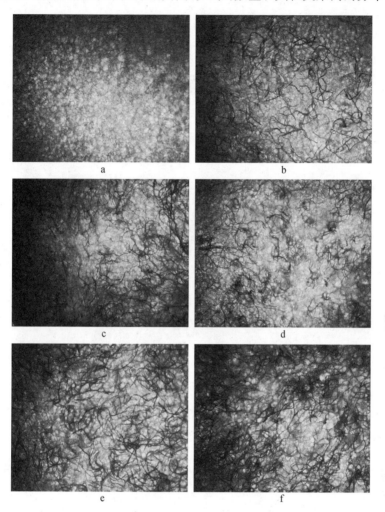

图 7-2　Y0～Y8 的光学显微镜照片(放大 10 倍)：a. Y0;
b～f 分别表示 Y2、Y4、Y6、Y8、Y10

为了更详细地观察纳米纱线在三维支架内的分布和其对支架的影响,将各三维支架横切后用扫描电镜观察。如图 7-3a 和 d 所示,纯Ⅰ型胶原蛋白三维支架(Y0)中没有观察到纳米纱线的存在,并且孔的形貌较规则,孔壁光滑,支架内部的孔与孔之间互相连通。如图 7-3e、f、j、k 和 i 所示,少部分纳米纱线穿过三维支架的多个孔,大部分纳米纱线组成支架的孔壁,使孔壁表面的某些部位呈现纳米纤维形态。从图 7-3 还可以观察到,随着加入的纳米纱线的质量增加,支架内部的孔隙依然保持互相连通,但是孔的规则程度逐渐下降。Takamoto 等[8]把聚对苯二甲酸乙二醇酯(PET)短微米纤维加入胶原蛋白三维支架中,随着纤维用量的增加,支架中孔的结构被破坏[8]。Hosseinkhani 等[9]使用 PGA 纤维增强三维胶原蛋白支架,也得到了类似的结果。本试验的结果与上述文献类似,但发现大部分纳米纱线形成支架的孔壁,使支架的孔壁结构发生改变。

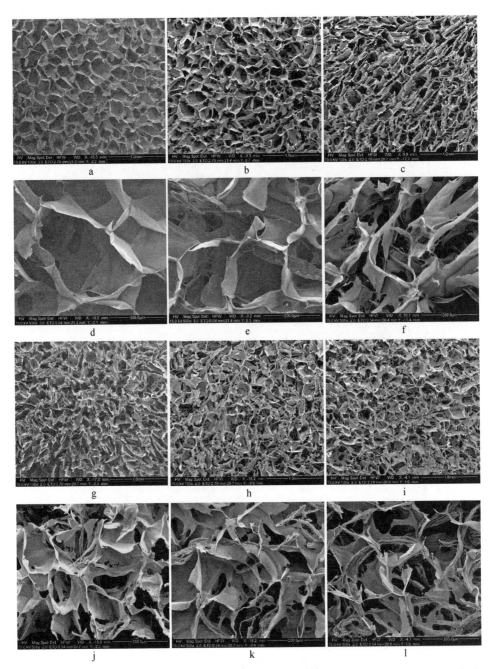

图 7-3 **Y0～Y8 的扫描电镜照片：a、b、c、g、h、i 分别表示 Y0、Y2、Y4、Y6、Y8、Y10；**
d、e、f、j、k、l 分别表示 a、b、c、g、h、i 的高倍数 SEM 照片

如图 7-4 所示，随着纳米纱线的加入量增加，支架的孔径降低。纯胶原蛋白支架的孔径
为（229±76）μm，当 P（LLA-CL）纳米纱线的加入量为 10 mg/mL 时，支架的孔径降低到
（143±66）μm。这个结果表明纳米纱线的加入改变了支架的孔径。然而，Mohajeri 等[10]制
备的纯胶原蛋白支架的孔径为（195±65）μm，当胶原蛋白与加入纤维的质量比为 0.25 时，
支架的孔径增加到（229±112）μm，表明随着纤维加入量的增多，支架的孔径增大，这与本试

验的结果相反。原因可能是在后者的试验中,纤维直径为 20 μm,纤维在支架中直接穿过孔隙,破坏了支架中孔的完整性[10]。本试验中,P(LLA-CL) 纳米纱线的直径小于 20 μm,支架中只有很少一部分纱线穿过孔隙,而大部分纱线形成孔壁,虽然有一部分纳米纱线破坏了支架中孔的完整性,冷冻时形成孔壁的纳米纱线可能对冰核形成的尺寸产生影响,进而对孔径产生影响。

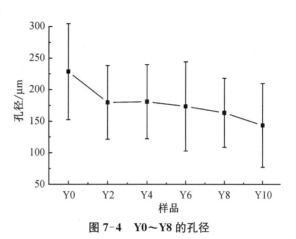

图 7-4　Y0~Y8 的孔径

支架的吸水率见表 7-1。随着纳米纱线的加入量增加,支架的吸水率降低。纯胶原蛋白三维支架的吸水率最高,达到 5649%,具有良好的吸水性。胶原蛋白含有很多亲水基团,如氨基和羧基等。P(LLA-CL) 为合成高分子材料,本身较疏水。在胶原蛋白支架内加入 P(LLA-CL),会改变支架的亲疏水性能。本试验中支架的吸水率随 P(LLA-CL) 纳米纱线的加入量增加而降低,可能是因为 P(LLA-CL) 的疏水性,还可能是纳米纱线破坏了支架中孔的完整性,支架的孔隙率下降。

表 7-1　Y0~Y8 的吸水率

样品	Y0	Y2	Y4	Y6	Y8	Y10
吸水率/%	5649±483	5101±126	4757±207	4609±238	4312±214	4259±202

为了表征 P(LLA-CL) 纳米纱线对三维支架力学性能的影响,对支架进行抗压缩试验。如图 7-5 所示,加有纳米纱线支架的弹性模量均大于 Y0,表明纳米纱线的加入能增强三维支架的力学性能。Y2 的弹性模量大于 Y4,这或许是因为加入 2 mg/mL 纳米纱线,对支架中孔的完整性影响不大。随着纳米纱线的加入量增加,支架的弹性模量进一步增加,Y8 的弹性模量达到(48.3±11.0)kPa,为 Y0 的弹性模量的 1.7 倍。当纳米纱线的加入量为 10 mg/mL 时,支架(即 Y10)的弹性模量开始下降,这或许是因为过多的纳米纱线极大地破坏了支架中孔的完整性。

胶原蛋白作为天然高分子材料,其力学性能与合成高分子材料相比较差。胶原蛋白水凝胶和胶原蛋白三维支架都存在变形问题。研究表明,纯胶原蛋白支架的收缩率甚至达到 70%[11-12]。如图 7-6 和表 7-2 所示,细胞培养 14 d 后,胶原蛋白支架明显变形,收缩率达到(23.1±8.3)%。P(LLA-CL) 纳米纱线的加入改善了支架的变形问题,加入量为 2 mg/mL 时,支架的收缩率降低 10% 左右;加入量为 8 mg/mL 时,支架的收缩率只有(7.1±2.1)%。很

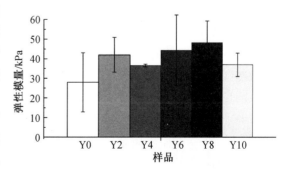

图 7-5　Y0~Y8 的弹性模量

多研究表明,在胶原蛋白支架中加入纤维,有助于抵抗支架的变形[9-10,13]。本试验结果与这些研究结果一致。P(LLA-CL)纳米纱线的加入增强了支架的力学性能,有效阻止了支架的变形。

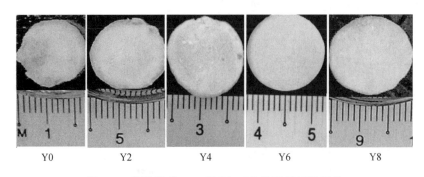

图 7-6　细胞培养 14 d 后 Y0～Y8 的数码相机照片

表 7-2　细胞培养 14 d 后 Y0～Y8 的收缩率

样品	Y0	Y2	Y4	Y6	Y8
收缩率/%	23.1±8.3	13.5±4.5	10.8±3.7	9.2±3.8	7.1±2.1

7.3.4　干细胞在纳米纱线增强三维支架中的增殖行为

如图 7-7 所示,培养 7 d 后,细胞在 Y0、Y2 和 Y4 上的增殖没有显著区别;细胞在 Y6 和 Y8 上的增殖较低。培养 14 d 和 21 d 后,在 Y0、Y2、Y4 和 Y6 上的人骨髓间充质细胞(hMSC)增殖显著高于在 Y8 上的细胞增殖($^{\#}$ $p<0.05$),并且细胞在 Y2 上的增殖显著高于其他支架(* $p<0.05$)。上述结果表明,加入适量的纳米纱线,对细胞的增殖具有促进作用;加入过量的纳米纱线,则不利于细胞的增殖。一方面,加入适量的纳米纱线,保持了支架中孔的完整性,有利于细胞的黏附、迁移和长入。另一方面,加入适量的纳米纱线,增强了支架的力学性能。在细胞增殖过程中,细胞引发的收缩力会对支架产生作用。由于胶原蛋白支架的力学性能较差,细胞引起的收缩力会导致支架发生变形,进而影响细胞的增殖、迁移。本试验中发现加入过多的纳米纱线会破坏三维支架中孔的完整性,并且引起支架的吸水率降低,这或许是各个时间点上 Y8 上的细胞增殖较低的原因。本试验中还发现虽然 Y0 中的孔最规则且完整,但是其力学性能与其他支架的力学性能相比最差,并且培养 14 d 后变形明显(表 7-2),这或许是培养 14 d 和 21 d 后细胞在 Y2 上的增殖比其在 Y0 上显著较高的原因。

如图 7-8 中 a 和 b 所示,培养 14 d 后,

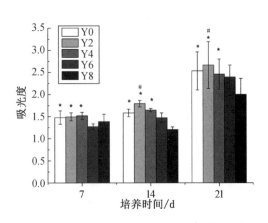

图 7-7　hMSC 在 Y0、Y2、Y4、Y6 和 Y8 上培养 7、14、21 d 后的增殖情况

细胞在 Y0 和 Y2 上的增殖引起支架变形,使支架的孔隙被破坏;细胞在 Y4、Y6 和 Y8 上的增殖没有引起这样的现象(图 7-8c、g 和 h)。如图 7-8d、e、f、i 和 j 所示,在扫描电镜照片上能观察到细胞生长所分泌的细胞外基质,表明细胞贴附在支架的孔壁上生长。

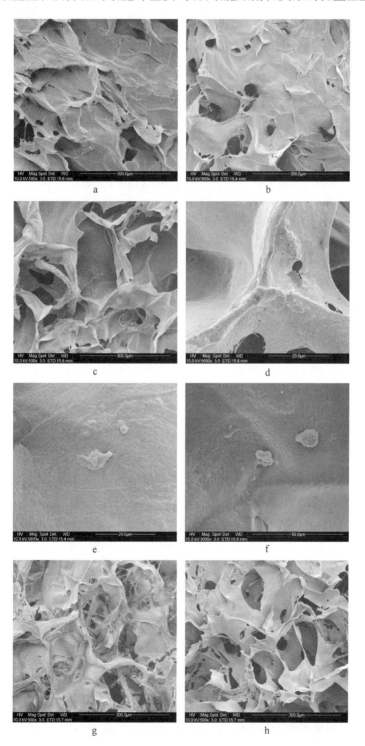

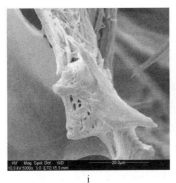
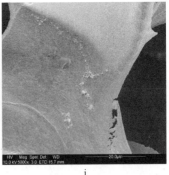

i   j

图 7-8　hMSC 在 Y0、Y2、Y4、Y6 和 Y8 上培养 14 d 后的扫描电镜照片：a、b、c、g、h 分别为细胞在 Y0、Y2、Y4、Y6 和 Y8 上培养 14 d 后的扫描电镜照片；d、e、f、i、j 分别为 a、b、c、g、h 的高倍数扫描电镜照片

如图 7-9 所示，随着培养时间的增加，各支架上的细胞的碱性磷酸酶（ALP）活性增加。培养 7 d 后，支架上的 hMSC 的 ALP 活性较低，各支架之间没有明显区别；培养 14 d 后，Y2 和 Y4 上的细胞的 ALP 活性显著高于其他支架（$^*p<0.05$）。培养 21 d 后，各支架上的细胞的 ALP 活性进一步增加，Y2、Y4 和 Y6 上的细胞的 ALP 活性显著高于 Y0 和 Y8 上的细胞的 ALP 活性（$^{**}p<0.05$），并且 Y2 和 Y4 上的细胞的 ALP 活性显著高于其他支架（$^\#p<0.05$）。长时间培养后细胞的 ALP 活性显著增加，表明 hMSC 开始向成骨细胞分化。Y2 和 Y4 上的细胞的 ALP 活性较高，表明在支架中加入适量的纳米纱线有利于细胞的分化。Levenberg 等[14] 和 Levy-Mishali 等[15] 的研究都表明，支架具有较好的力学性能能促进细胞的分化。Hosseinkhani 等[16] 也发现，在胶原蛋白三维支架中加入纳米纤维膜能增强支架的力学性能，进而促进心脏干细胞的分化。本试验结果表明，加入适量的纳米纱线能保持支架中孔的完整性，并且能增强支架的力学性能，有利于细胞的分化。

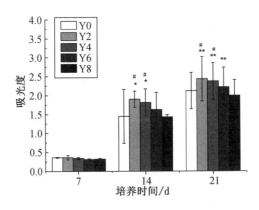

图 7-9　hMSC 在 Y0、Y2、Y4、Y6 和 Y8 上培养 7、14、21 d 后的 ALP 活性检测结果

骨钙蛋白是骨类细胞特异性蛋白，是成骨细胞成熟的标志之一。荧光染色强度的高低表示骨钙蛋白表达的多少。如图 7-9 所示，Y0、Y2、Y4 上的细胞荧光强度高于 Y6 和 Y8，而且在相同视野范围观察到的细胞数量逐渐减少。如图 7-10 所示，高倍图中，Y2 和 Y4 上的细胞荧光强度高于其他支架，表明细胞在 Y2 和 Y4 上表达的骨钙蛋白更多。

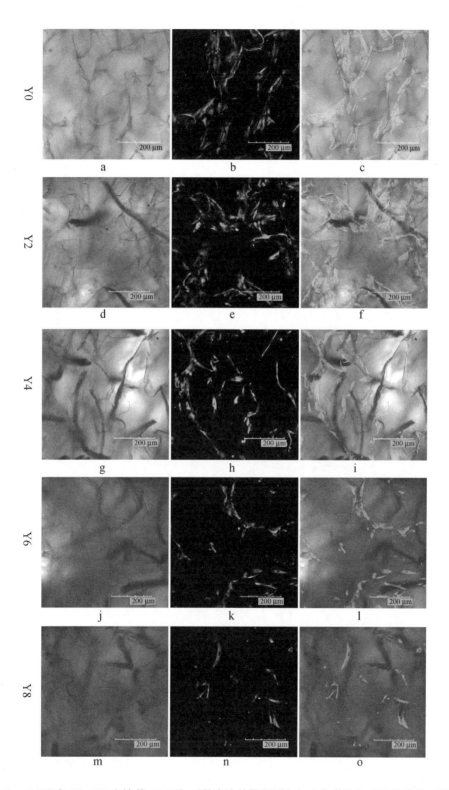

图 7-10　hMSC 在 Y0～Y8 上培养 14 d 后,对其表达的骨钙蛋白免疫化学染色后用共聚焦显微镜在
　　　　低倍数下进行观察:a、d、g、j 和 m 为共聚焦显微镜光镜图;b、e、h、k 和 n 为共聚焦显微
　　　　镜荧光图;c、f、i、l 和 o 为光镜和荧光图的合成图

7.4 纳米纱线增强可注射水凝胶三维支架

7.4.1 纳米纱线增强可注射水凝胶三维支架的制备

在 0 ℃无菌条件下,在浓度为 3 mg/mL 的 0.8 mL Ⅰ型胶原蛋白溶液中加入 0.1 mL 的 10 倍 PBS 溶液,再加入 0.1 mL 经过滤消毒的 0.1 mol NaOH,用移液枪轻轻混匀,避免气泡产生。然后把混匀的溶液放入 4 ℃冰箱中备用。把胶原蛋白/NaOH 混合溶液放入 37 ℃ 环境中 2 h,制得Ⅰ型胶原蛋白水凝胶(Col)。

如图 7-11 所示,称取一定质量的短纳米纱线,先用 70%酒精消毒,再以 PBS 洗三次后加入一定体积的胶原蛋白混合溶液中,纳米纱线与胶原蛋白的质量比为 1∶1,小心地用移液枪把纳米纱线与混合溶液混合均匀,避免气泡产生。把加有纳米纱线的溶液放入 37 ℃环境中2 h,制得Ⅰ型胶原蛋白水凝胶/P(LLA-CL)纳米纱线[Col/P(LLA-CL)]。

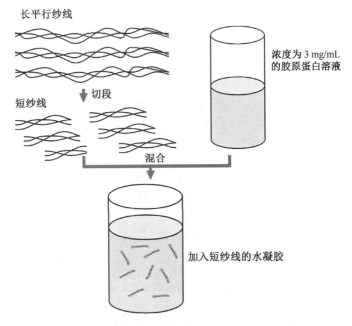

图 7-11 制备加入纳米纱线的可注射支架示意

7.4.2 纳米纱线在可注射水凝胶三维支架中的分布表征

研究发现细胞引起的收缩力会引起水凝胶的变形,进而影响细胞的生长、迁移、增殖和分化。Bell 等研究了细胞收缩力对胶原蛋白水凝胶支架的影响,发现在细胞收缩力的影响下,支架的变形可以达到 85%[17]。解决这个问题的一个办法是增强支架的力学性能。增强水凝胶支架的力学性能的方法有很多种。交联剂能在一定程度上增强水凝胶的力学性能。碳化二亚胺(EDC)、戊二醛(GTA)、京尼平和金纳米粒子等常被用来交联胶原蛋白水凝胶支架[18-20]。另外一种办法是用塑压法对水凝胶进行处理,使胶原蛋白纤维更加密实,进而增强胶原蛋白水凝胶支架的力学性能[21]。此外,把微米或纳米纤维加入胶原蛋白水凝胶中,也是增强支架力学性能的一种办法[22-23]。Gentleman 等把胶原蛋白纤维加入胶原蛋白溶液中,然后使它们的混合溶液凝胶,结果发现加入的胶原纤维能有效降低凝胶的变形,并且有利于细胞长入水凝胶支架[22]。P(LLA-CL)是一种合成材料,它是左旋乳酸和己内酯的共聚物,用静电纺丝法能很简便地把它制备成微米或纳米纤维,已经被广泛应用在骨、软骨、皮肤、血管和心脏等组织工程中。研究表明静电纺 P(LLA-CL)纳米纤维的力学性能显著高于静电纺天然材料纳米纤维[24-25]。本节采用 P(LLA-CL)纳米纱线增强可注射胶原蛋白水凝胶。

如图 7-12a 和 b 所示,P(LLA-CL)纳米纱线混入胶原蛋白水凝胶中,并且在水凝胶中

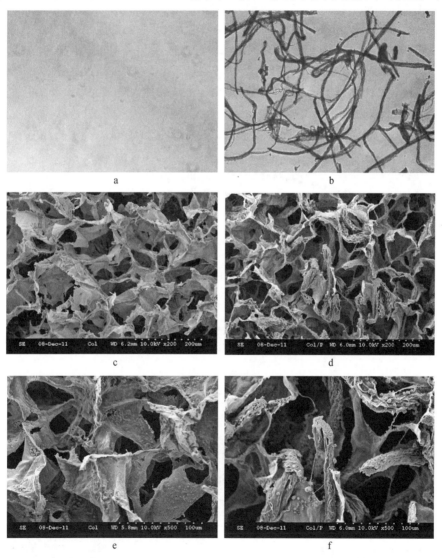

图 7-12　a、b 分别为 Col 和 Col/P(LLA-CL)的光学显微镜图;c. 冷冻干燥横切后,纯胶原蛋白的电镜图;d. 冷冻干燥横切后加有 P(LLA-CL)纳米纱线的胶原蛋白的电镜图;e、f 分别为 c、d 的高倍数电镜图

有很好的分散,没有出现纱线之间的缠结现象。通过图7-12a、c和e,水凝胶中没有观察到P(LLA-CL)纳米纱线的存在;通过图7-12b和d,观察到纳米纱线在支架内部分布均匀,一部分纳米纱线穿过冷冻干燥形成的孔,另一部分纳米纱线形成支架的孔壁(图7-12f)。随着老龄化越来越严重,对可注射骨替代的需求日益增加。微创手术(MIP)为骨替代材料的发展提供了新挑战和方向。很多研究者试图制备可注射骨替代材料用于MIP[26]。水凝胶和静电纺纳米纤维应用在组织工程中有各自的优缺点,把静电纺纳米纱线加入胶原蛋白水凝胶中,能利用其各自的优点,得到一种新型的可注射水凝胶三维支架。

7.4.3 纳米纱线增强可注射水凝胶三维支架的力学性能和可注射性

为了研究Col和Col/P(LLA-CL)的力学性能,使用流变仪检测它们的流变性能。如图7-13a所示,Col和Col/P(LLA-CL)的储存模量G'都大于它们的损耗模量G'',这表明它们均为弹性体[27]。从测试结果可以看出,Col/P(LLA-CL)的G'和G''在初始阶段就大于Col的G'和G'',而且上升很快。如图7-13b所示,在1000 s时,Col/P(LLA-CL)的G'和G''分别远远大于Col的G'和G''。上述结果表明P(LLA-CL)纳米纱线的加入增强了Col的力学性能。

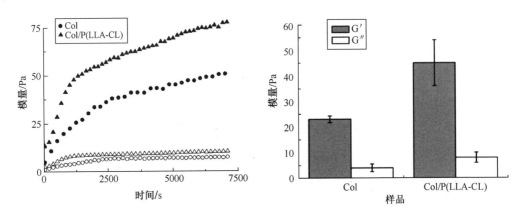

图7-13 a. Col和Col/P(LLA-CL)的流变性能;b. Col和Col/P(LLA-CL)
在测试时间为1 000 s时的流变性能

为了检测Col/P(LLA-CL)的可注射性,将其注入针管,用16G针头测试。如图7-14所示,Col/P(LLA-CL)能流畅地通过注射流出16 G针头。这表明加入3 mg/mL的纳米纱线,对支架的可注射性能没有太大的影响,因此可注射水凝胶三维支架具有应用于MIP的潜力。

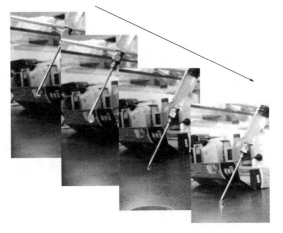

图7-14 Col/P(LLA-CL)的可注射性

7.4.4　纳米纱线增强可注射水凝胶三维支架对干细胞增殖行为的影响

为了观察 hMSC 在 Col 和 Col/P(LLA-CL)上的形态,培养 14、21 d 后,通过光学显微镜进行观察。如图 7-15 所示,培养 14 d 后,hMSC 在 Col 和 Col/P(LLA-CL)上的形态没有明显的区别;培养 21 d 后,如图 7-15b 中的箭头所指,Col 上的 hMSC 呈现多细胞层团聚形态,而在 Col/P(LLA-CL)上没有发现类似的现象。细胞与支架之间的相互作用或许能解释这种结果的产生原因。细胞引发的收缩力会对水凝胶支架有重要影响,Dado 等对此有专门的论述[28]。有些研究表明,细胞在水凝胶上培养一段时间后,细胞引发的收缩力会引起水凝胶支架的变形[17,29]。本试验中,培养较长时间后,hMSC 在 Col 上的增殖达到一个顶峰,它们所引发的收缩力导致了水凝胶支架的变形,支架的变形又导致细胞呈现多细胞层团聚形态。Col/P(LLA-CL)上的 hMSC 呈现类似成纤维细胞的形态,没有观察到明显的多细胞层团聚形态。P(LLA-CL)为合成高分子材料,与天然高分子材料如胶原蛋白相比,具有较好的力学性能[30]。本试验中,P(LLA-CL)纳米纱线的加入,在水凝胶支架中或许起到了力学支撑作用,对细胞引发的收缩力有一定的抵抗作用,阻止了胶原蛋白水凝胶支架的变形。

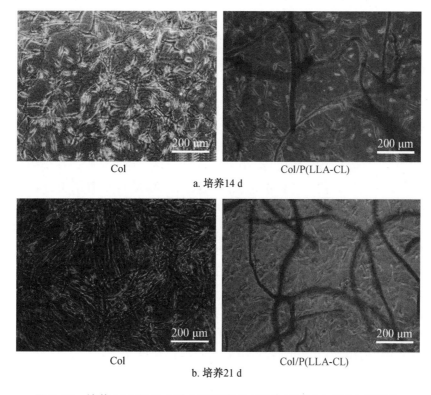

图 7-15　培养 14 d 和 21 d 后,hMSC 在 Col 和 Col/P(LLA-CL)上的形态

如图 7-16 所示,培养 7、14 和 21 d 后,通过检测 hMSC 在 Helos、Col 和 Col/P(LLA-CL)上的增殖情况发现,hMSC 在 Col 和 Col/P(LLA-CL)上的数量显著多于其在 Helos 上的数量($^*p < 0.05$)。培养 14 d 后,hMSC 在 Col 和 Col/P(LLA-CL)上的数量没有显著差别;培养 21 d 后,hMSC 在 Col/P(LLA-CL)上的数量明显多于其在 Helos 上的数量。上述

结果表明细胞能在 Col/P(LLA-CL) 上能很好地生长，Col/P(LLA-CL) 具有良好的生物相容性。培养 21 d 后，hMSC 在 Col 上的数量显著多于其在 Helos 和 Col/P(LLA-CL) 上的数量（# $p<0.05$）。其原因可能是细胞大量增殖引起的收缩力使支架发生变形，而支架变形引起细胞团聚，使支架表面有剩余空间，为细胞的迁移和增殖提供了更多的空间。

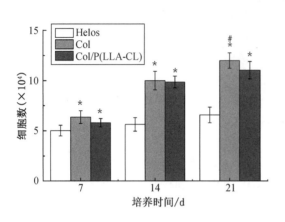

图 7-16　hMSC 在 Helos、Col 和 Col/P(LLA-CL) 上培养不同时间后的增殖情况

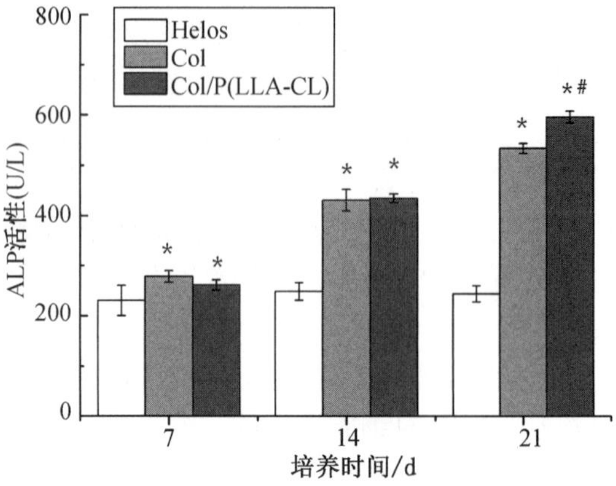

图 7-17　hMSC 在 Helos、Col 和 Col/P(LLA-CL) 上培养不同时间后的 ALP 活性

如图 7-17 所示，随着细胞的增殖进行，细胞在 Col 和 Col/P(LLA-CL) 上的 ALP 活性稳步增加，但是其在 Helos 上的 ALP 活性没有显著变化。培养 21 d 后，虽然细胞在 Col/P(LLA-CL) 上的增殖低于其在 Col 上的增殖，但是细胞在 Col/P(LLA-CL) 上的 ALP 活性较其在 Col 上的 ALP 活性大幅增加（# $p<0.05$）。ALP 是一种与细胞膜连接的蛋白酶，常被用来评估成骨类细胞的分化[31-32]。本试验结果表明，hMSC 向成骨细胞分化，支架不仅能为细胞提供力学支撑，还能够对细胞的黏附、增殖和分化等行为产生重要影响。研究表明，支架的力学性能对细胞的分化有重要影响[33]。P(LLA-CL) 纳米纱线的加入为胶原蛋白水凝胶支架提供了力学支撑，保持了水凝胶支架的结构，为细胞的迁移、生长和分化提供了一个更好的环境。这或许是培养 21 d 后，细胞在 Col/P(LLA-CL) 上的 ALP 活性显著高于其他支架的原因。

骨钙蛋白是一种与骨形成密切相关的细胞外基质蛋白[34]。如图 7-18 所示，培养 21 d 后，用免疫荧光化学染色，对 Col 和 Col/P(LLA-CL) 上的细胞观察并拍照，再进行 3D 合成和图层叠加。可以看出，Col/P(LLA-CL) 上的荧光强度更高，表明 hMSC 在 Col/P(LLA-CL) 上所表达的骨钙蛋白较 Col 上的更多。从图 7-18c 也能够观察到 hMSC 在 Col 上呈现多细胞层团聚形态，与图 7-15c 中的细胞形态相互印证，证明随着细胞培养时间的增加，细胞收缩力引起胶原蛋白水凝胶支架发生变形。上述结果表明 P(LLA-CL) 纳米纱线的加入，不但能维持支架的结构，还能够对干细胞向成骨细胞分化产生积极作用。

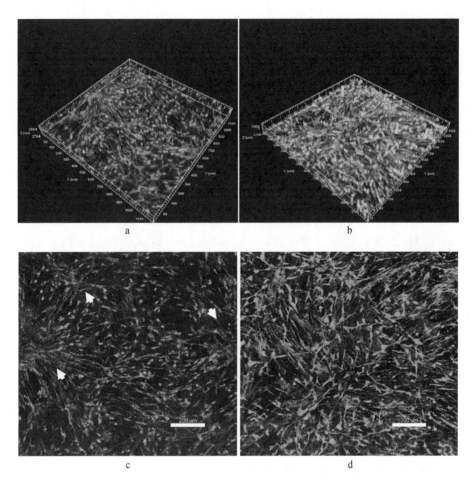

图 7-18　hMSC 在 Col 和 Col/P(LLA-CL)上培养 21 d 后,经免疫荧光化学染色,使用共聚焦
显微镜断层扫描拍照得到的合成图:a 和 b 分别表示 hMSC 在 Col 和 Col/P(LLA-
CL)上的共聚焦显微镜 3D 合成图;c 和 d 分别表示 a 和 b 各扫描层叠加后的共聚焦
显微镜合成图(白色箭头所指为 hMSC 在 Col 上呈现的多细胞层团聚形态)

参考文献

[1] Zhou F L, Gong R H. Manufacturing technologies of polymeric nanofibres and nanofibre yarns [J].
Polym. Int. , 2008, 57(6): 837-845.

[2] Teo W E, Liao S, Chan C. Fabrication and characterization of hierarchically organized nanoparticle-re-
inforced nanofibrous composite scaffolds [J]. Acta Biomaterialia, 2011,7(1): 193-202.

[3] Xu Y, Wu J, Wang H. Fabrication of electrospun poly(L-lactide-co-ε-caprolactone)/collagen nano-
yarn network as a novel, three-dimensional, macroporous, aligned scaffold for tendon tissue engineer-
ing [J]. Tissue Eng. Part C Methods, 2013,19(12): 925-936.

[4] Wu J, Huang C, Liu W. Cell infiltration and vascularization in porous nanoyarn scaffolds prepared by
dynamic liquid electrospinning [J]. J. Biomed. Nanotechnol. , 2014, 10(4): 603-614.

[5] 苏艳. 功能化纳米纤维的制备及其在组织工程中的应用[D]. 上海:东华大学,2011.

[6] Zuo Y, Yang F, Wolke J G. Incorporation of biodegradable electrospun fibers into calcium phosphate

cement for bone regeneration [J]. Acta Biomater. , 2010，6(4)：1238-1247.

[7] Nguyen L T, Liao S, Chan C K. Enhanced osteogenic differentiation with 3D electrospun nanofibrous scaffolds [J]. Nanomedicine，2012,7(10)：1561-1575.

[8] Takamoto T, Hiraoka Y, Tabata Y. Enhanced proliferation and osteogenic differentiation of rat mesenchymal stem cells in collagen sponge reinforced with different poly(ethylene terephthalate) fibers [J]. J. Biomater. Sci. Polym. Ed. , 2007,18(7)：865-881.

[9] Hosseinkhani H, Inatsugu Y, Hiraoka Y. Perfusion culture enhances osteogenic differentiation of rat mesenchymal stem cells in collagen sponge reinforced with poly(glycolic acid) fiber [J]. Tissue Eng. , 2005,11(9-10)：1476-1488.

[10] Mohajeri S, Hosseinkhani H, Ebrahimi N G. Proliferation and differentiation of mesenchymal stem cell on collagen sponge reinforced with polypropylene/polyethylene terephthalate blend fibers [J]. Tissue Eng. Part A, 2010,16(12)：3821-3830.

[11] Sumita Y, Honda M J, Ohara T. Performance of collagen sponge as a 3-D scaffold for tooth-tissue engineering [J]. Biomaterials，2006,27(17)：3238-4328.

[12] Lewus K E, Nauman E A. In vitro characterization of a bone marrow stem cell-seeded collagen gel composite for soft tissue grafts: effects of fiber number and serum concentration [J]. Tissue Eng. , 2005,11(7-8)：1015-1022.

[13] Li X, Feng Q, Wang W. Chemical characteristics and cytocompatibility of collagen-based scaffold reinforced by chitin fibers for bone tissue engineering [J]. J. Biomed. Matrer. Res. B, 2006，77B(2)：219-226.

[14] Levy-Mishali M, Zoldan J, Levenberg S. Effect of scaffold stiffness on myoblast differentiation [J]. Tissue Eng. Part A, 2009,15(4)：935-944.

[15] Levenberg S, Huang N F, Lavik E, Differentiation of humanembryonic stem cells on three-dimensional polymer scaffolds [J]. Proc. Natl. Acad. Sci. USA, 2003,100(22)：12741-12746.

[16] Hosseinkhani H, Hosseinkhani M, Hattori S. Micro and nano-scale in vitro 3D culture system for cardiac stem cells [J]. J. Biomed. Mater. Res. A, 2010,94A(1)：1-8.

[17] Bell E, Ivarsson B, Merrill C. Production of a tissue-like structure by contraction of collagen lattices by human fibroblasts of different proliferative potential in vitro [J]. Proc. Natl. Acad. Sci. USA, 1979,76(3)：1274-1278.

[18] Liu Y, Gan L, Carlsson D J. A simple, cross-linked collagen tissue substitute for corneal implantation [J]. Invest. Ophthalmol. Vis. Sci. , 2006，47(5)：1869-1875.

[19] Rault I, Frei V, Herbage D. Evaluation of different chemical methods for cros-linking collagen gel, films and sponges [J]. J. Mater. Sci. Mater. Med. , 1996，7(4)：215-221.

[20] Castaneda L, Valle J, Yang N. Collagen cross-linking with Au nanoparticles [J]. Biomacromolecules, 2008,9(12)：3383-3388.

[21] Serpooshan V, Julien M, Nguyen O. Reduced hydraulic permeability of three-dimensional collagen scaffolds attenuates gel contraction and promotes the growth and differentiation of mesenchymal stem cells [J]. Acta Biomater. , 2010,6(10)：3978-3987.

[22] Gentleman E, Nauman E A, Dee K C. Short collagen fibers provide control of contraction and permeability in fibroblast-seeded collagen gels [J]. Tissue Eng. , 2004, 10(3-4)：421-427.

[23] Lewus K E, Nauman E A. In vitro characterization of a bone marrow stem cell-seeded collagen gel composite for soft tissue grafts: Effects of fiber number and serum concentration [J]. Tissue Eng. , 2005, 11(7-8)：1015-1022.

［24］Jeong S I, Lee A Y, Lee Y M. Electrospun gelatin/poly(L-lactide-co-epsilon-caprolactone) nanofibers for mechanically functional tissue-engineering scaffolds［J］. J. Biomater. Sci. Polym. Ed. , 2008,19(3)：339-357.

［25］Vaquette C, Kahn C, Frochot C. Aligned poly(L-lactic-co-e-caprolactone) electrospun microfibers and knitted structure：A novel composite scaffold for ligament tissue engineering［J］. J. Biomed. Mater. Res. A, 2010, 94A(4)：1270-1282.

［26］Jayabalan M, Shalumon K T, Mitha M K. Injectable biomaterials for minimally invasive orthopedic treatments［J］. J. Mater. Sci. Mater. Med. , 2009, 20(6)：1379-1387.

［27］Thorvaldsson A, Silva-Correia J, Oliveira M J. Development of nanofiber-reinforced hydrogel scaffolds for nucleus pulposus regeneration by a combination of electrospinning and spraying technique［J］. J. Appl. Polym. Sci. , 2012, 128(2)：1158-1163.

［28］Dado D, Levenberg S. Cell-scaffold mechanical interplay within engineered tissue［J］. Semin. Cell Dev. Biol. , 2009, 20(6)：656-664.

［29］Dikovsky D, Bianco-Peled H, Seliktar D. Defining the role of matrix compliance and proteolysis in three-dimensional cell spreading and remodelling［J］. Biophys. J. , 2008, 94(7)：2914-2925.

［30］Lim J I, Yu B, Lee Y K. Fabrication of collagen hybridized elastic PLCL for tissue engineering［J］. Biotechnol. Lett. , 2008, 30(12)：2085-2090.

［31］Gotoh Y, Hiraiwa K, Narajama M. In vitro mineralization of osteoblastic cells derived from human bone［J］. Bone and Mineral, 1990, 8(3)：239-250.

［32］Stein G S, Lian J B, Owen T A. Relationship of cell growth to the regulation of tissue-specific gene expression during osteoblast differentiation［J］. The FASEB J. , 1990, 4(13)：3111-3123.

［33］Karamichos D, Skinner J, Brown R. Matrix stiffness and serum concentration effects matrix remodelling and ECM regulatory genes of human bone marrow stem cells［J］. J. Tissue Eng. Regen. Med. , 2008, 2(2-3)：97-105.

［34］Nakamura A, Dohi Y, Akahane M. Osteocalcin secretion as an early marker of in vitro osteogenic differentiation of rat mesenchymal stem cells［J］. Tissue Eng. Part C Methods,2009, 15(2)：169-180.

第八章　静电纺纳米纤维支架的三维化构建及软骨组织工程应用

8.1　引言

目前,已有众多的制备技术将天然材料、合成材料、复合材料及改性材料加工制备成组织工程支架。比较常见的支架制备技术有粒子沥滤法、热压成型、纤维黏结、气体发泡法、冷冻干燥法和三维打印技术等。虽然这些制备技术和方法可以制备出具有多孔结构的三维支架,但是大部分支架仍不能很好地仿生天然软骨细胞外基质的结构[1]。从组织工程的角度来说,仿生细胞生长的微环境对组织再生非常重要,因为它可能影响细胞的生长形态和再生组织的拓扑结构[2]。

从结构的角度来说,具有纳米纤维或微米纤维结构的三维多孔支架可以仿生天然软骨基质的结构。静电纺是一种简单且高效的制备高分子聚合物纳米纤维的方法,可以制备纳米到微米直径范围的纤维,在制备纤维膜或支架方面有许多优势。虽然静电纺是一种常用的仿生纳米纤维制备技术,但是它的优势在于制备二维结构的纳米纤维膜,在制备三维纳米纤维支架方面还有许多不足。因此,如何将二维结构的纳米纤维构建成为三维结构的仿生支架是科研工作者的研究热点之一,实现纳米纤维的三维化对三维组织修复具有重要意义。

Si 等[3]将静电纺丝技术与冷冻干燥技术结合制备了一种超轻、多孔的气凝胶,其由聚丙烯腈(PAN)纳米纤维构成,在油水分离、隔声等领域具有潜在的应用价值。它的制备思路是首先通过静电纺制备纳米纤维膜,然后将纤维膜通过机械搅拌作用在冻干溶剂中分散,再将分散液倒入模具中定形、冷冻干燥,最后利用交联技术使支架中的纤维在化学键的作用下黏结在一起,形成具有力学性能稳定、多孔贯通结构的纳米纤维三维多孔气凝胶。这种技术在制备三维多孔结构的纳米纤维支架方面显示出非常明显的优越性:支架有较高的孔隙率(>99%);静电纺纳米纤维构成,模拟天然 ECM 结构;形状可控,可制备任意形状的支架;产品可大批量生产;支架具有压缩弹性;等等。但是,PAN 气凝胶虽然在工业应用(污水处理、隔声等)中具有优异的性能,但是不适宜应用于组织工程支架,因为 PAN 为不可降解材料,生物相容性差。Duan 等[4]制备的 Poly(MA-co-MMA-co-MABP)纳米纤维构成的三维支架,虽然在组织工程支架的生物相容性方面做了初步的探索研究,但是这种支架材料仍然是不可降解的,故其作为生物修复材料的潜力有限。

基于此,研究室借鉴 Si 等[3]制备 PAN 气凝胶的制备方法,在静电纺丝技术与冷冻干燥技术相结合的基础上,选用生物可降解、生物相容性优异的明胶和聚乳酸(PLA)为材料,制备出明胶/PLA 纳米纤维三维支架,在结构上和材料组成上模拟天然软骨 ECM 的结构和组成,以达到仿生效果。针对软骨组织的化学组成及修复要求,对三维支架进行功能化修饰,将透明质酸(HA)通过 EDC[即 1-(3-二甲氨基丙基)-3-乙基碳二亚胺盐酸盐]、NHS(即 N-羟基琥珀酰亚胺)接枝到三维支架的纤维表面,进一步提高了三维支架在动物体内的软骨修复能力。

8.2　明胶/PLA 纳米纤维三维支架的构建

8.2.1　纳米纤维三维支架的制备方法

明胶/PLA 纳米纤维三维支架的制备主要分四个步骤(图 8-1):(1)通过静电纺制备纳米纤维膜;(2)将纳米纤维膜打碎形成短纤维;(3)短纤维经冷冻干燥得到未交联的支架;(4)经交联得到三维支架。这四个步骤中,每个环节对最终制备的三维支架都非常重要。首先,通过静电纺丝技术得到明胶/PLA 纳米纤维膜。但是,静电纺纳米纤维膜比较致密,需用高速匀浆机将其在溶液中均匀地打碎成彼此分离的短纤维。要说明的是,明胶/PLA 纳米纤维膜是在叔丁醇中粉碎的。之所以不用水作为分散液,是因为明胶纤维遇水会溶解;而明胶纤维在叔丁醇中不会溶解,这样可以很好地保持纤维形貌。同时,叔丁醇是一种常用的冻干溶液[5],在高速匀浆机的分散下,纳米纤维可以均匀地分散在叔丁醇中,得到制备三维支架的材料。将短纤维和叔丁醇的混合液倒入模具中,冷冻干燥就可以得到模具形状的支架。也就是说,该方法的一个优越性在于选择不同形状的模具,可以制备相应形状的支架。未交联的支架仅仅是纤维彼此堆叠在一起的集合体,缺少力学性能,因为纤维之间缺少较强的相互作用力。所以,必须对支架进行交联,获得具有一定力学稳定性的支架。戊二醛是一种有效的交联明胶及与其他聚合物共混纤维的化学交联剂,可以在明胶分子之间形成化学键,使纤维之间彼此黏结,进而提高支架的力学性能。

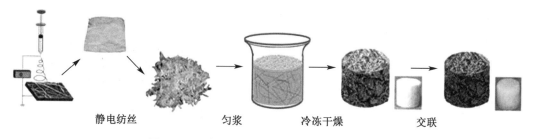

静电纺丝　　匀浆　　冷冻干燥　　交联

图 8-1　明胶/PLA 纳米纤维三维支架制备示意

8.2.2　分散明胶/PLA 纳米纤维

首先利用静电纺丝技术制备出纳米纤维膜,然后将其用高速匀浆机粉碎,将粉碎的纳米纤维分散于无水乙醇中,在光学显微镜下观察,如图 8-2a 所示,纤维已被均匀地分散开来,但是长度不一。统计短纤维长度(图 8-2b),纤维长度在 $4\sim600~\mu m$,平均长度约 86 μm。

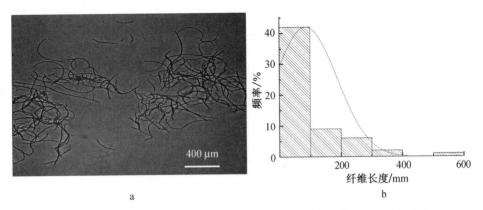

图 8-2　a. 明胶/PLA 纳米纤维膜粉碎后的短纤维光镜图片；b. 纤维长度分布

8.2.3　填料浓度对三维支架外观的影响

如图 8-3a 和 b 所示，制备三维支架过程中，填料浓度不同会导致制得的支架体积不同，填料浓度越大，制备的三维支架收缩后的体积越大。在 100 mL 叔丁醇中添加 1 g 纳米纤维膜（3DS-1），交联后，支架体积会发生明显的收缩，收缩率可以达到 80%。随着填料质量增加，支架在交联后的收缩率降低，3DS-4（100 mL 叔丁醇中添加 4 g 纳米纤维膜）的收缩率为 46%。另外，3DS-2（100 mL 叔丁醇中添加 2 g 纳米纤维膜）和 3DS-3（100 mL 叔丁醇中添加 3 g 纳米纤维膜）的收缩率分别为 70% 和 58%。填料越少，纤维之间的空隙就大。虽然纤维在叔丁醇中经冷冻干燥后可以保持模具形状，体积没有发生变化。但是把支架放入戊二醛交联液后，纤维之间因为交联作用会彼此靠近，导致支架体积明显收缩。填料浓度较大的支架因纤维之间的空隙较小，在交联时，纤维也会彼此靠近，但收缩得没有那么明显。继续加大填料密度会使纳米纤维在叔丁醇中的分散变得困难，填料密度越大，流动性越差。

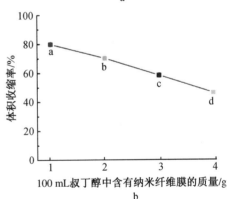

图 8-3　a. 不同填料浓度的明胶/PLA 纳米纤维三维支架外观图片；b. 交联后支架的体积收缩率（未交联支架的体积作为100%）：a—3DS-1；b—3DS-2；c—3DS-3；d—3DS-4

8.2.4　三维支架的扫描电镜观察

三维支架经戊二醛交联前后的外观发生变化，如交联后支架体积缩小，颜色由白色变为黄色。但是，通过扫描电镜观察支架的内部形貌，如图 8-4 所示，可以看到纤维形貌无明显的变化（图 8-4a、c）。交联后，支架中的纤维仍然保持完好的结构，说明支架中的纤维结构并没有受到交联剂的破坏。观察高倍数的扫描电镜照片(图 8-4b、d),支架经交联后,纤维似乎更加紧密地接触,这是因为纤维之间形成了化学键。

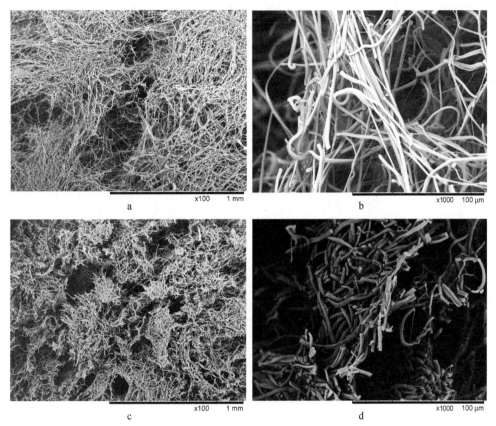

图 8-4　三维支架经戊二醛交联前后的扫描电镜照片:a、b. 交联前;c、d. 交联后
(a、c 的放大倍数为 100, b、d 的放大倍数为 1000)

8.2.5　三维支架的吸水性能

纳米纤维三维支架具有优异且可逆的吸水性能。如图 8-5a 所示,将支架(3DS-4)放入盛有足够量的水的玻璃器皿中,三维支架会快速吸水,然后用外力挤压支架,将支架中的大部分水排除,再次将支架放入水中,支架又可以吸水,恢复原状。不同填料浓度的支架,其最大吸水率不同,随着填料浓度的增加,最大吸水率呈下降趋势,如图 8-5b 所示,3DS-1、3DS-2、3DS-3、3DS-4 的最大吸水率分别为 2200%、1460%、1300%、900%。四种支架都呈现出快速的吸水性质,放入水中 5 min 即可达到最大吸水量。支架受外力多次挤压,仍具有可逆的吸水性能。如图 8-5c 所示,在支架充分吸水后,挤压支架,使其压缩至自身形变的 20%,然后将支架再次放入水中吸水。以此为一个循环,经过多次循环,支架的最大吸水率变化不大,证明了支架具有可逆的吸水性质。

与 Si 等[3]和 Duan 等[4]制备的纳米纤维三维支架呈现的疏水性质不同,本试验制备的三维支架具有优异的吸水性能。原因在于支架的主要构成材料是明胶,而明胶具有优异的亲水性能。此外,支架中不同大小的孔也利于水的吸收。随着支架中纤维密度的增加,支架

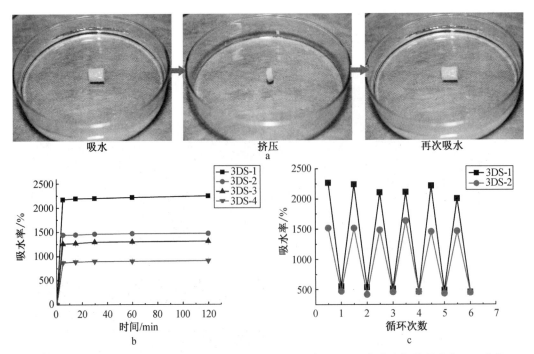

图 8-5　a. 支架(3DS-4)在吸水-挤压-再次吸水时的图片；b. 不同密度支架的吸水率；c. 支架 (3DS-1 和 3DS-2)在反复吸水-挤压(压缩至自身形变的 **20%**)-再次吸水时的吸水率

的吸水率下降,这是因为纤维密度越大,纤维之间的空隙越小,其容纳水的空间变小。支架呈现出可逆的吸水性质,是因为支架在交联后,纤维彼此连接并形成化学键而结合在一起。当支架吸水并受到挤压时,吸收的水被挤出,但支架本身结构并没有破坏,当支架再次放入水中时,支架优异的亲水性使其再次吸水,水的进入使支架再次恢复形貌,直至达到最大的吸水状态,支架最终恢复原有的形状。

8.2.6　三维支架的压缩性能

　　三维支架在干态下和湿态下呈现出不同的压缩性能。图 8-6a 所示为四种三维支架在干态下的压缩应力-应变曲线,3DS-1 的压缩性能较差,3DS-2 与 3DS-3 的压缩应力-应变曲线相似,压缩性能最好的是 3DS-4。因此,在干态下,填料浓度越大,支架的抗压缩能力越强。图 8-6b 为四种三维支架在湿态下压缩 80%形变然后回弹的一个压缩循环的应力-应变曲线。三维支架在湿态下具有弹性性质,这与其在干态下不同。将湿态下的三维支架压缩至自身形变的 80%,然后将压力撤掉,支架会吸收周围的水分,慢慢回弹至原状。在湿态下,填料浓度较大的支架具有较强的抗压性质,在 80%压缩形变时,3DS-1、3DS-2、3DS-3、3DS-4 的应力分别为 0.054、0.08、0.23、0.31 MPa,表明填料浓度越大,所制备的支架压缩至相同形变时所承受的应力越大。

8.2.7　三维支架的生物相容性

　　通过 MTT 增殖试验可以分析支架的生物相容性。在体外细胞增殖试验中,把明胶/PLA 纳米纤维膜作为对照组。由图 8-7 可以看到,L-929 细胞种植在三维支架及纳米纤维

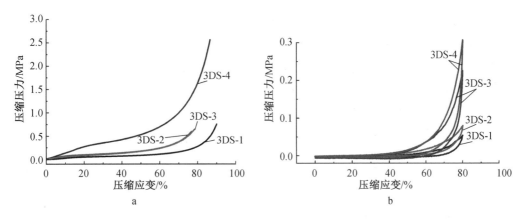

图 8-6　三维支架的压缩应力-应变曲线：a. 干态下；b. 湿态下（压缩应变为 80%）

膜上 1、3、6 d 时，吸光度不断变大，也就是说细胞在三维支架及纳米纤维膜上都是不断增殖的，而且细胞在三维支架上的增殖明显好于纳米纤维膜。细胞培养 6 d 时，3DS-2 的吸光度大于 0.8，而纳米纤维膜的吸光度小于 0.6。这可能是因为在纳米纤维膜上大部分细胞生长在纤维膜表面，当表面长满细胞时，难以继续增殖；三维支架提供的是一个三维环境，细胞不仅可以在支架的表面上生长，还可以通过支架的多孔结构渗入支架内部生长。比较细胞在三种三维支架上的生长情况，培养 6 d 时，3DS-2 的吸光度最大；培养 3 d 时，3DS-2 的吸光度却低于 3DS-3。由此表明，细胞在三种三维支架上的增殖没有规律性。

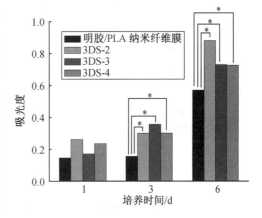

图 8-7　L-929 在三维支架和明胶/PLA 纳米纤维膜上培养不同时间后的 MTT 分析结果（$n=3$，* $p<0.05$）

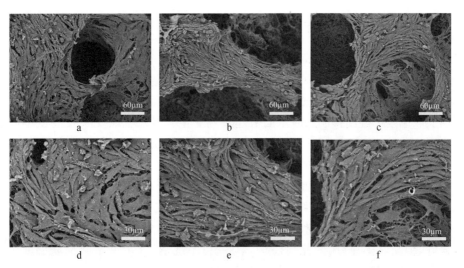

图 8-8　细胞在三维支架上培养 6 d 时的扫描电镜照片：a、d. 3DS-2；b、e. 3DS-3；c、f. 3DS-4

细胞种植在三维支架(3DS-2、3DS-3 和 3DS-4)上 6 d 时,通过扫描电镜观察细胞在支架上生长形貌。如图 8-8 所示,细胞不仅长满支架的整个表面,而且在较大的孔壁处也有细胞,细胞黏附在纳米纤维上和沿着纤维方向生长,并紧密相连。细胞呈现出 L-929 原有的长梭状形态,说明细胞生长状态良好。细胞在三种三维支架上的生长状态和形貌相似,说明在不同填料浓度的支架上生长的细胞形态无差异。

8.3　热交联法制备明胶/PLA 纳米纤维三维支架

本书"8.2"节介绍了一种明胶/PLA 纳米纤维构成的三维支架,其中,交联是三维支架制备过程中非常重要的一个环节,关系到支架的力学稳定性。研究室使用的交联剂是戊二醛,是一种广泛用于交联明胶的化学交联剂。但是,戊二醛具有毒性,对人体皮肤具有强烈的刺激作用,会引起呼吸道炎症等危害[6]。基于此,寻找明胶基支架绿色无毒的交联方法具有重要意义。明胶交联主要包括化学交联和物理交联两种方法[7]。化学交联法主要利用各种化学交联剂,如戊二醛、EDC、NHS 和京尼平等。EDC、NHS 和京尼平等交联剂的毒性较小,特别是京尼平的毒性远低于戊二醛,被认为是一种安全的明胶或胶原的交联剂。但是,EDC、NHS 和京尼平需溶解在水中,把未交联的明胶/PLA 纳米纤维三维支架放入 EDC、NHS 或京尼平的水溶液中,明胶会被水溶解,导致支架坍塌。物理交联法主要有干热高温处理、紫外光照射、等离子处理等,其中干热高温处理是一种绿色无毒的交联明胶基支架的方法,其交联原理是明胶中的氨基与羧基在干热高温条件下脱水酰胺化[8]。

8.3.1　三维支架的热交联方法

未交联明胶/PLA 三维支架的制备与"8.2.1"节介绍的方法相同,区别在于支架交联方法由戊二醛化学交联改变为物理热交联。将未交联支架放置于设定加热温度的真空干燥箱中加热处理。

8.3.2　热处理温度对三维支架外观的影响

将未交联明胶/PLA 三维支架放在真空干燥箱内,并设置不同温度进行热处理,如图 8-9a 所示,可以看到,经过 120 ℃和 160 ℃交联的干态支架与未交联的干态支架在形貌上没有区别,都呈现白色,而经过 190 ℃交联的干态支架则呈现淡黄色,这可能是因为 190 ℃ 的交联温度已经使得明胶脱水而引起颜色变化。将未交联支架及经过不同温度交联的支架浸入水中,由图 8-9b 可以看到,未交联支架以及经 120 ℃和 160 ℃热交联的支架都发生了变形,特别是未交联支架发生了明显的坍塌,而经 190 ℃热交联的支架则很好的保持了形态,而且呈现淡黄色。未交联支架因明胶未被交联,当支架浸入水中时,明胶发生溶解,导致支架坍塌,但纤维中含有 PLA,因此支架不会完全溶解。经 120 ℃和 160 ℃热交联后,明胶/PLA 纳米纤维可能仅仅发生部分交联,因此支架形态比未交联支架保持得好,但交联不充分,因此圆柱状形态变得不规则。190 ℃的热交联温度可以很好地使明胶发生热交联。

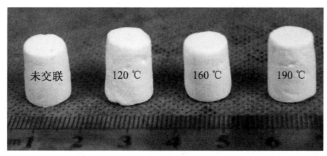

a. 干态下

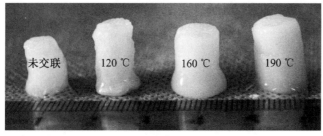

b. 湿态下

图 8-9　**a.** 未交联三维支架及其在不同温度下(120、160、190 ℃)
热交联 **2 h** 后的照片；**b.** 上述三维支架吸水后的照片

8.3.3　热交联温度对三维支架力学性能的影响

　　未交联支架放置在 120、160、190 ℃环境下加热 2 h，得到如图 8-10a 所示的压缩应
力-应变曲线，可以看到，和其他三种支架相比，经过 190 ℃热交联的支架呈现出较好的力学
性质。未交联支架及其经 120、160、190 ℃热交联后的弹性模量分别为 42.9、53.6、
66.3、127.1 kPa(图 8-10b)，说明与另外两种热交联温度相比，190 ℃是理想的交联温度。
热交联后力学性质增强间接证明在热的作用下明胶分子间因氨基和羧基脱水形成酰胺键，
使得纤维彼此黏结在一起，提高了支架的压缩性能。同样地，对比未交联支架、热处理支架
和热处理后水处理支架的压缩性能(图 8-10c、d)，发现热处理后水处理支架的压缩力学性
能优于热处理支架，前者的弹性模量为 992.2 kPa。热交联支架浸入水中会发生溶胀，再经
冷冻干燥，可能会使纤维接触得更加紧密，因此支架的抗压性能增强。未交联支架浸入水中
会溶解坍塌，无法保持支架的力学稳定性，而热交联可以维持明胶基纤维的形貌，从而维持
整个支架的力学性质。本试验发现，热交联支架吸水后重新冷冻干燥，力学性质得到进一步
的提升。更重要的是，与其他交联方式不同，在整个交联过程中，没有引入有毒的化学试剂。
因此，联合热处理和水处理是一种环境友好且有效的明胶基三维支架的交联方法。

　　热交联后水处理支架在湿态下呈现出与干态下不同的力学性质，由图 8-10e 可以看到，
支架在湿态下具有压缩弹性，这与戊二醛交联支架表现出来的压缩弹性相似。将支架分别
压缩至自身形变的 60%和 80%，然后撤掉外力，支架又可吸收周围的水分慢慢恢复。支架
经过 100 次循环压缩，每次压缩至自身形变的 60%，由图 8-10f 可观察到，经过 10 次压缩循
环，形变有大约 7.7%的损失，但是最大应力只有轻微的损失；10、50、100 次的循环压缩曲

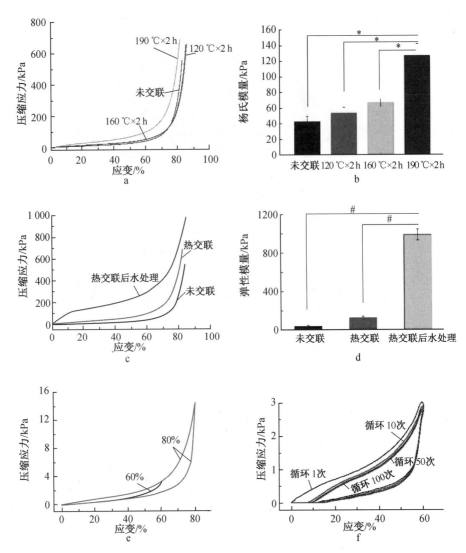

图 8-10　三维支架的压缩力学性能:干态下交联前和不同温度交联后三维支架的压缩应力-应变曲线(a)和弹性模量(b);干态下未交联支架、热交联支架和热交联后水处理的支架压缩应力-应变曲线(c)和弹性模量(d);湿态下热交联后水处理支架分别压缩至形变的60%和80%再回复形变的压缩应力-应变曲线(e);湿态下热交联后水处理支架的100次压缩循环曲线(压缩应变为60%)(f)

线几乎一致,表明支架具有一定的抗压性能。支架在湿态下的弹性得益于支架可逆的吸水性能。

8.4　透明质酸修饰三维支架的制备及关节软骨组织修复应用

明胶/PLA 纳米纤维三维支架虽然在体外可以促进软骨细胞的生长,但是对其进行体内试验时发现,支架的体内修复效果并不理想,这可能是因为三维支架中缺少软骨组织生物活性物质。因此,对三维支架做进一步的修饰,以提高其修复软骨组织的能力。研究者发现透明质酸(HA,一种存在于结缔组织细胞外基质的成分)对软骨再生具有重要的作用[9]。

8.4.1　透明质酸修饰明胶/PLA 纳米纤维三维支架

将 HA 接枝到三维支架中明胶/PLA 纳米纤维表面,其交联方法参考文献[10]和[11]:将 HA 溶解于去离子水中,浓度为 1%;在 HA 溶液中分别加入 EDC 和 NHS,摩尔浓度分别为 30 mmol 和 8 mmol;将热交联后的明胶/PLA 三维支架浸没于上述溶液中 2 h;然后取出支架,用去离子水反复冲洗并继续浸泡于去离子水中,以除去残余的 HA、EDC 和 NHS;最后将支架放置于冷冻干燥机中干燥。热交联支架浸入去离子水中 2 h 得到的支架命名为3DS-W, HA 修饰的支架命名为 3DS-HA。

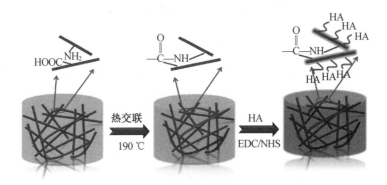

图 8-11　HA 修饰明胶/PLA 纳米纤维三维支架(3DS-HA)的制备

8.4.2　三维支架的外观和纳米纤维形貌

如图 8-12 所示,湿态下的 3DS-W 和 3DS-HA 的外观形貌相似。利用扫描电镜观察支架的内部结构,可以看到支架呈多孔结构而且孔径较大,较大放大倍数下可以看到纤维彼此连接在一起,形成较小的不规则的孔。HA 的加入没有破坏纳米纤维的结构。HA 修饰也没有影响支架的外部和内部结构,这是因为三维支架浸泡在 HA-EDC-NHS 溶液中,在EDC 和 NHS 的交联作用下,HA 接枝在纤维表面。

图 8-12　3DS-W 和 3DS-HA 的外观(a)及 3DS-HA 的扫描电镜照片(b 和 c)

8.4.3 三维支架的吸水性能

3DS-W 和 3DS-HA 的吸水曲线相似（图 8-13），两种支架浸入水中 2.5 min 即可充分吸水，最大吸水率大约为 1200%。吸水率试验结果表明 HA 修饰不会影响支架的吸水性能。HA 具有非常优异的保持水分的作用[12]。但是支架经 HA 修饰后吸水性能没有提高，这可能是因为 HA 只是接枝在纤维表面，未被接枝的 HA 被水洗掉，而支架中的明胶本身具有优异的亲水性和吸水性能。

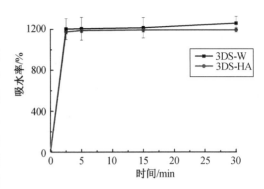

图 8-13　3DS-W 和 3DS-HA 的吸水曲线

如图 8-14 所示，将 3DS-HA 制成长条状和五角星状。长条状支架在干态下呈现脆性，但是吸水后变得柔软且可以折叠。将长条状支架吸水后折叠成 M 形并放入 −80 ℃ 冰箱中冷冻，然后放置于冷冻干燥机内干燥，得到 M 形的干态支架；将干态支架放入水中，其慢慢吸水，30 min 后恢复至如图 8-14c 所示的形状。同样地，在湿态下将五角星状支架的五角向内折叠，然后冷冻、干燥，得到如图 8-14e 所示的支架并放入水中，支架吸水后恢复的形状如图 8-14f 所示。可以看到，将制备的支架塑形后再次吸水，支架可慢慢向原来的形状变化，虽然短时间内不能恢复原貌，但是仍具有一定的形状记忆能力。一些具有形状记忆能力的合金[13]及高分子聚合物[14]，可以通过升高温度来消除其低温时的变形而恢复原状。本章介绍的三维支架似乎具备一定的可由吸水触发的形状记忆能力。这种能力有助于三维支

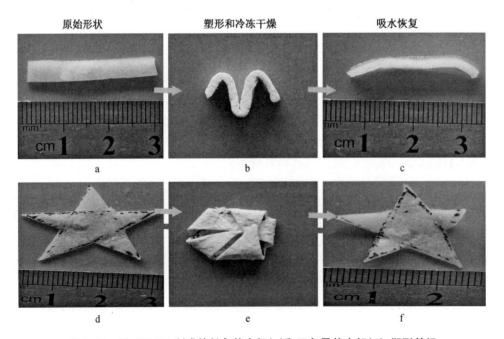

图 8-14　以 3DS-HA 制成的长条状支架(a)和五角星状支架(d)；塑形并经
冷冻干燥的形貌(b 和 e)；吸水 30 min 后的形貌(c 和 f)

架的临床应用,因为在外力、关节炎等导致的软骨损伤区域可能呈不规则形状,而规则形状的支架很难有效地填充整个不规则形状的软骨损伤区域。研究室采用的制备方法可以获得任意形状的三维支架。然而,虽然三维支架可以制备成符合软骨损伤区域的形状,但不规则的软骨损伤会给支架的植入带来不便,而支架所具备的弹性及其可由水触发的形状记忆能力将克服这一点。首先,使不规则形状的支架吸水变得柔软,然后将支架折叠成较小的形状方便植入;然后,保持较小的形状将支架冷冻干燥,再放入软骨损伤区域;因为软骨所处环境含有众多的滑液和体液,所以支架可以吸收周围的滑液或体液,慢慢恢复到原来的不规则形状,从而填充软骨损伤区域。

8.4.4　三维支架的压缩性能

三维支架的压缩试验结果如图 8-15 所示。对比热交联支架、3DS-W 和 3DS-HA 这三种支架在干态下的压缩应力-应变曲线(8.15a),可以发现,3DS-HA 表现出优异于其他两种支架的压缩性能。同样地,3DS-HA 的压缩模量为 1389 kPa,明显高于 3DS-W 的压缩模量(992.3 kPa)。也就是说,明胶/PLA 三维支架经 HA 修饰后,其压缩性能得到较明显的提高。有研究者[15]制备了丝素蛋白和 HA 的共混静电纺纳米纤维膜,对其性能研究发现,提高混合纤维中 HA 的比例,可以提高共混纳米纤维膜的力学性能。HA 是天然软骨中的组

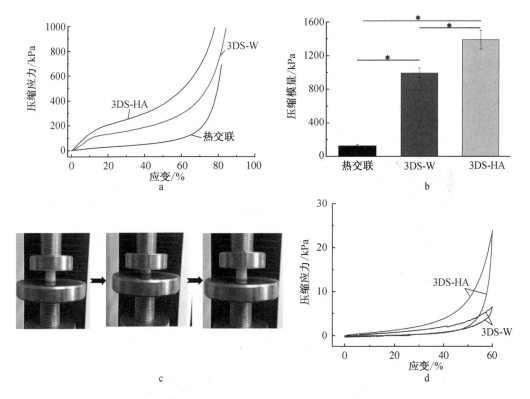

图 8-15　三维支架的力学性能:a. 热交联支架、3DS-W 和 3DS-HA 的压缩应力-应变曲线;b. 热交联支架、3DS-W 和 3DS-HA 的压缩模量;c. 湿态 3DS-HA 在试验机上压缩-回弹时的照片;d. 湿态 3DS-W 和 3DS-HA 分别压缩至形变的 60%时恢复形变时的压缩应力-应变曲线

成成分[16]。研究表明，随着人的年龄增加，从幼年到成年，软骨中的 HA 含量不断增加[17]。HA 对软骨的力学性质具有重要的作用，表现在使软骨具有"硬性"。本试验结果表明，HA 接枝三维支架后使得三维支架的"硬性"增强，一方面是因为 HA 接枝在纤维表面，提高了明胶/PLA 纳米纤维的"硬度"；另一方面，HA 的加入使得支架密度增加，导致支架整体的力学性能增强。

湿态下的 3DS-HA 和湿态下的 3DS-W 具有相似的压缩弹性，将支架压缩至自身形变的 60% 时，将压力撤掉，支架可以慢慢吸收周围的水分而恢复原来的形貌。但是与 3DS-W 不同，3DS-HA 在湿态下仍然表现出较强的力学强度，由两种支架的压缩应力-应变曲线可以看出，将支架压缩至 60% 形变的过程中，3DS-HA 所承受的应力高于 3DS-W。将 3DS-W 和 3DS-HA 压缩至 60% 形变时，两种支架所承受的应力分别为 6.5、23.8 kPa。也就是说，三维支架经 HA 修饰后，不论在干态下还是湿态下，压缩性能都增强。经 HA 修饰后湿态支架的力学性能增强，可能是因为 HA 分子间的氢键作用力较强[18]。3DS-W 在湿态下的压缩弹性，得益于明胶基三维支架的互通多孔结构和纤维的彼此连接。经 HA 修饰后，支架的压缩弹性不会改变，但是会增强支架的压缩应力，也就是硬度增强。研究室发现，3DS-HA 在压缩至 60% 形变时不会受到破坏。但是，3DS-HA 压缩至 80% 形变时受到永久性破坏，撤掉外力，支架不能再次吸水恢复原貌。

8.4.5 细胞在三维支架上的生长活性

软骨细胞在 3DS-HA 上的增殖速度较慢，但是细胞的生长活性没有因 HA 的加入而变差。如图 8-16 所示，培养 3 d 时软骨细胞和骨髓间充质干细胞的荧光强度较弱，培养 7 d 时两种细胞都表现出比较强的绿色荧光，图中红色荧光较少，表明死细胞较少。活/死细胞试

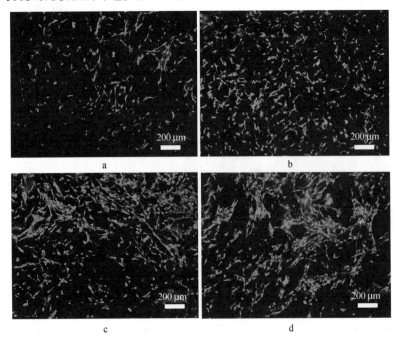

图 8-16 软骨细胞在 **3DS-HA** 上生长 **3 d(a)** 和 **7 d(c)**，以及骨髓间充质干细胞在
3DS-HA 上生长 **3 d(b)** 和 **7 d(d)**时的活/死细胞染色试验结果

验结果表明两种细胞在 3DS-HA 上具有较好的生长活性。

8.4.6　动物试验

8.4.6.1　动物关节软骨修复的形貌观察

将三维支架(3DS-W 和 3DS-HA)植入新西兰大白兔膝关节软骨缺损处,未处理组不植入支架。分别在支架植入 6 周和 12 周时,将兔子的膝关节取出,观察软骨修复情况。图 8-17 是软骨修复的外观图片。未处理组在 6 周和 12 周时,软骨缺损处可以看到明显的凹陷,表明软骨缺损处未修复。3DS-W 在 6 周时,软骨缺损处可以观察到较明显的红色区域,这可能是因为缺损处被支架或纤维组织等填埋;12 周时,缺损处可以看到一些较小的凹陷,并向缺损处中间合拢,修复组织颜色和周围软骨组织颜色相似。3DS-HA 在 6 周时,软骨缺损处可以观察到组织长入空洞处和较明显的修复界限,修复效果在外观上好于未处理组和 3DS-W;12 周时,可以看到,软骨凹陷处已被白色的组织填充,缺损处组织具有与周围软骨组织相同的颜色,修复界限模糊。在软骨修复的外观上,3DS-HA 的修复效果优于未处理组和 3DS-W。

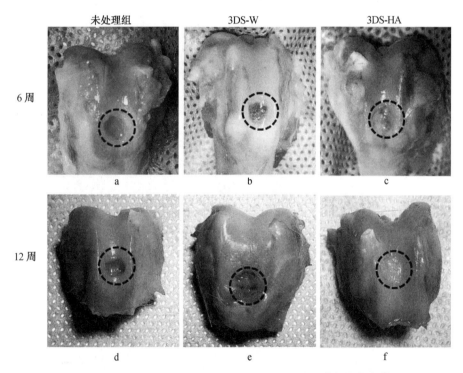

图 8-17　新西兰大白兔在术后 6 周和 12 周时膝关节软骨修复情况

8.4.6.2　组织切片分析

通过 HE 染色切片观察评价软骨修复情况。如图 8-18 所示,未处理组在术后 6 周和 12 周时,在软骨缺损处可以观察到纤维组织以及较明显的缺损界限(图中 a、d、g、j),未观察到新生软骨形成。3DS-W 在术后 6 周时缺损处可以观察到较明显的缺损(图中 b、e),12 周时缺损处被均匀的纤维组填充(图中 h),与周围组织连接较好,但是仍未观察到明显的软骨形成(图中 k)。3DS-HA 在术后 6 周时在缺损处两端可以观察到少量软骨组织,但是未连接在一起(图中 c、f),术后 12 周时在缺损处可以明显地观察到新生软骨且已经连接在一起(图中 i、l)。

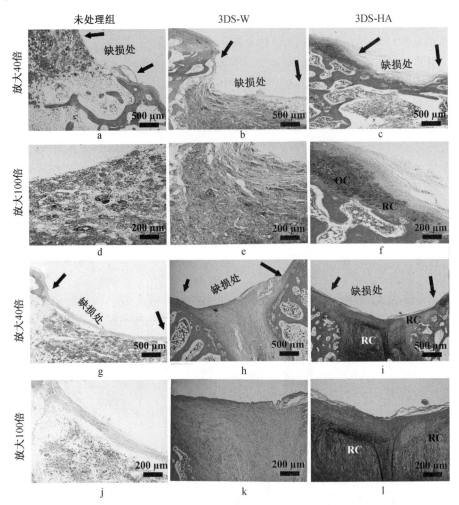

图 8-18　兔关节软骨缺损术后 6 周和 12 周时 HE 染色组织切片:a～f. 术后 6 周的切片;g～l. 术后 12 周的切片(黑色箭头指示为软骨缺损区域,OC 代表原有软骨组织,RC 代表修复后的软骨组织)

　　进一步通过番红固绿(Safranin-O)染色切片观察,评价软骨修复情况。未处理组在术后 6 周(图8-19a 和 d)和 12 周(图 8-19g 和 j)时软骨缺损处未观察到新生软骨。3DS-W 在术后 6 周(图8-19b 和 e)时缺损较明显,软骨缺损处被稀疏的纤维组织填充(图 8-19b),12 周时被较致密的纤维组织填充(图 8-19h),但未见软骨形成。3DS-HA 在术后 6 周(图8-19c 和 f)时在软骨缺损处发现少量的红色,表明软骨开始修复,12 周(图 8-19i 和 l)时在软骨缺损处可以观察到大量且彼此相连的红色区域,表明新生软骨形成,修复区域内部生长有大量的软骨细胞和致密的软骨组织(图 8-19l)。

　　关节软骨组织因具有无神经、无血管的结构特征以及缓冲承受人体压力的功能特征,一旦损伤,其自我修复和再生能力很差[19]。利用组织工程方法将支架植入缺损处修复软骨组

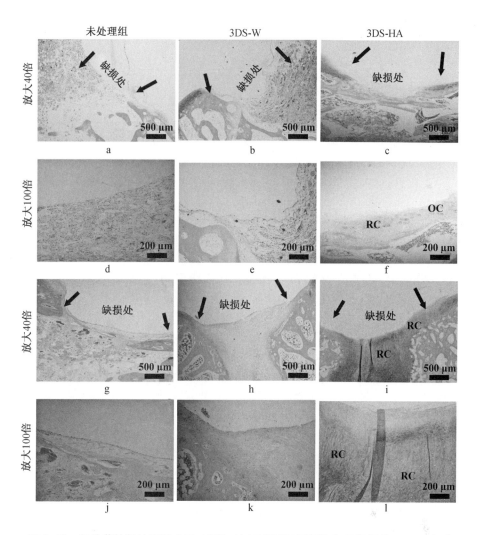

图8-19　兔关节软骨缺损处术后6周和12周时番红固绿染色组织切片：a~f. 术后6周的切片；g~l. 术后12周的切片（黑色箭头指示为软骨缺损区域，OC代表原有软骨组织，RC代表修复后的软骨组织）

织，是非常有效的一种手段。软骨组织工程支架一般要求由生物相容性优异的降解材料构成，具有类似于天然组织的结构、较高的孔隙率及一定的力学稳定性等，以支持软骨等相关细胞的生长，最后修复受损组织。本章介绍了一种基于热交联方法制备的明胶/PLA 纳米纤维三维支架（3DS-W），虽然能满足一般组织工程支架的要求，但是从动物体内试验结果看，其修复软骨的能力有限。因此，对支架做进一步的功能化修饰显得尤为重要。通过对三维支架进行 HA 修饰，将三维支架的软骨修复能力显著提升。HA 是由两个双糖单位 D-葡萄糖醛酸及 N-乙酰葡糖胺组成的大型多糖类，是天然软骨细胞外基质的重要组成成分[20]。HA 支架已经广泛应用于软骨组织工程支架，但是 HA 支架单独使用时力学性能较差，一般需对其进一步修饰或者用来修饰其他材料。有证据表明，HA 可以提供非常重要的生化、化学及物理环境，调节软骨细胞的生长。HA 可以与软骨细胞表面的 CD44 抗原（多肽抗原）相互作用[21]，含有少量 HA 的胶原三维支架可以促进软骨细胞的生长。另外，HA

可以刺激软骨细胞生成更多的蛋白聚糖[22]，这可能是 3DS-HA 具有很好的修复软骨损伤的原因。

参考文献

［1］ Sun B，Long Y Z，Zhang H D. Advances in three-dimensional nanofibrous macrostructures via electrospinning［J］. Progress in Polymer Science，2014，39(5)：862-890.

［2］ Huang N F，Patel S，Thakar R G. Myotube assembly on nanofibrous and micropatterned polymers［J］. Nano Letters，2006，6(3)：537-542.

［3］ Si Y，Yu J，Tang X. Ultralight nanofibre-assembled cellular aerogels with superelasticity and multifunctionality［J］. Nature Communications，2014，5：5802.

［4］ Duan G，Jiang S，Jérôme V. Ultralight，soft polymer sponges by self - assembly of short electrospun fibers in colloidal dispersions［J］. Advanced Functional Materials，2015，25(19)：2850-2856.

［5］ 左建国. 叔丁醇/水共溶剂的热分析及其冷冻干燥研究［D］. 上海：上海理工大学，2005.

［6］ Takigawa T，Endo Y. Effects of glutaraldehyde exposure on human health［J］. Journal of Occupational Health，2006，48(2)：75-87.

［7］ Torresginer S，Gimenoalcañiz J V，Ocio M J. Comparative performance of electrospun collagen nanofibers cross-linked by means of different methods［J］. Acs Applied Materials & Interfaces，2009，1(1)：218.

［8］ Yannas I V，Tobolsky A V. Cross-linking of gelatine by dehydration［J］. Nature，1967，215(5100)：509-510.

［9］ Kim I L，Mauck R L，Burdick J A. Hydrogel design for cartilage tissue engineering：a case study with hyaluronic acid［J］. Biomaterials，2011，32(34)：8771-8782.

［10］ Mao J S，Liu H F，Yin Y J. The properties of chitosan-gelatin membranes and scaffolds modified with hyaluronic acid by different methods［J］. Biomaterials，2003，24(9)：1621-1629.

［11］ Hu X，Li D，Zhou F. Biological hydrogel synthesized from hyaluronic acid，gelatin and chondroitin sulfate by click chemistry［J］. Acta Biomaterialia，2011，7(4)：1618-1626.

［12］ Kogan G，Šoltés L，Stern R. Hyaluronic acid：A natural biopolymer with a broad range of biomedical and industrial applications［J］. Biotechnology Letters，2007，29(1)：17-25.

［13］ El Feninat F，Laroche G，Fiset M. Shape memory materials for biomedical applications［J］. Advanced Engineering Materials，2002，4(3)：91-104.

［14］ Bao M，Zhou Q，Dong W. Ultrasound-modulated shape memory and payload release effects in a biodegradable cylindrical rod made of chitosan-functionalized PLGA microspheres［J］. Biomacromolecules，2013，14(6)：1971-1979.

［15］ 陈梅. 静电纺丝素-透明质酸共混纳米纤维的结构性能研究［D］. 苏州：苏州大学，2012.

［16］ Huinamargier C，Marchal P，Payan E. New physically and chemically crosslinked hyaluronate (HA)-based hydrogels for cartilage repair.［J］. Journal of Biomedical Materials Research Part A，2006，76A(2)：416-424.

［17］ Holmes M W A，Bayliss M T，Muir H. Hyaluronic acid in human articular cartilage. Age-related changes in content and size［J］. Biochemical Journal，1988，250(2)：435-441.

［18］ Fakhari A，Berkland C. Applications and emerging trends of hyaluronic acid in tissue engineering，as a dermal filler and in osteoarthritis treatment［J］. Acta Biomaterialia，2013，9(7)：

7081-7092.

[19] Huey D J, Hu J C, Athanasiou K A. Unlike bone, cartilage regeneration remains elusive [J]. Science, 2012, 338(6109): 917-921.

[20] Chung C, Burdick J A. Influence of three-dimensional hyaluronic acid microenvironments on mesenchymal stem cell chondrogenesis [J]. Tissue Engineering Part A, 2008, 15(2): 243-254.

[21] Akmal M, Singh A, Anand A. The effects of hyaluronic acid on articular chondrocytes [J]. The Journal of bone and joint surgery. British Volume, 2005, 87(8): 1143-1149.

[22] Allemann F, Mizuno S, Eid K. Effects of hyaluronan on engineered articular cartilage extracellular matrix gene expression in 3-dimensional collagen scaffolds [J]. Journal of Biomedical Materials Research Part B Applied Biomaterials, 2001, 55(1): 13-19.